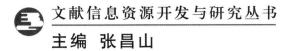
文献信息资源开发与研究丛书

主编 张昌山

少数民族科技古籍文献遗存研究

陈海玉 著

中国社会科学出版社

图书在版编目（CIP）数据

少数民族科技古籍文献遗存研究／陈海玉著．—北京：中国社会科学
出版社，2015.5
（文献信息资源开发与研究丛书）
ISBN 978 - 7 - 5161 - 5818 - 0

Ⅰ．①少…　Ⅱ．①陈…　Ⅲ．①少数民族—科学技术—古籍研究—
中国　Ⅳ．①N092②G256.1

中国版本图书馆 CIP 数据核字（2015）第 063745 号

出　版　人	赵剑英	
责任编辑	孔继萍	
责任校对	季　静	
责任印制	何　艳	

出　　版	中国社会科学出版社	
社　　址	北京鼓楼西大街甲 158 号	
邮　　编	100720	
网　　址	http://www.csspw.cn	
发 行 部	010 - 84083685	
门 市 部	010 - 84029450	
经　　销	新华书店及其他书店	

印刷装订	北京市兴怀印刷厂	
版　　次	2015 年 5 月第 1 版	
印　　次	2015 年 5 月第 1 次印刷	

开　　本	710 × 1000　1/16	
印　　张	18	
插　　页	2	
字　　数	305 千字	
定　　价	68.00 元	

总　序

　　文献是文明的结晶，也是文明的载体。人类创造文献，积累文献，开发利用文献信息资源，不断推动文明的进程。

　　中国乃人类文明古国。中华文明史也可以说是文献的历史。其文献类型之多样，内容之丰赡，数量之巨大，正所谓"浩如烟海"、"汗牛充栋"。而今，由于新技术的广泛使用，信息时代的迅速来临，文献已呈"爆炸"之势；尤其是互联网的出现，使人类社会又进入了一个崭新的时代。

　　与此同时，我们亦面临诸多的问题与挑战，比如：传统文献怎样才能在保护中得到更好的开发利用，现代文献在充分传播利用的同时又怎样才能得以有效传承，人类文献资源如何才能更好地实现共享，而对于以几何级数增长的文献，怎样才能真正管好用好，怎样才能处理好文献的多样性与一体化的关系，等等。这些都需要文献学者和实际工作者进行更广泛更深入的调查与研究，努力探求并切实遵循"文献之道"，以文献积淀文化，以文献创新文化，进而实现中华文化的伟大复兴。

　　云南地处祖国的西南边疆，中原文化很早就在这里传播，大量的汉文典籍源源不断地传入并积累，成为云南文化的主流与传统。而其地方、民族与边疆诸特色亦在云南文献中得以彰显。以地方特色而言，编史修志从来都是文化胜业，且成绩斐然。专著、文集不断被创制和保存，民国年间辑刻的《云南丛书》，"初编"、"二编"即达205种1631卷及不分卷的50册。其后更有数千种图书文献问世。从民族特色来说，云南民族众多、文化多元，民族典籍文化源远流长，傣族的贝叶文献、彝族的毕摩文献、纳西族的东巴文献、藏族文献、白族文献等，早已产生了国际性影响，是人类共同的文化财富。就边疆特色来看，记载或论述边地、边境、边界、边民、边防及边贸等内容的边疆文献，种类多，价值高，历来都受重视。尤其是在西部大开发、中国面向西南开放重要"桥头堡"的建设及文化强省的建设中，云南文献的研究与建设被赋予了神圣的文化使命，推进到了新的发展阶段。

云南大学是西南地区建立最早的综合性大学之一。其前身东陆大学奠基于云南贡院故地，承续着悠久深厚的历史文化，而今日云南大学的步伐正向着她的第一个百年迈进。建校之初即已呈现出"西学"、"国学"以及"滇学"并重的特质，而文献的研究、整理与开发利用，一直被视为学术的根基，袁嘉谷、方树梅、刘文典、钱穆、顾颉刚、姜亮夫、吴晗、向达、白寿彝、徐嘉瑞、方国瑜、江应樑、谢国桢、李埏等诸多学术泰斗、文献大家都曾执教于此，他们的学术著述多已成为传世之作，他们的文献学成就早已名垂青史。特别是自20世纪80年代以来，相继建立了档案学、图书馆学、信息资源管理等专业，经过一代代学者的努力，继承传统，开拓创新，文献学科获得长足发展。培养出的学士、硕士和博士，多已成为业务骨干；培育出的学术成果，已显现出自身的优势和特色。更可喜的是，资深学者不断推出自己的力作，学术新秀正在脱颖而出。

为促进文献学科的发展，繁荣学术文化，进一步做好文献工作，在云南大学的大力支持下，我们组织出版这套《文献信息资源开发与研究丛书》。我们的初衷，概而言之就是求真求新、继承创造。求真是科学研究的本义，无论是文献学学术研究，还是文献资源的整理实践，定当以求真为基本原则，否则，绝无科学可言。求新是我们的学术追求，没有独到的见解，没有新意，不足以言学术贡献。继承是学术创造的源泉，创造是学者永恒的使命。这是我们的学术心愿。古人说，取法乎上，仅得其中，虽不能至，心向往之。我们秉承这种精神，朝着这个方向，努力前行。

是为序。

张昌山

2013 年 9 月于云南大学会泽院

目　录

第一章

绪　论

　　科学技术是一个民族在其特定的自然与人文环境中，适应其独特的天地与人文系统的智慧产物。在中国历史发展长河中，各少数民族都发展了与其生存、发展环境相适应的、各具特色的科技和文化，并在少数民族与汉族之间、少数民族之间的频繁文化交流中，相互学习借鉴，从而使中华民族的科技文化逐渐形成和发展。

　　中华民族文化多元一统，每个民族都为创造灿烂的科技文化做出了贡献。目前留存的大量史料证明，各少数民族自古以来就在天文学、数学、农学、医药学、印刷术、纺织术、冶金铸造、机械和建筑方面与汉族一起创造了光辉灿烂的科学技术，做出了许多贡献。其博大精深、源远流长的科技文化是中华民族科技宝库中不可或缺的重要部分，至今仍广泛运用于诸多领域，丰富和充实着中华民族科技宝库。

第一节　少数民族的科学技术

　　少数民族是个相对的概念，是相对汉族而言的，显然，中国少数民族既包括历史上的少数民族，也包括今天的少数民族。在古代，各民族之间的战争，经常是为了争夺生存空间（包括生产资料、生活资料在内的地域）。我们的古代先民们，不但在民族之间而且在氏族之间也经常为了争夺生存空间而争斗不止。随着历史的推移，那些人口众多且掌握先进技术从而有可能具备先进兵器和先进生产工具的民族，会占据更多的适合人类生存的平原地区，并由此而开始政治、经济、文化的良性循环，使其进一步发展壮大而成为主流民族，并创建主流社会意识形态。

中国少数民族中大多因历史的原因而居住在边远地区（相对于东部、中部而言），远离中原发达地区。那里的生存条件较为苛刻，作为主要农业资源的土地相对短缺或贫瘠，在交通不便的古代，是处于相对的封闭状态的。受外界干扰较少，劳动力低下，直至新中国成立前许多地方还是金石并用，或者说其生产工具和生产手段几千年未变。这如同一个封闭系统，在没有外来干预的情况下会持续保持不变，即使有些变化也十分缓慢，而且不会发生质的变革。这些少数民族在历史上从发达地区学得的生产工艺和技术，如原始的金属冶炼、锻造技术，纺织技术，农作技术乃至饲养技术，或原封不动，或经过一定的民族化改进而一直保留至今。同时，在漫长的历史中，为了本民族的生存以适应和利用当地资源也创造了一些独具特色的科学技术，也有一些是针对本民族文化的需要而发明的独特的工艺，如壮族的铜鼓铸造工艺，苗族的银饰加工工艺，以及蜡染、织锦乃至一些特殊的乐器如葫芦丝、马头琴、冬不拉、苗笙的制作工艺与演奏技术等，在建筑民宅方面更是就地取材、花样繁多，其中有许多是在中原地区早已失传的工艺。

在科学方面，中国的少数民族和世界其他民族一样，早期对自然的认识经常被蒙上神秘的面纱，而以神灵的方式出现。从祖先崇拜、神灵祭祀到巫医看病，都有可能包含一些对自然的认识。如神灵祭祀经常反映人们对季节、节气的认识，巫医也一定掌握了一些病理知识和草药知识。用现代的唯物主义与唯心主义、科学与迷信、开化与愚昧的理念是无法深入理解和研究少数民族的科学史的，这也要求从事少数民族科技史研究的人去认真挖掘而不是简单地肯定与否定。例如，藏医在早期就带有很强的巫医色彩，经过多年的挖掘研究与整理，一种可以与中医、阿拉伯医学和西医相提并论的藏医学得以问世。蒙医、壮医、彝医也都有类似情况。

在技术方面，少数民族的技术是相当丰富的，既保留有传统的古代先民的技术，又有独具特色的独创性技术，更保留了无形的非物质的技术遗产如古代工艺、技巧、技艺等，也保留了有形技术遗产如古代农具、纺织机具、冶炼锻造机具、水利设施乃至各种制成品等。这里，还有一个值得注意的问题，是少数民族的对外科技文化交流。在历史上乃至近现代，许多少数民族地区都是中原地区对外交流的窗口。居住在西北地区的少数民族，一直是历史上丝绸之路的受益者，他们有可能更多地吸收中亚各民族的科技文化，而西南地区的少数民族由于地缘的原因，拥有吸收印度、阿拉伯以及南亚各民族科技文化的最好条件。近代以来，到达少数民族地区的西方传教士也有可能将近代欧洲的科技文化传入这些地区。

可以说，少数民族地区是一个涉及内容丰富、分布地域广泛的科技史博物馆，是一个现代文明正在进入、传统文明正在消失的边缘地区，也正因为如此，通过对少数民族科技文化遗产的抢救、研究和整理以丰富中华科技史，是十分必要且富于意义的。①

第一，少数民族科技文化，是中国科技宝库中不可缺少的一个部分，缺少了这个部分，那是很不完整的。中华文化是中华民族在漫长的历史中共同创造的，它包括了各民族各历史时期的特定文化形态，正如法国哲学家让·拉特利尔（Jean Ladriere）所说的，"文化规定了属于它的个体的特殊存在方式，文化不折不扣就是社会本身"。② 少数民族的科技成就既具有其作为民族的特殊性或称之为民族性的一面，也有在漫长的历史中与中华其他民族共融共存形成的中华文化共性的一面。对少数民族的科技史研究要从更大的更远的目标着眼，应看成是中华文化建设的一个重要内容，使之具有历史性与研究价值。③

尽管有些少数民族在近现代的科技发展水平上不如汉族发达，但是，研究一个民族科技价值的大小，并不完全决定于它的发展水平的高低，还涉及它的史学价值、当时的社会存在和与周边民族的交往等一系列问题。同时，一个民族科技文化的发展水平也不是一成不变的，只要有了一个稳定的良好的社会环境，科学技术就会获得较大的发展而后来居上。有些民族在取得政权以前科技文化落后，但取得政权后采取有效的措施，在科技文化上就会走向科技发展的前列。例如，蒙古族建立元帝国以后、女真族建立金朝和满族建立清朝以后等都是如此。由于历史的原因，以往中国少数民族科技史无人从事研究，几乎处于一片空白状态，现在从事这方面的研究，具有填补空白的意义。

第二，发掘整理少数民族科技文化，有利于确立少数民族在科技史上

① 姜振寰：《少数民族科技史在中华科技史中的地位问题》，《哈尔滨工业大学学报》（社会科学版）2009 年第 6 期，第 2—4 页。

② ［法］让·拉特利尔：《科学和技术对文化的挑战》，吕乃基等译，商务印书馆 1997 年版，第 49 页。

③ 姜振寰：《少数民族科技史在中华科技史中的地位问题》，《哈尔滨工业大学学报》（社会科学版）2009 年第 6 期，第 3 页。

应有的地位。以往因受大汉族主义思想的影响，许多人对少数民族科技文化不予重视，甚至不承认少数民族有什么发明创造。这种认识当然是错误的，本书的目的就是要用具体的事实彻底打破这种观念，还历史本来面目。历史上少数民族的科技文化，并不如想象的那么落后，许多少数民族在历史上都曾有过兴旺发达的时期，也创造了辉煌的科技文化，对中华民族科技的发展作出了不可磨灭的贡献。即使有些少数民族的科技文化至今还不够发达，但也不能因此而否定他们在科技文化方面的发明创造。因此，积极从事对少数民族科技文献的整理研究，对填补少数民族科技史空白，增强少数民族的民族自信心、民族认同感，加强民族团结都有着重要的意义。

第三，有利于加强民族史、民族关系史方面的研究。民族科技史是民族史的一个组成部分，但由于以往缺少专门研究，大致上还处于空白状态，这对于民族史的研究来说，不能不说是一个缺憾。所以积极开展这方面的研究，就是要弥补这个缺憾。一方面，民族科技文献研究需要借力于民族史和民族关系史方面的诸多研究成果；另一方面，民族科技文献的研究取得的成果又可以促进民族史和民族关系史研究的开展，为其提供古今民族发展的佐证。可见，少数民族科技文献研究，是加强民族文化研究的重要环节。

第四，有利于补充和完善少数民族文化篇章。中国历史上取得了辉煌的科学技术成就，因此在科技方面也有着内容丰富、数量巨大、连续保存的科技古籍文献，如沈括的《梦溪笔谈》、李时珍的《本草纲目》、裴秀的《禹贡地域图》、张衡的《浑天仪图注》、贾思勰的《齐民要术》、郦道元的《水经注》，等等，这些著作为我国科技史和科技研究提供了宝贵的资料。中国古代的科技著作汗牛充栋，但少数民族科技古籍文献却不多见，对其进行发掘、整理、研究和利用还需重视和深入。对于这一缺憾，不是因为少数民族地区落后，缺少科学技术文化，而是由于历史的曲折、时空的制约、地域的限制、认识的不足以及指导思想的局限等多方面原因导致的。事实上，我国各少数民族的科技成就不仅丰富，而且很有特色，将其进行科学的整理研究利用，可以极大地丰富少数民族历史文化遗产宝库，特别在当前各省进行文化大省建设方面起到开渠导源的作用。

第五，发掘整理少数民族科技古籍文献，有利于促进中外科技文化交流研究。许多少数民族都地处中国的边疆，其在中外科技文化方面所担当的角色不言而喻。在中国的北部和西部，主要通过藏族、维吾尔族、蒙古族等民族与周边各国进行沟通交流，在中国的西南部、南部，主要通过彝族、傣族、纳西族、壮族、哈尼族、瑶族、苗族、白族等民族与周边各国进行交流。

总之，要充分发挥少数民族科技文化中的研究利用价值，一项重要内容是对其科技遗产进行发掘、整理、研究、记录与考证。古代技术的技艺除了留存有大量的物质遗产（写本、刻本、抄本、实物等）外，一个重要特点是技艺的世代相传，是经过代际间言传身教而延续至今的。刃具锻打后的淬火、纺织品的染色、自然染料的提取、水车的制造与架设等均具有特殊的技巧，而这有可能是中原古代技术诀窍的遗存，也可能是当地民族的创造。传统的技术工艺、技巧、技法均具有非物质性，而成为一种非物质文化遗产。少数民族科技文化研究需要研究者对科学技术史料加以发掘、整理、考证和描述，并对史实做出评价和解释，以重建科学技术发展的具体过程。科技文化的研究也不能仅停留在对史实的发掘、整理、考证和描述上，还要进行理论的探索和反思，但是就当前少数民族的科技文化研究而言，对史实的发掘、整理、考证仍是重中之重的工作。① 其原因正如恩格斯所说："不论在自然科学还是历史科学的领域中，都必须从既有的事实出发。"② "研究必须充分地占有材料，分析它的各种发展形式，探寻这些形式的内在联系。只有这项工作完成之后，现实的运动才能适当地叙述出来，这点一旦做到，材料的生命一旦观念地反映出来，呈现在我们面前的就好像是一个先验的结构了。"③

第二节　少数民族科技古籍文献的起源

一般来说，科技古籍文献的起源应具有两个方面的条件：一是人类具有了记录和使用科技古籍文献的需要，这种需要是社会发展到一定阶段

① 姜振寰：《少数民族科技史在中华科技史中的地位问题》，《哈尔滨工业大学学报》（社会科学版）2009年第6期，第4页。
② 《马克思恩格斯选集》第3卷，人民出版社1972年版，第469页。
③ 《马克思恩格斯选集》第2卷，人民出版社1972年版，第217页。

（社会大分工后）、科技活动具有了一定的复杂程度之后产生的；二是人类掌握了记述科技活动思想的工具，这种工具包括图画、符号、文字等。①

一　早期的科技活动和科技思想推动了科技古籍文献的记录和使用

民族科技古籍文献，是各少数民族古代科学技术的记录和总结，随着古代各少数民族科学技术的起源而起源，随着古代各少数民族科学技术的发展而发展。可以说，科技活动和科技思想是科技古籍文献记述的基础，没有它们，科技古籍文献也无从谈起。因此，要了解少数民族科技古籍文献的起源，就必须了解其科学技术的发生、发展情况，以及随着科技的发展而产生的记录和保存科技活动和科技思想内容的需要。

几十万年前，类人猿为了生存，在同自然界进行斗争的劳动过程中逐渐进化成人，学会了制造、使用工具。最早的工具是用石头打磨而成的石器，石器的制造标志着人类掌握了第一种最基本的材料加工技术或工具制造技术，因而是科学技术发端的第一个标志。

在制造工具方面，通过大量的考古发现，中国少数民族有着悠久的历史。藏族祖先早在5000—6000年前，已经掌握了熟练的骨器制作技术，目前发现的骨器，如匕首、锥、刮削器等，通体磨光，加工精细，其形状与现代金属针基本一致。在云南省澜沧江沿岸发掘出的傣族新石器器物，有土石网坠、尖状器、盘状器、研磨器、敲砸器、石核、石片等，这些石器少数局部或通体磨光，体形硕大，最大者长25.6厘米，宽11.8厘米，实为我国新石器文化中少见的遗物，为傣族先民的早期活动提供了可靠的例证。

制陶业的出现是新石器时代的一个重要标志。在我国各少数民族的许多文化遗存中，都有有关制陶业的发现。如藏族的制陶业经历了四五千年的历史，藏区出土的陶器主要类型有罐、壶、瓶、瓮、钵、盆、杯等，多为细泥黄陶、赤陶、白陶、灰陶、黑陶等，陶器上有划纹、附加的堆纹和绳纹等，纹饰共有一千多种，充分体现出远古藏民族的丰富想象力和独特

---

① 丁海斌、张克复：《中国科技档案史纲》，甘肃文化出版社1999年版，第4—5页。

艺术才能。制陶业的出现是人类科技进入一个新的发展时期的具体体现。在傣族生活的地区，迄今发现新石器时代遗址和地点的有六处，发掘出的陶器器形有罐、碗、器盖和网坠，纹饰有绳纹、方格纹和素面，其泥制有黄褐陶、夹砂灰陶和夹砂褐陶，图案美观，形制独特。傣族地区至今仍保留着原始的制陶方法，仍普遍使用自制的原始陶器，如土锅、土罐、土盆等等。

天文历法的起源与发展，反映了远古先民对时间运动的漫长曲折的认识过程，这种认识具有从模糊到精确、由宏观到微观、由整体到分解、由时间到空间等特征。远古先民对天文历法的认识，最初只有模糊的"年"的时间概念（如海南黎族就以薯芋熟过几次为纪年标准），后来逐渐划分为"热季"、"冷季"两段（如苗族古历以冬至后六个月为"暖季"，冬至前六个月为"冷季"），随着生产的发展和认识的深化，少数民族先民又将一年分为三季、四季和五季。在对时间认识的基础上，少数民族先民经过长期观察和纪历经验积累，逐渐形成了自己的历法，如彝族经典《苏颇》记载的 6000 年前彝族使用的"十月太阳历"；傣族经典记载的"十二兽历"；水族用 27 种动物和太阳给二十八宿命名形成的"水历"，等等。其基本的理论框架，都可以证实中国远古天文历法的产生与发展、融合的过程。

藏族的天文学技术发展比较早，在距今四千至七千年前，就已出现天文学的萌芽。在藏区各地石器时代的岩画、历史文献、考古资料中可以看出，藏族先民很早就知道昼夜交替、四季变化、日月星辰，特别是藏族先民对十二生肖循环纪年历法的应用比较早，石器时代晚期的岩画中就已有十二生肖。从鼠、牛、虎一直到狗、猪依次排成一个椭圆圈，这种排法延续至今。

在我国各民族众多的创世神话中有许许多多的宇宙起源传说，如自生型、胎生型、开辟型、创造型等。如傣族神话《地球和"英叭"的由来》对地球的由来这样描述：数亿年前，宇宙间天地俱无，翻腾的气体、烟雾和狂风逐渐凝成一团形成今日的地球；剩余的气体、烟雾和大风仍继续翻滚。神话中的地球是一个球体，地球的外面不再有那个"天壳"的存在。拉祜族史诗《牡帕密帕》描述了天地结构："天撑大了，像一口闪亮的铁锅；地缩小了，像那数不清的田螺。"彝族史诗《阿细的先基》中则有这样的描述："东边竖铜柱，南边竖金柱，西边竖铁柱，北边竖银柱。用柱子去撑天，把天抵得高高的。"可见，各少数民族保存的原始形态的天文历法，反映了原始天文历法的特征与融合过程，是汉族天文历法形成的源头与原胚，有着重要的参考利用价值。

工程技术方面，有大量的工程遗址和建筑遗物证明，少数民族的工程技术不仅起源早，而且技术先进，特色鲜明。藏族先民在距今 5000 年左右，就有相当水平的房屋建筑技术。房屋地基的选择、建房材料及垒制、屋顶的构建以及屋内器物的制作等，都体现出原始社会的科学知识和创造发明水平。从昌都卡若遗址和丹巴中路的遗址来看，当时已有半地穴式房屋和地上楼层建筑，有草拌泥墙和卵石墙。半地穴房屋就有圆底、平底和石墙三种；地上房屋有方形、长方形两种类型；楼层建筑已达到上层住人、下层饲养牲畜的水平。现存西藏的布达拉宫、扎什伦布寺，青海的塔尔寺，宁夏的海宝塔，甘肃的拉卜楞寺、高善穆造塔，云南的千寻塔和傣族的佛塔，内蒙古的席力图召，新疆的阿巴伙玛札，广西程阳的风雨桥，以及各少数民族民居等，都是为人所熟知的民族建筑，是今天我国建筑史研究和建筑技术发展的基石。

少数民族的医药学源远流长，早在远古时期，少数民族的远古居民就已积累了丰富的认识人体自身和相关的医药知识。公元前 5 世纪前，维吾尔人祖先就掌握了朴素的草药、物理疗法，如按摩、接骨、热敷炒麦皮及尸体的防腐技术等。从墓葬出土可知，维吾尔祖先很早就有较高水平的外科技术和接骨方法。据《藏医史》记载，公元 4 世纪左右人们已经会用酥油涂抹伤口、结扎脉口以治疗出血，并利用酒糟治疗外伤，掌握了饮食的益处和害处。同时，藏族的原始宗教本教已经认识到人体的疾病与"隆"有关，它能导致的病种多达 400 种以上，这一最初的认识为藏医学奠定了一定的理论基础。蒙古族祖先早在公元 7 世纪以前，就创造了许多适合北方地区自然环境、生活习俗特点的医疗方法和技术，如正骨术、震脑疗法、烧灼疗法、灸疗法等，具有显著的地区特色和民族特色。而生活在南方的傣族先民，早在原始社会时期就经过长期采食野生植物和动物后发现了不同部位的口感和对身体不同的作用，获得了粗浅的动植物常识及相应的保健知识。特别是通过对不同季节和环境的变化，动植物各部位的功效差异感受，开始萌发了最初的药膳食疗保健常识，竹楼医药开始萌发。藏医药、蒙医药、维医药和傣医药被誉为中国四大传统医药。

农业方面，从考古发现的材料来看，早在几万年前的旧石器时代，在青藏高原就能找到人类活动的痕迹。这些事实充分说明藏族的先民有史以来就生息繁衍在青藏高原这片辽阔的土地上。数万年来，为了生存，古人通过长期劳动发明了农业。关于农业的出现，民间流传着很多神话故事。如神猴发明农业、从须弥山缝隙中取来谷种、天神赐谷种、狗带来谷种，等等。最初的农业生产是完全模仿野生谷物的生长过程，当人们在采集生活中逐步熟悉掌握了野生谷物的生长规律之后，就进行尝试种植，最终发明了农业。当时最主要的生产环节是播种和收获，靠双手来进行，如山南的"手耙田"，说明古人用手刨土种植谷物。后来人们逐渐使用石刀、蚌刀等工具来收割，用石磨盘来加工粮食。随着农业的出现，吐蕃先民逐渐制造了原始农具，种植了青稞等粮食作物，学会了制作陶器，有了原始纺织技术。在青藏高原的很多地区都适合从事农业，并且早在石器时代各地都产生了原始农业，如昌都地区的卡若文化、拉萨的曲贡文化、山南地区的昌果文化，以及黄河中游的马家窑文化、辛店文化等，都是属于距今三千至五千年前的古文化遗址。这些事实说明了至少在5000年前青藏高原已经出现了农业，创造了较为发达的原始农业文明。考古发掘和文献资料证明，新疆的少数民族，在东汉以前就已经开始种植棉花了，距今至少已经有1700多年。而我国内地普遍种植棉花大约在北宋时期。水利对农业生产关系十分重大，新疆各族劳动人民对水利也有很深刻的研究，有着特有的灌溉工程。新疆各族人民利用水源的办法可分两种：一是修建水渠，利用山上融化的雪水；另一种是开凿坎儿井，利用地下水。从《史记》和《汉书》的记载中，我们知道，新疆早在西汉以前，就已经种植葡萄和酿造葡萄酒了。南方的傣族是我国种植水稻最早的民族之一，其农业起源于新石器时期，早在四五千年以前就产生了农业。目前出土的新石器时代的农业生产工具有石斧、石锄、石刀和蚌刀、骨铲等，说明傣族先民很早就从事农业耕作了。据傣文经书记载和民间传说，傣族历史及农业起源可分"滇写沙哈"、"幕乃沙哈"、"咪乃沙哈"三个时期，最为典型的是流传至今的《金鹿的故事》，相传远古时的西双版纳，原是荒无人迹，天神"叭因"准许魔王"叭呀"来此开荒，"叭呀"便从"勐阿腊峨"出发，一路游猎，遇一金鹿，搭弓而射，金鹿负箭逃跑，"叭呀"追至一平坝，即今景洪坝，开始了垦殖耕作，这就是历史上的备荒或抛荒制的傣族先民处于原始农业萌芽时代的表现。

纺织技术方面，考古发掘证明，早在4700年以前，百越先民的纺织工艺水平就不亚于当时的黄河中下游地区。在广西、广东、福建、海南等广大地区都有木棉、苎麻等产品，还有葛纤维、芭蕉纤维和朱纤维等织品，生产出不少名贵产品。如三国时，岭南有"八蚕之锦"；《汉书·地理志》记载了海南岛黎族先民"男子耕农，种禾稻苎麻，女子桑蚕织绩"；广西、广东的少数民族是我国最早利用蕉麻织布者。在西南地区，各少数民族的纺织历史悠久，水平较高。如云南晋宁石寨山墓群出土的西汉时期的青铜贮具器盖上，有一组纺织作坊的铸铜图案。图中共铸铜俑6人，其中有人纺线，采用手捻；有人织布，所用织机为腰机；还有一人右旁置一案，案上有织成布二匹，案中间置石器一个，大概用于把布磨光。另有管理者、奴隶主和侍者等。这是一个由纺到织再到成品处理的全过程的缩影，反映了西南少数民族地区纺织业的普及。可见，棉、麻、葛的纺织技术，最先是少数民族创造的。蕉葛布、阑干细布和桐华布，早在张骞出使西域前，就由民族地区销往印度、中亚、西亚。唐宋时期，广西壮族、云南大理白族、海南黎族，都具有当时先进的纺织业。这些都足以说明少数民族历史上先进的纺织技术及其对汉族纺织技术的影响。

二　图画、记号语言、文字等的创造与少数民族科技古籍文献的形成

　　图画是原始人在发明文字之前所使用的记录和表达各种活动和思想的重要工具之一。现已在世界各地相继发现了大量岩画，有相当一部分记载的是科技方面的内容。如在我国发现的远古岩画中，即有属于数学的各种计数符号和各种几何图形，属于天文学的星图，属于建筑学的图形；属于医疗保健的图形，属于工具、机械的车辆、舟船、弓箭，属于农业的各种农作物图画，等等。① 它们记述了人类初期的科技成就。
　　广西壮族花山崖壁画，包含了多方面的社会内容，其中也包括医学内容，它是壮族医药古籍文献中珍贵的崖画文献遗产。从民族医药的角度看，复杂的宁明县花山崖壁画绘制的1370多个人像，有的两手上举，肘部弯曲，有的呈半蹲状，两膝关节亦跨成90—110度，侧面的人像多排列成行，两腿向后弯曲，两手向上伸张，等等。这些人体形状，不管是正面

① 丁海斌、张克复：《中国科技档案史纲》，甘肃文化出版社1999年版，第6页。

还是侧面图，都是一种典型的舞蹈动作或功夫动作形象。据考证，花山崖壁画是壮族先民骆越人 2000 多年前后所创作，说明引舞疗疾的方法起源很早。可见花山崖壁画的部分人物形象，应该是壮医诊疗图，有施术者，有持器（具）者，有受术者。同时在宁明花山和珠山附近的石山岩洞里，还发现可供医疗用的印纹黑灰色陶片（陶针）和骨针，这也在一定程度上佐证了花山崖壁画中更为古老的医药内容，值得进一步参证研究。

沧源崖画是我国目前发现的最古老的崖画之一，产生于 3000 多年前的新石器时代晚期。已发现崖画地点 11 处，分布于云南省沧源县的勐来乡、丁来乡、满坎乡、和平乡和耿马县的芒光乡等地，一般均在海拔 1500 米左右的山崖上。灰色的石灰岩石壁上画有赭红色的画图，当地的佤族人称为"染典姆"，意为岩石上的画。崖画各地点的画面距地面高 2—10 米，画长 1—30 米不等，画幅小者为数个零散图形组成，大者图像数以百计，其中不乏大量科技内容的图画，如动物 187 个，干栏式房屋 25 间，道路 13 条，各种表意符号 35 个；还有树木、舟船、太阳、云朵、山峦、大地等图像。这些图像多有一定的中心内容，其中有狩猎、放牧、舞蹈、归家、娱乐等内容，真实生动地记录了先民们生产、生活的各种场面，是我们研究新石器时代先民的科技活动的珍贵岩画之一。

人类早期的书面语言的发展过程大致为图画—记号—文字。记号的产生比图画晚一些，包括较成熟的记号（如八卦）要早于文字而产生。学者们把记号分阶段进行研究，并认为记号时代已经产生数的概念，具备了几何知识和天文历法知识。[①]。如，当人们对技术有了一定的认识之后，便创造出一些刻画符号来表示数目，在早期有一定的随意性，久而久之，才形成了比较固定的符号组，这便是数目符号。因而数目符号有时有较大的变化。而数字则是由数目符号演变而来的，它是有文字的民族创造出来的记录数目的文字，相对比较稳定。一些民族用比较单一的符号进行累积，以表示数目。一般地，主要用"一"和"1"从 1 开始累积，直到 9 或 10 乃止，然后再进行变化。这主要是因为这两个符号最容易刻画和书写。有时也用其他符号，如"/"、"\"、"∧"、"×"等。其代表为普米族、撒拉族、羌族、纳西族、傈僳族、藏族、傣族、彝族等都用数目符号来记数。例如普米族的数目符号为"1"，则 1 为一，11 为二，111 为三，

---

① 丁海斌、张克复：《中国科技档案史纲》，甘肃文化出版社 1999 年版，第 6 页。

1111 为四，以此类推。他们通过符号反复积累来记数，普米族采用十进制，他们用石子、粮食等物参与符号运算，取大、中、小不同的石子若干来代表百、十、个等数位。藏族则用一笔式数目符号记数，这种一笔式藏码，不仅在藏族地区使用，而且被藏传佛教地区的其他民族所用。其中最典型的是蒙古族，他们长期使用藏码，除了蒙古地区的寺院中使用外，蒙古族的一些科学著作中也大量使用藏码。[①] 可以说，我国远古时代曾经经历了一个很发达的记号时代，当时的记号语言被作为记载科技内容的工具，是科技古籍文献的一种语言符号载体。此外，这种书面语言工具并没有因后来文字的产生而消亡。从古至今，它作为一种书面语言一直在人类生活中，特别是科技活动中发挥着作用。现代计算机语言就是一个例证。

　　文字是人类进入文明社会的一大标志，依靠文字的记载，前人的创造成果才能准确无误地记录下来，也才能完整无缺地保存下来。因此，文字的产生，为少数民族科技古籍文献的形成提供了最为重要的书面语言载体手段。

第三节　少数民族科技古籍文献的类别构成

　　少数民族古籍是指我国少数民族在历史上遗留下来的古代书册、典籍和文献资料，主要内容有文学、历史、地理、政治、军事、哲学、法律、宗教、语言、艺术、生产技术、医药、民俗及乡规民约和口碑古籍。由于各民族历史文化不同、古籍存世情况有很大的差异，有些民族的古籍以 1911 年为下限，有些民族的古籍可以定在 1949 年前。少数民族古籍主要分为两大类：一是有文字类，二是无文字类。有文字类的民族古籍包括：①各少数民族文字及少数民族古文字记载的历史文书和文献典籍；②用汉文记载的有关少数民族内容的古代文献典籍；③用少数民族文字和汉文记载的有关少数民族内容的碑刻铭文。无文字类的民族古籍主要是指各少数民族在历史上口头传承下来的具有历史和文化价值的各种资料。无文字类古籍主要是指口碑古籍。口碑古籍即口头资料，是指各少数民族在历史上

---

① 郭世荣：《简论中国少数民族的数目符号与数目字》，见《第三届中国少数民族科技志史国际学术讨论会论文集》，云南科技出版社 1998 年版，第 102 页。

以口耳相传而传留下来的具有文学和历史价值的各种史料，反映了本民族的风土人情、生活习俗、民族性格、宗教信仰等，内容涉及民族政治、经济、军事、宗教、文学、哲学、历史、自然科学等，主要有神话、史诗、传说、故事、歌谣、谚语、谜语等。

古籍文献是以一定的物质形式存在和运动的。少数民族古籍按其载体形态可分为：原生载体古籍，如刻木符号、刻板符号、衣饰符号、乐舞符号等；金石载体古籍，包括陶器符号古籍、摩崖古籍、瓦当砖雕古籍等；口碑载体古籍；书面载体古籍。

各民族在自己长期的生活和生产过程中，形成了对自然现象的认识，并创造出其特有的技术。由于人口迁移等因素的影响，各民族间的文化存在着相互交流和吸收其他民族科技成果的现象。在很多情况下，一个民族把其他民族的科技成果融于本民族的科技之中，形成与其他民族有别的适合本民族习惯的科技。这些科技有其独特的民族特色，有些长期保持并成为传统。中国少数民族的科技历史典籍浩如烟海，版本种类繁多，涉及范围极广，有关天文、气象、医药、地理、农业、数学、工业等自然情况及其科学成就方面的记载，散见于正史、实录、别史、笔记、杂录、诗文集、佛藏、道藏、档案、宗族谱、年谱、碑刻、题记、地方志和地方特藏文献之中。现存少数民族科技历史典籍虽然种类繁多，由于记录符号、载体材料、载录方式和文件名称的不同，从而形成了种类丰富的古籍文献材料。按其记录形式可大致划分为少数民族文字科技古籍文献、少数民族汉文科技古籍文献、少数民族图像等符号科技古籍文献、少数民族口碑科技古籍文献、少数民族原始载体科技古籍文献和少数民族金石载体科技古籍文献六种类型。

一　少数民族文字科技古籍文献

中国少数民族以本民族文字形成的科技古籍文献，形式多为抄本、写本、稿本和刻本，具有较强的查考利用价值。现按其存在方式举要如下。

（一）藏文科技古籍文献

藏族的科学技术是社会文化现象之一，从它进入系统的理论发展阶段起，就与佛教联系在了一起。如，西藏医药学的初创就是当地原始医药经验与随同佛教传入的区外医学理论结合的产物。医药学在佛教各派中被当做佛祖留存的学问，是僧徒学经的基础课。格鲁派掌握西藏地方政权后，佛教寺院对文化的垄断发展到更高的程度。医学的传播掌握在几个主要寺院里，专设的医药学校同样要有僧徒身份的人进行研究和学习。1916 年，西藏开设了专门的医算局，以培养医药和历算人才。这个机构除每年编印历书外，还培养了大批的医药学人才。藏族天文历法的发展也与佛教有着密切的联系。《时轮经》是印度的历算，相传是释迦牟尼传法的记录。1027 年，藏族天文学家把《时轮经》译为藏文，并在此基础上形成了独具特色的藏历"绕迥"，形成了大量的时轮历文献。自 17 世纪后，许多寺院还开设了专门培养天文历算人才的学校，如 1763 年降木央活佛在日喀则扎什伦布寺创建札西齐时轮学院；公元 1817 年，革蒙强巴在青海塔尔寺建立时轮学院；1916 年，十三世达赖喇嘛创办了利众藏医历算学校，集中了一批精通天文历算的人才，每年编算历书，并从事天文历算的研究和教学工作。

在历经前后弘期 1300 多年的沧桑里，藏族形成了浩如烟海的藏文古籍文献。藏族的古代典籍大都汇集在"藏文大藏经"中。"藏文大藏经"总分为《甘珠尔》和《丹珠尔》两大部类。大部类下又分为 10 种，即所谓"十明学"。一是大五明，二是小五明。其中包括科技内容的有：工巧明，"伎书机关，阴阳历数"。即关于营造和弓马等技艺的学科。医方明，"禁咒闲邪，药石针艾"，即医药学，论述所治疾病、能治药物、治疗手段、施治医生的科学。星象学，推算星宿运动、天气季节的科学，包括时轮历和时宪历两个系统。

藏历。藏族的天文历法因自藏族社会实践，源自他族历算知识体系，终成一门独立学科。其历史悠久，文献十分丰富，仅北京图书馆与民族图书馆合编的《藏文历算典籍经眼录》所收就有 433 种。这些文献与青藏高原各族人民的生产生活有着密切的关系：依照这些文献所说原理，藏族人民年复一年地制作着多达数十万册的年历，直接指导着人们的劳作行止。因此深受人民的普遍欢迎。藏文历算行文习惯用一种偈颂口诀体式，加之多有藻辞杂于行间，造成晦涩难懂。

藏族历算包括四大类：一是那孜（黑算，又称窘孜——五行算，7 世纪从汉地引入）；二是噶孜（白算或星算，11 世纪从印度引进的时轮历，到 14 世纪得到藏族学者广泛承认）；三是央恰（韵占，以梵文元音字母配合为序计算历数和进行占卜，随白算引自印度，为佛教创始前遗术）；四是贾孜（汉算，汉历，18世纪从汉地引进的时宪历）。四者相互影响、相互渗透，不断发展成为卓具民族特色的历算学。其中时轮历（即噶孜）和时宪历（即贾孜）是现行藏历的两个主要部分。

时轮历文献包括《时轮经》、《无垢光大疏》、《白莲法王亲传》、《白琉璃》、《日光论》和《时轮历精要》等。《时轮经》传为释迦牟尼传法的记录。共12000颂，内容分为五品：一是外时轮，讲天体运行规律；二是内时轮，讲人体内脉息运行规律；三是内外时轮的结合运用，讲宗教上天人感应的修证方法。时宪历文献，是指清朝使用的历法，也就是现代所说的汉族地区的农历，18世纪中期传入藏族地区，此后产生形成了大量时宪历文献，著名的有《马杨寺汉历心要》等。

医学文献。藏族医学，医史悠久，医理深邃，医德高古，医药丰富，是我国藏族人民在风雪高原上长期与疾病作斗争的经验总结。据记载，公元7世纪初松赞干布统一西藏高原后，文成公主进藏带来了各种技艺典籍，其中包括医药典籍。这些医学著作，曾译为藏文，取名《医学大全》，是西藏最早的一部医学经典文献。此外，松赞干布又从各地聘请医生来藏，合作编成一部医学综合性著作《无畏的武器》。此后8世纪，汉族医僧和藏族学者结合当地医药经验，编成一部综合性医书，这就是现存最古老的藏医经典《月王药诊》。这一著作无论在论及药物、剂型、理论系统及其在生理、病理和治疗应用上，都有大量独创的内容，因而可以肯定，这是西藏医药学的奠基性著作之一。8世纪后期，宇妥·云丹贡布花了20多年的时间，著成了流传至今的《四部医典》。《四部医典》是集西藏医药学理论与实践经验之大成的伟大著作，内容十分广泛，它的完成，奠定了西藏医药学独立发展的坚实基础，标志着它已进入了成熟阶段。从五世达赖在世起的几十年中，许多古老的和新编著的医学著作大量刻印刊行，医药学有了专门的传习研讨机构，西藏医药学进入了鼎盛发展时期。1938年完成的《晶珠本草》是这一时期的代表作之一，这一著作使西藏医学中的医学研究形成完备系统。

（二）彝文科技古籍文献

彝族古代社会，氏族部落中的成员被分为统治与被统治两大部分。统治成员各有职责，各司其事，分别负责管理天文、地理、历法、医药、农牧、冶铸、手工工艺等的观察、测量、推算和从事医药、冶炼、手工工艺等活动。被统治成员，分为从事各种活动的专业人员。医药有专门的人才，农业有专门耕种者，牧业有专门的放牧者，冶炼有专门的打铜、铸铁、铸铧者，手工工艺有专门的造酒、加工副食品、篾编、纺织、擀毡和制漆器等的专门工匠。从事各行各业的专门劳动者和专门工匠，在长期的生产生活中积累了丰富的经验，创造和发明了各种各样的科学技术。这些经验和专门技术，最初是父传子继，或者是师传徒受，最后由呗耄或慕史用彝文记录，编为典籍，世代流传，在流传运用中，又得以发展，最后在记录和发展中形成系统的彝族彝文科技古籍文献。在 40 个门类的彝文古籍文献中，科学技术典籍在内容上可以分为哲学类、天文类、历法类、医药类、地理类、建筑类、农业类、物理类、手工业类等，内容丰富，数量众多，占文献典籍门类的 28.5%。[①]

天文地理类。彝文古代文献中关于天文学内容的著述也颇多，除了一些天文学专著、专论之外，各类古文献如宗教经典、哲学著作、教育论著等也有很多天文学方面的著述夹杂其间。彝族历史上曾使用过"十月太阳历"、"十八月太阴历"及阴历等，尤以"十月太阳历"著称于世。彝族"十月太阳历"把每年分为 10 个月，每月 36 天，其余 5 天为"彝族年节日"。彝族先民对天体观察的水平也相当高，能凭直观和经验的积累，定出清、浊二气循环运行的 8 条轨道，观察测定出日、月出没的 7 条路线。测定出天体一年运行 365 度，并推算出大月、小月及闰年、闰月等。彝族天文方面的知识主要散记于各种书中，也不乏天文方面的专门著作。例如在云南弥勒县发现的一部彝文编纂的《彝族天文学史》，其中将立法称为"十月兽历"，书中记载了"施蛮继承前人观测太阳的经验，始创十月历法之过程。它测绘太阳轨道的运行规律，用十棵杆影的移动情况，与南北和东西二线焦点上的水珠反光时发射出的光环变化确定其轨道的南极和北极，从而分出年、季、月。把一年分成阴阳两截，一至五月为阳年，六至十月为阴年，并用虎、水獭、鳄、蟒、穿山甲、麂、岩羊、狼（猿）、豹、四脚蛇来代替月数和年份，形成十年一次虎年、虎月、虎日的十兽记日历法"。据专家考证，这种历法已有 7000 年的历史了。

---

① 王子尧、王富慧：《彝族科技典籍的开发与利用》，《贵州省哲学社会科学》1998 年第 4 期，第 280 页。

医药类。彝族医药主业为中草药，病情诊断方式有脉诊和观察五官部位或向病人询问病情等。药物为草药和矿物药。医药科分为外科、内科、儿科、妇科等。彝族医药以骨科手术与中草药配方受到广泛赞誉，如驰名中外的"云南白药"就是彝族人民对世界医药的一项重要贡献。有关彝医单方，大多散见于书籍的扉页上，有的夹杂在其他内容的经典著作中。如在许多宗教经典之中，往往兼有彝族医药学方面的著述。例如《作祭献药供牲经》、《献药经》、《药祭经》等都是围绕如何饮药治病的主题，叙述各种病症称谓和药物的效用，或者以怎样识药、采药、制药等为中心，进行医药学理论之探讨，甚至对人体学方面也作了系统的论述，提出许多独到见解。历史上，彝族先民也编撰有医药专著，如《病情诊断》、《启谷署》、《聂苏诺期》，云南双柏县发现的一部彝族医药专著，据称还早于李时珍《本草纲目》12 年。

彝文古籍中还有一定数量的地理方面的书籍，内容记录有地界、地名、地震等。如《西南彝志·地理志》、《彝族六祖分布地理概况》、《水西地理城池考》、《彝族地震书》等都属于地理类古籍文献。

农业类。彝族先民在很早的时候就已进入农耕阶段，在农业生产的实践中摸索出一套生产经验。这些经验有些以农谚、歌谣的形式出现，有些以书面的形式出现，其内容有讲生产起源，种子的来源，季节与农耕、耕作方式等。如《西南彝志·经济志》中谈及"荞事记"、"谷仓记"、"十二种禾"等。

（三）傣文科技古籍文献

人类的知识，都是在生产实践中积累起来的，是一个有机联系的整体。傣族的科技文化源远流长，历史悠久。其早期的科技知识，从探索与实践进入到总结独特的理论知识体系的阶段，许多主要依靠口传心授的方式。傣文产生之后，给傣族传统科技知识的记录、传播、普及提供了工具，大大加速了傣族科技知识的应用与发展。傣族科技知识的传播与发展与佛教有着密切的关系。佛教传入傣族地区后，几乎每个傣族村寨都建立了佛寺，傣族男子从七岁起便要到佛寺里当和尚，学习经书。经书不单记述佛的教义，还有天文、历法、数学、地理、医药等科学知识，这样，培养了大批傣族知识分子，如傣医，这从当前傣医大都出身于"还俗的和尚"即"康朗"就可得到证实。这些康朗还俗后一般都手不离书，或吟诵或抄写，因此，傣文科技古籍文献的传抄本很多，他们对傣族科技文化的记录保存及传播发展起到了很大的作用。此外，在随同佛教传入傣族地区的佛经中，也有一些科技著作或夹杂某些科技知识，在佛经传播的过程中被学习、普及、运用，并与傣族地区的科技文化互相结合，发展为傣族自身的科技文化知识，并被记录于各种载体中保存下来，形成珍贵的傣族科技文献。

天文历法类。天文学被傣族人民认为是一种最高深的学问，傣族的天文历法发展最早，后来，傣族将汉族的干支纪时法和中南半岛通行的小历纪元纪时融为一体，形成了别具一格的傣族天文历法。它将天宫分为十二宫和二十七宿，将年长度定为 365.25875 日，以泼水节为送旧迎新的日子，并使用一种纪元积日数（即傣历建元以来的累计日数）来计算日月行星的运行位置和安排年月日。这种天文历法反映傣族地区的地理位置、农时特点和人们的生活习惯，又与星占学结合在一起，与人民的日常生活和思想信仰都有密切的联系。傣族天文学文献至今仍保存甚多，其重要者有《苏定》、《苏里亚》、《西坦》、《历法星卜要略》、《纳哈达勒》等书，对日月行星的运行及日月食等都能进行相当准确的计算。此外，在傣族民间还保存有大量的傣文年历书，这种年历书多者积 100 年为一册，少者数十年一册，也有 1 年一张的单年历。这些年历书保存着各个时期傣历的面貌，是研究傣历发展史的珍贵资料。

医药类。傣族的医药是一宗珍贵的医学遗产。傣医学以口头和文字两种方式流传于民间，后者大多记载于佛教经典中，也有的是单独编写成医药资料的。如《档哈雅龙》，是傣族医药史料中一部著名的综合性的著作。还有《桑松细典》、《档哈雅囡》、《蛾西达敢双》等大量的文献资料，从不同方面论述了傣医疾病、诊断、治疗等方法。在民间流传的医学书籍种类很多，这些书的书名一般都叫做《档拉雅》，意即《药典》，但内容繁简不同，侧重面也各有特点。所用药剂多以当地较为常见的植物根、茎、叶为主，部分矿物和动物的胆、骨、血、角等也可入药。傣族民间医药中所使用的这些药物，能治疗当地常发的多种疾病，如疟疾、痢疾、吐血、抽风及各种炎症等都有对症的处方。傣族医药是祖国中医药学遗产的一个组成部分，有长久的历史和当地的地方特点，研究这一份医学遗产，不仅有科学意义，而且弄清它与内地中医学的关系，对研究民族文化交流的历史也具有重要意义。

农田水利类。傣族很早就掌握了水稻栽培技术，同时也相应地发展了水利灌溉事业。有关这方面的傣文文献主要分两类，一类是关于土地制度的，一类是关于水利管理的，前者如《宣慰田、头人田及收租清册》、《耿马九勐十三圈的头田登记册》和各勐土司私庄田的各种收租清册，以及各村社占有土地的登记册等，较清楚地反映出领主土地所有制的性质。有一份 1883 年曼蒙和曼昂两个村社签订的田界契约，反映了领主土地所有制下村社对土地的占有权和使用权。

新中国成立前，在傣族地区特别是西双版纳一带，在领主阶级大土地所有制下，同时保存着农民村社集体占有土地、各农户定期平分耕种的制度。这种村社组织及其土地制度是与有严整的沟洫灌溉系统的耕作制度紧密联系着的，因此，在傣文文献中保存着大量有关水利灌溉和用水分配的历史资料。如 15 世纪的《景洪的水利分配》一书，其中反映了当时的土地关系及灌溉情况，对了解景洪一带历史上水利事业的发展情况很有帮助。1778 年西双版纳宣慰司颁布的《议事庭长修水利令》，对领主阶级经营水利事业的目的、水利管理的制度、分配用水的原则及各村社、各农户应尽的义务等，都作了规定，对我们了解水利灌溉在社会政治和经济生活中的意义和作用，有重要的价值。属于这方面的文献还有《景洪坝的宣慰田及官田》、《景洪地界水沟清册》、《景洪田亩数及水利分配》、《从贺勐到景澜水利分配及保管手册》等。西双版纳新中国成立前所保存的土地制度及其水利灌溉的原则，历史上在各个傣族地区都实行过，而且在许多地区延续六七百年。傣文文献中有关农田水利方面的材料，是研究傣族农民村社和农奴制度的重要史料。[①]

（四）水书科技古籍文献

人类要生存发展，必须进行物质生产，必须在生产劳动实践中积累知识经验和掌握自然规律。水族社会的进程，同样经历了漫长的原始社会。在原始社会时期，人们从事渔猎、采集、放牧、耕种，经常看到太阳东升西落，月亮有圆有亏，斗转星移，草木春华秋实，寒暑更替，候鸟按时来去，各种鱼虫鸟兽按季节有规律活动。这些天文和气候现象作用于人们的感官，经过长年累月，积累了丰富的经验，终于产生了日、月、季、年等

---

① 张公瑾：《民族古文献概览》，民族出版社 1997 年版，第 278 页。

概念，产生了历法思想的萌芽。水族地区以农业为主，农业生产要求准确的季节物候，水族先民在劳动生产过程中，长期观察天象，总结本地区的天时变化规律，创造水历。水历以戌月（即夏历的九月）为岁首，以亥日为节日，逢亥过节。这是水族先民在生产实践中，认识到大自然的变化规律，天体运转，星位的变化与气象的关系，掌握了草木枯荣与时令节令变换的关系，准确地把握农时，并以"阴阳五行说"加以附会，以利于农耕、渔猎、祭祀等活动。从水书古文献来看，多数是数目字、干支历法和象形符号。它们通常是先书写时日，后记述事件兆象。这是水书文献的行为句式的最基本形式。

水书按使用范围，可分为读本、阅览本、遁掌本、时象本、星宿本、黑巫术本等。其中涉及科技内容的有：遁掌本，主要是用来编修水历、计算星宿十二宫之法及预测气象。这本历书，将年月日填好，把适合当年干支的那些条目逐一标在忌戒的该天的下面，以后遇事就用这本历书作为依据择日。时象本，该书中记载干支方位和逐年、逐月、逐日的吉凶兆象。包括气象、农事、卜辞等内容。星宿本，该书中记载了二十八宿在特定的年值、日值的吉凶兆象。以二十八宿中的七个星宿配六十甲子为一周期的所谓"七元历法"或"七元宿"。

水书是水族古老的宗教文化典籍，是水族先民卜筮的成文的典籍，它不仅记存了水族古代的语言文字资料，而且保存了珍贵的水族天文、历法和气象资料以及原始宗教资料，对水族人民的社会生活和文化心态起着极其重要的作用。[①]

二 少数民族汉文科技古籍文献

这类少数民族科技古籍文献主要指保存于汉文古籍中的间接遗存。中华民族多元一统的格局，源于自古以来持续不断的族群间的交往与互动。汉族史书中有大量对其他民族历史的记载，这些记载大多还具有重要的档案查考价值。笔者认为，无论用汉文或是其他文字对少数民族科技文化进行的原始记载，都应当视为各少数民族特别是无文字民族的科技古籍文献遗产。概括来说，保存于汉文古籍文献中的少数民族科技古籍范围主要涉

① 张公瑾：《民族古文献概览》，民族出版社 1997 年版，第 311 页。

及以下四个方面：

第一，载录于汉文抄本和古本中的少数民族科技史料。主要记载有少数民族科技内容的史志、博物志和方志。以壮族医药为例。有关学者经过多年对几百种有关广西地方的史志、博物志材料的查阅，诸如《异物志》、《华阳国志》、《岭表录异》、《岭外代答》、《桂海虞衡志》、《溪蛮丛笑》、《蚧南琐记》、《岭表记蛮》等，收集到大量丰富的记述壮族药物、独特医学经验技法和壮族地区气候、水土、物产与发病的关系等珍贵医药内容的文献。例如，关于壮药田七，《广西通志》（1683 年）记载："三七南丹山为妙"；《归顺直隶州志》记载："以前以田州产为良，今苗迁荣老南坡一带。"关于气候、水土与发病的关系，《平乐府志》记述："至若蛮溪獠洞，草木蔚荟，毒蛇出没，江水有毒，瘴气易染。"《柳城县志》载有："（当地）病者服药，不尽限于仲景、叔和，间有用一二味草药奇验者。其他针灸之术，以妇人尤为擅长。"等等。关于壮医独特的医疗技法，成书于宋代的《岭外代答》则详细记载了壮族民间烧炼水银的方法。"邕人炼丹砂为水镪，以铁为上、下釜。上釜盛砂，陌以细碾铰板，下釜盛水埋诸地。合二釜之口于地面而封固之，灼以炽火，丹砂得水化为霏雾，得水配合，转而下坠，遂成水银。"这种符合科学原理的密封蒸馏法，在自然科学史上也是较早的记载。关于壮医施治方法，刘锡蕃在《岭表记蛮·杂述》中记述了一次亲眼目睹的壮医治疗过程："余尝见一患痈者，延僮老治疾，其人至，病家以雄鸡、毫银、水诸事陈于堂。术者先取银纳袋中，脱草履于地，取承念咒，喷患处，操刀割之，脓血迸流，而病者毫无痛苦，脓尽，敷以药即愈。"这是对壮医某些治病法的原始记述。[①] 新中国成立前广西历代修纂的 200 多种通志、府志、州志、厅志、县志、乡土志以及寺庙志中，绝大多数都或多或少地列有医药的篇章或内容，主要是记述当地的特产药材、著名民族民间医生，以及一些独特的诊疗方法。有的还有典型病例和重大事件的记载。如《广西通志》、《庚远府志》中都有关于北宋庆历年间在宜州实施的人体解剖和绘制《区希范五脏图》的记载；《宁明州志》、《太平府志稿》等地方志中有关于壮族地区常见的痔、瘴、蛊、毒病的记载，并记述了一些独特的治疗方法，如"斑麻救法"，浅拔出血后以青蒿和水服之等。历史上的一些知名民族民

---

① 黄汉儒：《壮族医药的发掘整理》，《中国民族医药杂志》1995 年第 1 期。

间医生，主要是从地方志中得知其简要事迹。如《马山县志》载："路顺德，古鼎村人，殚精医学，著有《治蛊新方》一册。"① 这些文献史料在一定程度上佐证了壮族古老的医药内容，在壮医药研究中值得参证，因此可视为壮族医药古籍文献遗产。

第二，有些少数民族仅有本民族语言，而无本民族文字，因而借用汉字记载以传承其科技知识。例如土家族医药，它是我国黔、湘、渝、鄂四省（市）边区近十万平方公里沃土上的原生态民族医药，以医学"三元论"和药学"三元性"形成了土家族的特色医药学体系。其医药原始自然神奇，民族特色突出，理论哲理精深，单方验方经典，历史上具有较深的医药文化积淀，是我国宝贵的民族医药资源之一。由于土家族仅有自己的语言而无文字，因此大部分土家人都兼通汉文，用汉字来记载本民族的思想语言，传播历史文化。现今发掘出的土家族医药古籍很多，代表作有清代的土家族医学专著《医学萃精》（1896 年），由土家族名医汪古珊撰，该书集传统医药与土家族民间医药为一体，系木刻本，按子、丑、寅等十二支的次序装订成 12 册，书中共收药物 459 种。其他著名的医药古籍，如本草学专著《植物名实图考》，记录了土家人、土家医等民族称谓的药物 188 种；《杂症灵方》载内科杂症 66 症，收方 113 首，解毒急救便方 137 个；《外科从真》收载外科各症方 112 首；《女科提要》收常用病症方 131 首。还有一些手稿抄本如《草药三十六反》、《临症验症回忆录》、《玲珑医鉴》、《医方守约》、《医方济世》、《寿世津梁》、《人兽医方录》、《蛮剪书》、《验方集锦》、《草药汇编》、《医学秘授目录》、《陈为寿记》、《血道专书》、《医方精选》、《外科秘书》等。

第三，还有一些少数民族虽然历史上产生了用汉字作主要记音符号记录本民族语言的文字，但古代多用汉字，或者历史上就习惯用汉字记录本民族文化的，因此也有较多的古籍文献是用汉字来记载，只有较小一部分是用本民族文字记载。比如云南的白族，在其形成和发展过程中一直与汉族在政治、经济、文化上保持密切的联系，汉语文很早就对白族社会、文化的发展产生了很大影响，尽管历史上白族先民创制了"方块白文"，但历代统治阶级都以汉字为官方文字，未对方块白文进行规范和推广，因此白族的绝大多数文献都是用汉字写成的。现今有关文化部门收集到的白族

---

① 黄汉儒：《壮族医药的发掘整理》，《中国民族医药杂志》1995 年第 1 期。

汉文古医书 108 种、264 册，都具有很高的医药和版本价值。现略举其中几种：《图注难经》（成书于 1510 年），为明正德时张世贤图注，珍贵的明刻本。《傅氏眼科审视瑶函》（成书于 1644 年），明代眼科医家傅仁宁撰，主要讲述眼科病症为目，共列 108 症、300 余方，并有图说、歌谣，内容详尽，为明代坊刻本。清道光年间大理太和白族名医李文庭著的《徵难秘方》（上、下册）手抄双开本。明代白族医生陈洞天的《洞天秘典注》，该书从脉理、病因、治疗等方面总结了大理白族地区宝贵的医学经验。白族名医李星炜著的《奇验方书》、《痘疹保婴心法》，陈书"人争购之"，李书则"多发前人未发之旨"①，皆一时影响之作。清代有鹤庆孙荣福著的《病家十戒医家十戒合刊》，赵子罗著的《救疫奇方》，奚毓崧著的《训蒙医略》、《伤寒逆症赋》、《先哲医案汇编》、《六部脉生病论补遗》、《药方备用论》、《治病必术其本论》、《五脏受病舌苔歌》，李钟浦著的《医学辑要》、《眼科》，剑川赵成榘著的《续千金方》等许多白族汉文医学古籍。然而，这些珍贵的医学古籍似已遗失殆尽，内容均已不知晓，仅地方志存其目，非常可惜，这使我们现在对明清时期白族医学成就的研究变得十分困难。

第四，历史上创制了本民族文字的少数民族，无论是藏族、傣族还是彝族，除了留存有许多用本民族文字记录的古籍文献外，其部分历史文化也见诸许多汉文古籍文献之中，这些汉文古籍中的有关史料，亦可作为本民族珍贵古籍文献的补充和有机组成部分。

以记载彝族医药内容的汉文古籍文献为例：

《汉书》中记载有"独自草有大毒。煎传箭镞，人中之立死。生西南夷中，独茎生"。

《续汉》有"出西夜国，人中之辄死，今西南夷獠个犹用此药传箭镞"的记载。说明彝族先民使用草乌作毒箭镞。

梁朝陶弘景著的《名医别录》收载了许多的彝族地区的药物，如：永昌犀角、益州犀角、梁益牛黄、益州麝香、越高空青、朱提扁青、益州肤青、越高曾青、益州金屑、永昌银屑、益州朴硝、益州芒硝、益州升麻、永昌木香、永昌蘗本、益州竹叶、益州蛇含、益州恒山、益州卢精、益州戈共、益州蔓荆实、益州合欢、永昌榧实、键为干姜、永昌彼子、益

---

① 佟镇：《康熙鹤庆府志·方技》，大理白族自治州文化局，1983 年。

州苦菜（茶）、群舸土蜂、群舸露蜂房。书中还明确地记录了这些动物药的产地、性味、功能、主治。

东汉许慎著的《说文解字》载有：益州菖蒲。北魏郦道元所著的《水经注》中载有："兰仓水出金沙，牧靡南山，出生牧靡草，可解乌毒。"

晋人张华撰的《博物志》中载有：益州、永昌出虎珀；云南郡出茶首（鹿）。晋人常璩所著的《华阳国志》中载有：会无犀角、平夷（贵州毕节）茶蜜、会无青碧、定窄盐、巧都温泉、永昌虎珀、永昌犀、永昌黄金、博南金沙、貊兽（大熊猫）、堂琅银、升麻、堂琅附子、堂琅山毒草、万寿盐、青龄盐。书中还记载着古定筰县（今凉山盐源县）彝族先民"病则刺肉取血"。说明彝族先民在东晋之前已使用针刺法治病了。①

三　少数民族口碑科技古籍文献

我国是一个多民族国家，绝大多数少数民族虽有自己系统的语言，却没有自己的文字。在我国 55 个少数民族中，历史上有本民族文字的只有21 个，其他大多数民族都未曾有过自己的民族文字。新中国成立后创制了一批拉丁字母形式的拼音文字，但使用范围很有限，尚未完全普及。因而，各少数民族的族源族称、历史演变、风俗习惯、宗教信仰都是靠口耳相传的形式世代流传。实际上，有文字文献的许多民族，口传也是他们文化传承中的重要部分，口耳相传的内容和范围往往超过文字的记载，并且即使是有文献的民族，文献中所记载的各种事物也不尽是记录者的创造，而是他们将当时口头传承的内容，通过文字记录，落在纸面上凝固下来的。特别是用各民族文字记录的古籍文献、远古神话和创世史诗等，无疑是根据远古先民口耳相传的文史资料整理记录的，就是有些民族的英雄史诗，口传的范围也比书面传播广。例如，百科全书式的彝文名著《西南彝志》所辑录的许多文史资料，就是当今口头传唱的古歌唱词；汉族的《山海经》最初就是口传于民间，后来才被录在纸上成书的；藏族的《格萨尔王传》虽然有多种手抄本和刻木传世，但至今仍以口头传唱为主。看来，无论是有文字的民族还是无文字的民族，他们的历史演进、生产生

---

① 沈峥：《彝族医药的文化溯源》，《保山师专学报》2007 年第 4 期。

活方式、风俗习惯、宗教信仰等，大部分内容都是通过口传世代流传的。可以说，任何一个民族的古籍都是从口碑古籍开始的。只是有了文字之后，用文字把这些口头资料记载下来，才逐渐取代了口碑古籍。如果忽视了各民族的口述资料和口头传说，民族古籍文献将是不完整的。正如我国著名文献学家张舜徽先生在《中国文献学》中指出的一样："当我们祖先没有发明记载思想语言的工具以前，一切生活活动的事实都靠口耳相传。这种口耳相传的材料，在古代便是史料。……所以古人研究历史，都把传说看成了重要史料。……过去学者们把古代传说、言论和书本记载并重，不是没有原因的。"这些丰富的口碑史料，给研究民族的历史、语言、文学、宗教、民俗等提供了极为宝贵的材料。

在我国少数民族中，无文字的民族有口碑古籍，有文字的民族也有口碑古籍。少数民族口碑古籍是指少数民族在历史上口耳相传流下来的具有文学和历史价值的各种史料，反映了本民族的风土人情、生活习俗、民族性格、宗教信仰等。少数民族口碑古籍内容十分丰富，每个少数民族都有着大量的口碑文献，尤其是没有文字的民族，其在文学体裁上的类别有：神话、传说、民间故事、寓言、歌谣、叙事诗等，在内容上基本涉及了宇宙（创世记）、物种起源、族源、族称、氏族传说、语言文字、社会形态、村舍长老志、地名传说、村寨名称、命名特点、山地农业、采集狩猎、饮食种类、房屋建筑、服装服饰、恋爱婚姻、文学艺术、雕刻纺织、宗教信仰、传统医药、伦理道德、传统教育、科学知识、古习惯法等关于每个少数民族社会生活的方方面面的内容。口碑载体古籍反映了各民族人民对自然社会的探索，对人类社会的认识和思考，它也传承着民族的习俗和精神，传承着民族的道德法则和行为习惯。

少数民族科技既有自然文化，又有人文文化；既有物质文化，又有非物质文化；还有非物质文化寓于物质文化之中难以分割的双重文化。民族科技既有文字记载的科技文献遗产，又有典型的口头非物质文化遗产，因此在保护、继承、利用中都必须区别情况，因事制宜，分类指导。由于民族科技在非物质文化遗产中占据了主体作用，因此民族科技口碑古籍文献的范围和种类十分广泛，基本上涵盖了"口碑科技历史、口碑科技资料、口碑科技传说、科技活文献"等口碑资料，这一范围的明确，对少数民族科技文化遗产保护至关重要。在整个中国少数民族科技的知识宝库中，口碑科技古籍文献资料占据了重要的部分，并作为一种经验积累在历史发展过程中逐渐充实饱满并仍在不断增多。在民族科技理论体系的整理过程中，口碑科技古籍文献资料除了提供大量确切可行的科技知识，为后世开展民族科技文献的发掘整理、研究继承提供了丰富的历史研究素材外，还对当前民族科技文献等文字资料有补充、印证作用。中国少数民族科技口碑古籍文献资料对于现有的民族科技文献发挥了辑佚、补遗、缀合作用，可以校勘、考订、鉴别其真伪，考索其源流和特征。流传于民间的中国少数民族口碑科技知识之所以能够经后人整理上升为理论，究其原因主要是因为有着丰富的内容和深厚的群众基础。

我国各少数民族在尚未创造本民族文字前，主要依靠口头传承的方式去记录发生的万事万物，并通过口耳相传形式使本民族的文化遗产得以世代承袭。这种用固定语言记录保存下来，并通过言传口授、代代相承的各少数民族史实，都属于少数民族口碑古籍文献。而历史上产生形成的少数民族科技口碑古籍文献，主要保存在当事者、知情者或群众的记忆中，用本民族语言或其他民族语言口头流传的，是反映本民族科技内容的原始记录。这其中应包括少数民族日常生活里通过歌谣、民间传说、神话故事和有目的的口碑传授等的科技史料。从载体层面说，除了口碑载体外，少数民族科技知识在流传过程中出现的把口碑科技经验集结成的文本式记录和保护民族科技知识过程中形成的录音、录像等形式也应包括在内。

少数民族科技古籍文献遗产口承性特点非常突出，尤其是历史上无本民族文字的少数民族，其科技内容除部分载于其他民族文字古籍中外，大部分保存于民间，由传人掌握，通过祖辈相传、徒承师艺等口传心授的方式传承，经过千百年"口口相授"和"代代丰富"的过程，形成了特殊形式的口碑古籍文献遗产，它们是具有保存和参考利用价值的口碑历史记录，在我国民族科技体系中占了较大比例。为了社会查考利用的方便，其中也有部分内容被继承人总结记录下来整理成册的，可视为各民族的口碑科技古籍文献遗产。

（一）反映科技内容的民间故事、传说、神话、歌谣、谚语的口碑古籍文献

少数民族族群中流传着许多反映各少数民族科技内容的故事、传说、歌谣、谚语，它们是我国各少数民族文化的族群记忆，更是各少数民族的文化特征。

1. 歌谣民谚

　　歌谣民谚是民族口碑古籍的一种表现方式，它形式活泼精巧，曲调多样，从一个侧面反映了我国少数民族热爱生活、习性快乐、富有创造性的民族性格。歌谣不同于歌曲，它没有固定的曲调，伴随着人们生产生活的全过程。① 反映科技内容的歌谣民谚种类齐全，数量巨大，世代在民族地区广为流传，影响深远。

　　天文学是人类最早发展和建立起来的一门科学，它产生于农牧业生产的实践，是人们长期观察天象和物候变化的经验总结和认识自然界时间变化规律的结晶。无论是从现今少数民族民间文学、民俗学资料，还是从汉文文献的零星记载来看，我国各少数民族在历史上都曾对许多天文现象进行科学观测，并创造和使用过本民族特有的历法，其中的有些内容保留至今，还在一定的社会范围内发挥着重要作用。这里拟以流传于黔东南的苗族古歌为例，管窥苗族古歌中的天文历法。

　　如苗族古歌《运金运银》说，日、月是祖先们用从东方运来的金银冶铸而成的。金银运到西方后，用大块去铸日、月。养友去仗量哪里是天的中央，造了风箱，从天上取来五把火，把金、银、铅、生铜混在一起冶炼，铸成十二个日、月还有些斜角，养友"拾起石子，一下子丢进水里，激起圆圆的波纹，圆得好像筛子，他拿圆圆的波纹做样子，才造成了圆圆的月亮，才造成了圆圆的太阳"。日、月造好后，祖先们将之吊上天安好，让它们按顺序出来，但太阳耳朵有点聋，一出来全出来，人间酷热难忍，于是昌扎射下十一个日、月，剩下的一个走来一个回，一个出来一个转。可见，人们通过长期的肉眼观察，认识到日、月是圆的，并认为日、月交替出现使人类得以进行正常的生产生活。

　　苗族古歌还反映了一些星名及其形象、来源和运行规律。《苗族史诗·金银歌》说：缀陜星、通申星用造日、月剩下的金粒制成；虎姐妹是银的锤子变成，她夜很深了才出来；鸭姊妹拿钳子做样子来造，出来的时候，夜已深了；挑柴郎用银锅底上剩的银子制造；屏斗是银锅变成，天上用来量米；造日、月的送公公呼出的气冲上天，变成了银河；还有射日射月的昌扎一家人死后，变成了三颗星。一颗傍晚出来，是昌扎的孩子变的，因为他被父亲射死时是黄昏；一颗天黑了出来，是昌扎的妻子所变，

---

　　① 何丽：《中国少数民族古籍管理研究》，辽宁民族出版社 2005 年版，第 40 页。

因为她听说孩子死了，哭着追出去，这时天已经黑了；还有一颗鸡叫才出来，系昌扎所化，因为他等到天亮还不见妻子回来，才跑出门。这三颗星不是一个时候出来，一家人总是不得见面。

关于历法，苗族古歌《多往申》说，苗族青年香秀从天上带历书到人间，不慎被烧毁，人们不知道月子季节，见木姜树和枇杷树开花，以为春天到了，撒播的粮种烂掉，栽不成秧，于是他凭借学得的历法知识，重新编写历书，"写出前五岁，编成后五岁，日月全清楚，季节都分明"。

苗族实现十二辰纪年法，也就是太岁纪年法。古人把黄道附近的周天划为12等份，并以十二地支的名称来依序命名，周而复始。《贾》中说："定好了月名／又来定年名／子年到丑年／丑年到寅年／寅年到卯年／卯年到辰年／辰念到巳年／巳年到午年／午年到未年／未年到申年／申年到酉年／酉年到戌年／戌年到亥年。"

苗歌《牧鸭歌》叙述了每个季节的活动："正月无事只休闲，二月春来架桥梁，架桥为的接子孙，三月日暖扫祖坟，四月初忙泡谷种，五月拔苗栽秧忙，六月烈日下薅锄，七月稻苞抽穗了，八月开镰收稻粮，九月赶鸭入稻田，十月热闹过苗年，冬月过的高坡年，腊月过的是汉年。"这些活动以农事为主，所叙主要内容或许是实行物候历的表现。

《换季歌》认为一年可分为三季："翠鸟他聪明／他来把季分／分成三大节／三节三段讲。……一节是过年／过个腊月年／二节春回来／千虫回上方／三节冬又到／千虫回东方。"这种以翠鸟来定季节、以千虫活动为标志的定季法实为物候定季，从每年农历二月各种虫类开始活动到它们隐藏越冬为一季，从隐藏到过年为一季，由过年到虫类开始活动又为一季，从而将一年分成了三季。这种三季法可能是二季法的发展，实际上是把二季法中的冷季分成了两季。①

除了流传有大量反映天文历法知识的歌谣外，医药知识类的歌谣、谚语也很丰富。在少数民族地区，各少数民族传统医药以它独特的疗效受世人瞩目。能歌善舞的各少数民族通过歌谣形式流传本民族深厚的医学药理，至今许多歌谣仍为广大民族所传唱。民族歌咏是各少数民族在特定自然环境与社会环境中经过长期的社会生产生活的创造的，它深深植根于世

---

① 吴一方、吴一文：《从苗族古歌看苗族的天文历法》（http://cache.baiducontent.com/2008 - 09 - 09）。

代民族人民的心灵深处，最集中地反映了各族人民特定的生活方式、思维方式、情感特征与价值观念。这些歌谣在很大程度上保存了各少数民族的医疗保健知识，具有较强的民族医药古籍文献查考价值。

分布在贵州、湖南、广西等省的侗族，由于没有本民族文字，其历史、文化、医药都靠口传心记，或以长歌、巫词、谚语、传说等形式代代相传，有关医药的文字记载甚少，见诸汉文献的也是凤毛麟角。侗族医药的起源、形成、发展无籍可考，但通过侗族长期流传下来的古歌、传说、谚语等，可知侗族医药起源、形成和发展的历程。据侗族古歌《玛麻妹与贯贡》记载："相传古时侗族有个孝子叶贯贡，他母亲生病四处求医，遇医仙玛麻妹，给他母亲治好了病，二人成亲行医。玛麻妹能识很多药，能治许多病，她教贯贡'翁哽将退焜，翁嘎将杜给，翁荡将退播赛耿，消腌欲用巴当同'（即药苦能退热，药涩能止泻，药香能消肿止痛，关节痛要用叶对生）。一天贯贡的朋友叶香来访贯贡，途中见绿公蛇蜥素欺负母蛇蜥婶，被叶香救了，蜥婶为了感谢叶香，给了治疗眼病的亮光草。"这个古歌叙述了侗族医药起源的传说，古歌中将动物人格化，这是传说起源于古代社会的标志，从中也反映了侗族医药起源于远古社会的悠久历史。[①]在侗族生活的地区，侗医在诊疗、方剂等方面知识的传承主要是通过"口传"，在"口传"过程中，歌谣传唱的形式是最富于民族特色的。侗医在诊断治疗中有许多生动形象的歌谣流传于世，便于记忆。如看面色主病歌："心家病面赤，肺家病面白，脾家病面黄，肾家病面黑。"看纹形主病歌诀："腹痛纹入掌中心，弯内风寒次第侵，纹向外弯痰食逆，水型脾肺两伤阴。"看指纹红紫辨寒热歌："身安定见红黄色，红艳多从寒里得，淡红隐隐体虚寒，莫使深红化为热。"又如治疗耳聋的歌谣："耳聋背听又虚鸣，不问多年近岁因，鼠胆寻来倾耳内，尤如时刻遇仙人。"治脱肛歌谣："脱肛不收久难安，海上仙方遇有缘，急取蜘蛛擂研烂，涂擦肛上即时痊。"治牙痛歌谣："一撮黑豆数根葱，陈皮川椒共有功，半碗水煎嚼共漱，牙痛立止显通灵。"[②]

由于侗族医师带徒弟或祖传秘方均为口传心授，有不少宝贵药方已经失传，现在收集到的是侗族有识之士用汉文或根据汉族中医部分理论编纂

①　陈士奎、蔡景峰：《中国传统医药概览》，中国中医药出版社 1997 年版，第 619 页。
②　袁涛忠：《侗族和侗族医药》（http://www.doc88.com/p－915992165310.html）。

的手抄本，留传至今的医药歌谣集有：《侗族医药探秘》一书中收录的"侗族医药偏方歌诀 50 首"，既是对侗族医药治疗方法的概括，又是精彩有趣的侗族民间文学作品；《秘诀方歌》，该书收集侗乡各地民间各种各教徒的医疗临床实践经验方或自拟的侗医药方剂歌秘 50 首，由双江杆子侗医杨时权汇聚成册；《推拿秘诀十三首》，该书系独坡坪寨黄保信医生叩度师传的《救世医书》中的推拿歌诀 13 首手抄本；《新刻小儿推拿方活婴秘旨全书》，该书载叙承变论、惊风论、诸疳论、吐泻论、童赋、面部脸症歌、脸症不治歌、面部捷径歌、小儿无患歌、天症歌、面部五色歌、虎口三关察症歌、虎口脉纹五言独步歌、五脏主治病症歌、掌上诸穴拿法歌、掌面推法歌、掌背穴治歌、二十四惊推法歌、二十手法主病赋、验症加减法等医疗经验和方法。①

壮族尚歌历史久远，其民歌是壮族医药文献独特的保存和传播方式。壮族歌谣题材广泛，内容丰富，就医药方面来说，涉及医事保健、医药理论、治疗技法、方剂及药物功效等。"柳州有座鱼峰山，山下有个小龙潭。山脚谭边唱山歌，医药山歌早已传。自从盘古开天地，药王传医又传药。广西山歌刘三姐，她用山歌唱医药。"正如这首歌谣所唱，民歌记载了世代壮族的卫生保健知识和治病疗疾经验，对壮医药文化的传承弘扬起到了重要作用。

壮族地区草树繁茂，四季常青。许多民间壮医，从生草的形态性味，推测出其功能作用，并将这些用药经验编成歌诀，便于吟诵和传授，它们一些是壮族宝贵的口碑医药古籍文献。如药性歌诀：

南疆气候温，遍地草木丛，天然壮药库，性味各不同，有毛能止血，浆液可拔脓，中空能利水，方茎发散功，毛刺多消肿，蔓藤关节通，对枝又对叶，跌打风湿痛。叶梗都有毛，止血烧伤用，诸花能发散，凡子沉降宏，方梗开白花，寒性皆相同，红花又圆梗，性味多辛温，寒凉能解热，辛温可祛风，苦味多寒品，辛散能润容。

壮族地区流传很广的众多医药民歌，是壮族医疗保健经验和药物药

① 萧成纹：《剖析侗族医药民间古籍藏书》，《中国民族民间医药杂志》2003 年第 3 期，第 132 页。

性、诊疗技法的高度概括和总结，好记、好唱、好传，保障了壮医药得以长期流传。

终生研究整理苗族医药的欧志安医师根据湘黔边境的石付山、吴忠杰、田宗顺、龙文超等8位名老草医提供的大量苗歌或苗谣素材，收集编写了《苗医便方歌谣》一书。《苗医便方歌谣》分内科门、外病门、妇科门、儿科门，选用常见病之便方为主，包括了苗医外病门之便方中的45种病症，100多首方歌，读来朗朗上口。这些方歌仅是苗医便方外病门的方谣中之一粟，可见尚有诸多便方歌谣有待于进一步发掘整理。通过《苗医便方歌谣》我们知道，该书所选歌谣大都通过大量实践验证之方歌，有确切疗效和临床应用推广价值。如治疗毒蛇咬的"白蓼野芹泥"，是通过上百例病人临床验证，有效率很高，1977年获湖南省自然科学成果奖。更多的方歌在各级医药杂志有了同样的报道，某些方歌虽然没发现有报道，但却是湘黔边区苗医世代相传的便方，又经过作者大量临床观察和病例追访，有很高的医药古籍文献利用参考价值。在这里选用其中一首为例：

苗医百草图歌

（贵州省镇宁县刘起贵口述）

百草药能医哪一百种病，听我来一样样诉说分明。
一朵云一枝箭纯属草本，百日咳风火咳一服就灵。
一支蒿有大毒用量谨慎，一窝蛆一口血泡酒一斤。
益母草专治那妇女孕病，制丸药医吊脐收回宫庭。
鱼鳅串姨妈菜表出病症，二月花治吐血其效如神。
三棱草泡酒擦能医伤病，三角风洗相公一卦打灵。
山胡豆是好药人人都问，三豆根医胃病油汤来吞。
四棱草医眼黄又治宁症，四块瓦四天王赫上有名。
五爪龙五匹风刀伤要紧，岩五甲刺五甲五香血藤。
八角香治癫子用调匀敷，八角莲医阳痪立马变硬。
见花谢得此药不断子孙，九粘牛医经病煮酒来抿。
九节莲治痢疾熬水来吞，九节虫医九子痒十拿九稳。
九里光洗娘娘煮一大盆，十万错治月家病用肉炖。
十二槐花补虚弱鸡汤来吞，月月红是好药妇女都问。

蒸瘦肉调天癸个个闻名，王替花胭脂花是好药品。

鸡冠花指甲花红白分明，红的花专治那白带之症。

白的花专治那妇女红崩，叶上果金钱草能医孕症。

身有孕安胆药保护济生，紫苏叶小茴香安胎药品。

用鸡蛋打胎毒古今有名，逢难产遇死胎倾刻要命。

山楂枝熬甘草转瞬临盆，见血晕用漆壳烧灰来整。

胎衣不下速嚼葱白几根，无花果奶浆根催奶药品。

蒲公英医乳结其效如神，不小心产后寒个个头闷。

小龙胆蒸甜酒确保安宁，臭牡丹白蜡根泡酒避饮。

断产药小茴香兑公棕根，小娃娃有六疬鸡肝为引。

星宿草毛笔壳草桐子根，案板芽医慢胆特效药品。

白芥叶医白口疮百用百灵，凤尾草熬水吃惊风之病。

追风散专治小儿科抽筋，是疹工出不尽大人头闷。

野茅果熬水吃红遍全身，无花痘钻木虫研成细粉。

野鸦桩剥树皮熬水来吞，木姜花医乳娥取汁来整。

苦糠果杀蛔虫自出肛门，苦荞头医气色十拿九稳。

狗筋蔓开水吞专治缩阴，母猪疯羊耳疯个个怜悯。

谁都怪他母亲乱吃油晕，其实是痰迷心窍血行不顺。

并非是母猪肉传下病根，除痰开窍白矾姜汁开水吞。

黄毛猪线下肉喂桐子寄生，天胡姜矮陀陀医白喉症。

鸡打架防脑膜新的发明，头晕药打鸡蛋专治此症。

土一支篙头风汁滴耳心，有黄胆有肝炎旬草药求问。

牛舌片按板芽龙胆草根，白友粉调白粉专医肺病。

心脏病离不了岩卜辣青，转芝莲蒸猪肉论为补品。

日流经夜跑马拉住疆绳，批把花白龙须专治咳病。

淫羊霍厚皮箭更其有名，马鞭梢转转花好看很很。

羊毛疹绞肠痧马到成功，杆杆活医浮肿加豆腐来整。

水黄花治水鼓病药到水行，医痔疮用糖下酒慢慢抿。

鸡脚板炖肉吃也可断根，茶子花蒸冰糖医红白痢症。

兰布正喂鸡吃专整尿频，相思症用不着去找医生。

医此症离不了他的心上之人，独脚莲医毒疮独一独听。

老鸦蒜包疗�也是有名，猪鞭花起溜溜颜色周正。

脚转筋喂猪肉立马拉伸，茅腊烛水三七把刀伤来整。
水火伤天五爪擦敷就灵，酸汤杆医风丹也有灵验。
构皮浆擦皮癣难得断根，酸迷迷锯锯藤接骨斗损。
水东瓜野葡萄更有其名，五痔七伤泡药酒慢慢的抿。
找几味土草药泡酒几斤，大救架毛青杠瘩伤药品。
预防药只有用几分良心，有名的后悔药能医百症，
可惜这世界上难得找寻，灌耳心用虎耳草取汁来整。
按板叶首乌叶专贴眼睛，川牛膝医鸡盲眼用肉来炖。
茶芍叶塞鼻孔臭得难闻，风火牙用此根好好卡稳。
八爪金龙医喉火病很闻名，百草药名称多难得表尽。
若欢喜学儿样急救病少，每味药都有它的特征特性。
按性味和功能对照病情，草药的四气要掌握得定。
草药的五味要分得清明，四气是温凉寒热的流轮。
五味是酸甜苦辣麻的总名，花钱少用处大普济群生。①

傣族地区流传着许多劳动生产歌，其内容生动形象地反映了傣族传统的科学技术文化。例如，盘田种地时唱的歌，涉及与水稻种植有关的事物，最有代表性的是《播种歌》、《十二马》等。这些歌谣将傣族的生产知识、社会习俗融合在一起，概述了傣族地区的气候变化和全年的农事活动，可以说是傣族的农业知识书籍。畜牧生产歌、制陶生产歌则叙述了畜牧情况和制陶技艺，不仅是优秀的文学作品，也是不可多得的科技文献。此外还有一系列的纺织生产歌，其中以《攀枝花歌》、《纺线歌》、《纺车歌》、《织布歌》等数十首，最为人们喜爱。《攀枝花歌》详细描述了攀枝花的形状、色彩、神态，叙述了攀枝花的生长过程和树干花果的性能，说明了傣族先民对攀枝花很早就有了深刻的认识，印证了傣族先民曾最早使用攀枝花（婆罗棉）作为纺织原料的史实。纺织歌则叙述了傣族纺织的起源、纺织工具——梭子和织布机的来历，描述了妇女纺织的过程和情景，内容十分丰富，充分印证了傣族纺织的悠久历史。

云南众多少数民族每逢建造住屋，除了要举行各种相应的宗教仪式外，还要请专人来唱颂建房歌、盖房歌。歌谣以"韵语说唱"为特点，

① 刘起贵：《苗医百草图歌》，《中国民族民间医药杂志》1995 年第 12 期，第 37 页。

一方面庆贺主人建盖新房，日后生活幸福兴旺；另一方面从各个不同的角度，唱出了本民族住屋形式的由来，房屋建造的具体过程和各个详细环节，以及人们对美好生活的追求。例如，拉祜族的建房歌道出了人们早期的处境和开始萌发的住屋意识："喜鹊有自己的巢，老鼠有自己的窝。人们无房了，真是不好过。" 彝族的建房歌则描述了早期先民为了生存而对天然洞穴和树巢进行加工改造的活动，描述了建屋活动的开始，表达了先民对居住环境寄托的希望。傈僳族的《盖房调》唱出了相互协作的住屋建盖过程；哈尼族的建寨建房歌把村寨地址的选择，相关的祭祀活动和房屋的建盖，从挖石角到砌墙、上梁、盖顶的整个过程表述得相当详细；景颇族的建房歌叙述了他们受自然动植物的启示，以仿生学的手段建造出自己独特的住屋形式。此外，傣族的《贺新房》、《斗楼梯歌》、《闹火塘》、《洗房柱歌》等古歌和布朗族的《贺新房调》等，都反映了住屋建盖的各个环节和对住屋的美好愿望，如布朗族的《贺新房调》唱道："四根柱子四把梁，盖起一幢新平栏。割下茅草扎竹排，砍下龙竹做壁墙。左柱一棵是'烧岩'，右柱一棵是'烧南'。风调雨顺年成好，人畜兴旺谷满仓。"

以歌传技作为少数民族科技的传承方式之一，不仅闪烁着民族科技文化和民间文学的特色光芒，而且在民族科技的综合研究和开发中具有很强的实用价值，应该为人们所重视。

谚语是精练、准确、诗化了的语言，谚语是人们生产生活经验的缩写，富有深刻的哲理。科技谚语在少数民族地区可谓俯仰皆是，多种多样，包括有农事谚语、医药谚语、气象谚语、节令谚语等。作为数千年来各民族科技实践经验的总结和积累，科技谚语道出了事物的本质或规律，具有很高的理论性和实用性。它们为今天人们掌握民族科技的运用特点，为各地区促进民族科技的产业化开发提供了宝贵的第一手资料。

素有"文献名邦"之称的大理是白族聚居的地方，在那里流传有许多白族医谚。白族医药长期以来以口传心授代代相传的方式继承，成为"口承医药"的典型。自古以来，白族先民的医学文明在医学谚语之中有很丰富的表现，它们既是经验总结，又有哲理含义，为世代白族群众沿用。现举例如下：

> 甘蜜有毒（草乌）苦是药。
> 草药茅药医大病，贵重药医富贵病。

身病有药，心病无药。

是疮不是疮，先服重楼解毒汤。

有人识得九里光，子孙万代不生疮。

浆酒坏肺，火气伤肝。

人参杀人无过，大黄救人无功。

若要癫痫早日好，就要苦葛拌花椒。

认得山头一枝蒿，不怕毒蛇恶狗咬。①

苗族关于医药的谚语朴实无华，富于哲理。如：

天黄必有雨，人黄必有病。

七月蜂子八月蛇，九月蚊子了不得。

人到老年疾病多，草到冬天干枯多。

山上常见千年树，世间难逢百岁人。

藤本中空能消风，对枝对药洗涤红；多毛多刺能消肿，亮面多浆散毒凶。

补药味甘甜，注红用酸涩，芳香多开窍，消炎取苦寒。

春用尖叶夏花枝，秋采根茎冬挖英，乔木多取茎皮果，灌木适可用全株，鲜花植物取花朵，草本藤木全草收，须根植物地上采，块根植物用根头。

全赖苗父尝百草，才有良药治百病。

一主神态二主色，三视女男当有别，四望年龄看四季，五取腕部细号脉，第六细问在触摸，百病疑难有窍诀。

傣族医谚有：

吃喝过量会反胃，用脑过度会白头。

吃山里红胸闷憋得慌，吃青果心情真舒畅。

热天转冷天，伤风感冒；冷天转热天，疟疾发烧。

忧伤郁闷没好处，招致一身染病笃。

___

① 施珍华：《白族的医学文明》（http://cache.baiducontent.com/2012-3-28）。

冷天淋了雨，不是感冒就发疟疾。

彝族和汉族对物候知识认识各有不同的特色，彝族先民凭借对大自然现象和动物行为的观察，来预报天气。至于对物候的观察，彝族和汉族均甚为重视，以作为进行农耕和祭祀的重要依据。彝族地区流传的气象谚语多与鬼神和生活方式有关。以凉山彝族博物馆内所列举的气象谚语为例：

天阴天晴，云彩来决定；夜黑夜明，月亮来决定；春天秋天，布谷来决定。

鹰过要天晴，雁过黑沉沉。

虹出东要天晴，虹出西要下雨。

蚯蚓地上爬，雨点天上飘。

楚润九桶水，月晕起风雨。

有雨山戴帽、无雨云拦腰。

日晕三更雨、月晕午时风。

藏族的气象谚语：

蚂蚁搬家上高山，洪水将要到草原。

蚂蚁洞口土堆起，雷雨衔接连阴雨。

黑云夹着红云跑，时刻警惕降冰雹。

夜晚睡觉皮袄湿，不上三天要下雨。

清晨云雀不飞空，过午就会闻雷声。

深夜牛羊无故喊，距离地震不再远。

冬季飞禽忙抬窝，草原一定积厚雪。

少数民族的农业生产谚语丰富多彩，并经过长期的生产实践，反复验证，包含着丰富的农业生产知识，符合农业科学原理。许多农谚至今还指导着农事活动。

彝族的农事谚语：

蝉儿不叫不撒荞，布谷不来不插秧。

荞子要在猪月撒，包谷要在鼠月种，水稻要在鸡月栽。

猪月猫烤火，人们受饥寒；羊月水冲桥，父卖子来吃；猴月烧草坡，孤儿荞歉收。

房后有山就放牧，房前有地就撒荞，房侧有坝就栽秧。

哈萨克族农谚：

金子银子是石头，大麦小麦是粮食。

壮族农谚：

饿死不吃谷种，馋死不吃麦秧。

月亮戴枷，晒死鱼虾。

瑶族农谚：

谷雨前好种棉，谷雨后好种豆。

宽种一尺，不如深耕一寸。

傣族农谚：

勤松土的甘蔗甜，勤施肥的芭蕉香。

苗族农谚：

修渠如修仓，积水如积粮。

2. 民间故事

民间故事是民族口碑古籍中非常广泛的又一种表现形式，它具有很强的灵活性、随意性和文学性。它有人物、背景和情节。情节不是特定的、具体的，而是非常宽泛和广阔的。

在云南民族中流传比较多的是能工巧匠的故事。能工巧匠的技艺是生产力和工艺水平的标志，泥瓦匠、石匠、木匠及各种金属加工的手工艺人都有较高的地位，他们的故事在民间不胫而走，流传至今。如云南大理白族自治州剑川县的木雕工艺历史悠久，驰名中外，在当地流传的木匠故事很多，如《锯子的来历》、《墨斗山》、《弯木头，直木匠》、《鲁班造船》、《雕龙记》、《师傅带徒弟》、《黄贡爷吹包》等。这些故事集中表现了各民族劳动生产的历史状况，塑造了一群能工巧匠劳动者的形象。

彝族的《尼苏夺节》是一部彝族创世史诗。全诗由十个神话故事组成，从开天辟地、栽种五谷一直到民族风情、伦理道德、婚姻文字为止，内容丰富，形式多样，描写了彝族人民历史发展的过程。该书中记载了大量的医药卫生知识，如对有病要求医的内容是这样说的："若要人不死，要把太医求，要把良药吃。……早晚又刮痧，卜卦卦不利。……治病要喂药，吃药能治病"；对寻药采药情景作了这样的叙述："找药到肥阿，山高没人烟，水冷不见药。找药到沙阿，坡陡没人烟，箐深不见药……东西全备好，姑娘把药传"；对药物配伍，书中写道："……要我真教你，须把真药找，你拿獐牙来，再把麝香找。"

苗族有许多生动美好的民间医药故事，反映了苗族医药文化悠久的历史和与汉族、其他少数民族深厚的渊源关系。如流传于苗族民间的《蚩尤传神药的故事》：相传蚩尤从小聪明伶俐，九岁时离家到黄河边的高山峻岭向生翁爷爷拜师学艺。九年后，蚩尤懂得了120种礼规，能应变天下大事；掌握120种药，成了能治百病、起死回生、返老还童的神医；精通12道神符，成为能呼风唤雨、明阴晓阳的大神。蚩尤学艺回来后，生了九个儿子，长大后都学会了蚩尤的本领，一个儿子管九个寨，九个儿子共管81个寨，蚩尤就成为81个寨的大首领。由于蚩尤懂得120种药，人病了服药能治好，死了服药能复生，老了服药还能还童。数十年后，苗寨的人丁发展起来了。除了《蚩尤传神药的故事》外，苗族民间医药故事还有《祝融传熟食的故事》，讲述了祝融传人工取火和熟食用于黎民的日常生活，用火防蚊虫、瘴气，起到防病治病的目的。同时祝融还传授了按摩术教黎民驱病强身、延年益寿等，反映了苗族预防医药学的早期萌芽情况。

现今留存下来的傣族创世史诗《巴塔麻嘎捧尚罗》，其中蕴涵有大量丰富的科技思想。该史诗是傣族歌手——赞哈一代又一代地吟唱着祖祖辈辈流传下来的创世歌，从中我们可以听到许多有关开天辟地、万物诞生、洪水泛滥、人类产生、制定历法、谷物起源、动物驯养、建造房屋、发明工具等内容，为我们从不同角度研究傣族的科技思想提供了极其宝贵的资料。

该诗一是记载了有关稻谷种植的内容。在傣族先民寻找谷物过程中，他们不仅看见"屎上长绿苗/苗上有谷穗"的现象，而且发现了"这雀屎鼠屎/它们会生儿/它们会长子"的自然生长规律。在种植谷物的过程中，由于缺乏经验，"有时谷被晒干/有时谷被泡烂/有时谷被鸟吃了"，后来经过观察总结，他们就学着种谷、除草："把谷撒在潮湿地/把谷撒在烂泥里"，"有了潮湿地/有了稀泥巴/别忙撒下谷/先把绿草拔/用脚踩烂土/把稀土扒平/再把谷撒上"，这样一来，"谷粒全发芽/秧苗长得快/叶绿秆又粗"。为了获取更多的食物，傣族先民在原有田地的基础上又尝试着开荒种地，他们"找来弯木/捡来尖石块/又扯来粗藤/把长方形尖石/拴在弯木端/斗得很古怪/取名叫做'太'/用'太'去翻土/人在前头拉/把土翻起来/比用脚踩快"。但是用人拉犁太辛苦，所以傣族先民驯养了牛马拉犁，"从此人类哟/就用牛拉犁"，开始了原始农耕生活。

二是有关建造房屋的内容。在《巴塔麻嘎捧尚罗》所描述的远古时期，傣族先民最早居住在天然的土洞或岩洞中，这些洞穴，具有冬暖夏凉、遮风避雨、行动方便等优点，但也存在常年潮湿、不见阳光、数量有限等问题。于是面对频繁的自然灾害和出于对人类自身保护的需要，傣族先民开始了建造房屋的尝试。最初，傣族先民看见洼地边"长满麻芋叶/芋叶一片片/宽大像簸箕/把雨水挡住"，地上土一点也不湿，就"设计叶棚架/找来四根杈/选一块地方/拱起一个栅架/用芋叶和茅划/铺在上面/盖了一间平顶草房"，这样，傣族最早的人工住房——平顶草房诞生了。《巴塔麻嘎捧尚罗》还记述了傣族先民建造"凤凰房"的过程："抬来许多树木/做成许多柱子/柱子有高矮/又拔来茅草/依照凤翅膀/编了无数片草排"，盖出一间新房子，这新房"架在高脚柱上/让它与地面分开/屋脊盖得美/像凤凰双翅/前后各一扇/左右各一厦/房檐四方垂"。从此，傣族先民住进了"凤凰房"，"有房人心安/不怕风和雨/晚睡关房门/不怕虎来伤/不怕狼来袭/房高地不湿/人不受冷潮/身体少得病/小孩长得快/老人寿命长/人类更兴旺"。

三是有关工具制造的内容。工具的制造、使用、改进、发明是人类技术进步和生产力水平提高的标志。随着社会生产和生活的需要和进步，傣族先民也开始制造和使用陶器、铁器等工具。在《巴塔麻嘎捧尚罗》中记载了傣族先民烧锅、烧碗的技术："人每天吃饭／人每天喝水／没有碗和锅／用什么来装／叶片太软了／树皮太脆了／装不了汤水"，于是在实践中发现"取来黑色土／取来黄色泥／先捏碗／又捏盆／最后捏出锅"，等晒土以后，"再用火烧它／使锅变硬／使碗变硬"，"这叫做'贡莫'／这叫做'贡万'"，从此，"人学会捏碗／人学会烧锅／一代教一代"，流传至今。①

3. 民间传说

民间传说是指在少数民族群众中广为流传的关于历史人物、历史事件、地方古迹、社会风俗等方面的口头故事，传说是神话变化发展的结果，二者都有确切的人物、事件、地点。神话主要反映人与自然的斗争，而传说主要反映的是人与人之间的斗争。传说具有真实性和地域性特点。传说一般有历史传说、人物传说和风物传说三类。

在藏族、彝族、傣族、苗族、瑶族、纳西族等少数民族生活的地区，除了通过书面文献记载和"口口相授"的方式流传外，还有很大一部分是通过民间传说的方式在民间广为流传。这些传说有许多找药、治病和医药学的知识，讲述了族群遭遇的种种疾病是如何通过寻药找药进行抗病疗疾的，或通过活人追述亡人的叙述来阐述人类生命的发生、发育、成长以及人生病要积极寻药治疗而不能信奉鬼神的思想，其中涉及丰富的药物种类、药性、采集、加工、配伍等内容。这些传说的真实性虽然无从考证，但却是研究各民族医药发展史的重要史料，对于医药学知识的传承和发展也起到了很重要的作用。

壮族医药的民间传说很多，包括《神医三界公的传说》、《爷奇斗瘟神》和《墨蛇与银蛇》等，由此我们可以追溯有关壮医药文化的起源。例如《爷奇斗瘟神》就讲述了有关广西靖西药市的起源：爷奇是壮族古代一位医术高明的老壮医，带领壮族人民群众，大量采取各种山间草药，跟一个在每年农历五月初五就来肆虐人间的瘟神——"都宜"（壮语，即千年蛇精）作斗争。瘟神"都宜"很厉害，凡是有人居住的村寨，他都要去喷射毒气，散布瘟疫，放蛊害人。一家一户对付不了他，一村一寨也奈何他不得。爷奇常年为乡亲们治病，并仔细观察"都宜"的恶行，发

① 秦莹、李永勤：《浅谈傣族创世史诗中的科技思想》，见《第三届中国少数民族科技史国际学术讨论会论文集》，云南科技出版社 1998 年版，第 35 页。

现他特别害怕艾叶、菖蒲、雄黄、半边莲、七叶一枝花等许多草药，于是就教会人们采集这些药材，或挂在家门口，或置备于家中，以对付"都宜"的袭击。在"都宜"到来之前，或以草药煎汤内服，或煮水洗浴，就可预防瘟疫流行，即使得了病，也可很快痊愈。因为有的村寨采集的药材较多，有的村寨采集的较少，甚至采不到这样那样的品种，爷奇就建议大家在五月端午把家里的药材都摆到街上来，这样一来可以向瘟神"都宜"示威，二来可以互通有无，交换药材品种。"都宜"发现各村寨群众居然储备那么多草药，而且联合起来对付他，气焰就不那么嚣张了，最后只好逃之夭夭。爷奇带领群众斗瘟神最终取得了胜利，于是每年的五月初五在当地就逐渐形成了很有民族特色的药市习俗。

在土家族地区，至今依然流传着很多关于土家医药的美丽传说，如《药王菩萨的传说》、《太上老君弟子下凡的传说》等。这些传说反映了土家族人民仍世代不忘药王菩萨、太上老君弟子为他们治病的恩惠，反映了现实生活中土家山寨对医术精湛、深孚众望的老药匠（土家族对医生的称呼）的崇拜。其中有的传说还反映了当地土药的种类和药性。如《党参的来历》中记载，古鄂西南一带流行着一种怪病，病人脉虚，气短，四肢无力，不死不活，十分痛苦。一位姓党的土家医受仙人点化，找到一种植物，治好了这种病，后将这种药物取名为党参。流传于土家族民间的这些传说，使很多土家医的用药诊疗经验得以传承，又表达了土家人民对药匠的尊敬之情。

生活在基诺山巴卡寨的基诺族布鲁飘家祖传的接骨药，在当地可谓远近闻名，家喻户晓。他家的接骨药无论是对开放性骨折、闭合性骨折、粉碎性骨折，还是跌打伤、扭挫伤疗效都很显著，到布鲁飘已传了九代。关于这一特效接骨药有一个美丽的传说：布鲁飘的前八代祖先去捉田鸡，为了防止田鸡逃跑他就把田鸡的腿折断放在鱼篓里。恰巧一天晚上篓盖丢了，他就顺手在路边扯了一大把草卷塞住篓口，等回家揭开篓盖时，田鸡一只只蹦出来，原来被他折断的田鸡腿已接起来了。于是他找到这种采药，以这种草药配方治疗各种骨折，均收到很好疗效。这种草药代代相传，现在已传到布鲁飘之子飘白使用继承，在当地继续造福于民。[1]

---

[1] 杨正林：《基诺族医药》，云南科技出版社 2001 年版。

4. 神话

高尔基说:"一般来说,神话乃是自然现象,对自然的斗争,以及社会生活在广大的艺术概括中的反映。"神话在形式上好像是超现实的,其实不然,在本质上它是人类童年时期人们对宇宙万物的迷惑不解、恐惧不安并与之斗争的反映。各民族的医药神话由于其生产力水平不同、民族生活习惯不同、居住环境不同而各有特点,但都集中反映了各民族先民在生息繁衍过程中认识自然、治疗疾病的过程。

彝族民间流传的医药神话丰富多彩,其间反映出彝族先民在同疾病的斗争中对医药的初步认识。流传于云南新平地区的《哦姆支杰察》中记载着这样一个神话:在远古时代的彝族先民,有病不会医治,病了只有忍着或是等死。这时,有个名叫英臣世诺的英雄,看到这些景象,决定要找到医治疾病的药,于是他上山去采集百草,并且亲自尝百草的味,找到能医治疾病的草药。他把百草每一样采一百株,用来给人们治疗百病,使人们有病不再哼。后人受到他的行为的鼓舞,也不断去采尝百草为人医治疾病,这样一代传一代,形成了彝族医药。这一神话非常类似汉族的"神农尝百草"的神话。①

有关彝族对药效药性的认识,有这样一个神话:历史上人们曾经历了一次大的洪水泛滥,在这次洪水泛滥中,有个叫居母乌武的小伙子很善良,在逃难过程中,他救下了青蛙、蛇、乌鸦等动物。他们随洪水漂流到一个叫龙头山的山坡上,当居母乌武和动物们在山顶生火取暖时,冒出一股青烟,当天帝恩体古资看到地上还有生命时,他发怒了。他把居母乌武抓到天牢关起来。动物们为营救居母乌武,就派蛇去把天帝恩体古资咬伤,然后让乌鸦去告诉恩体古资,如果他放了居母乌武并把女儿尼托嫁给他,那么青蛙将用唾液把他治好。被蛇咬伤的恩体古资疼痛难忍,无奈之下只好答应了。居母乌武与尼托公主婚配后生了三子,分别是藏、彝、汉的祖先。通过这个神话,透视了这样一个道理,由于彝族先民长期生活在山区、丛林,被蛇咬伤的时候很多,在不断寻找治疗方法中,已认识到青蛙唾液能医治蛇咬伤的伤口。②

---

① 李德君、陶学良:《彝族民间故事选》,上海文艺出版社 1981 年版。
② 同上。

5. 叙事诗

民间叙事长诗是指集体创作，主要由巫师、艺人、歌手等人员演唱的一种具有比较完整的故事情节的韵文或散韵结合的民间诗歌。叙事长诗有的来源于史诗中的某个故事或片段，有些是由情歌加工演变的。大多以开天辟地、人类起源、自然万物起源等为题材，在我国西南少数民族中保存很多。

这类叙事诗大多记述了一年四季的划分，狩猎、畜牧、农事、工具制造、火的发现、造屋、祭祀以及婚姻、丧葬等生产和生活事象，对研究各少数民族科技史具有参考价值。

彝文叙事诗《吴查美查》中讲，彝医为了给人治病，到天上去找药，到东洋大海中去找药，到高山上去找药，到东南西北方向去找药，最后找来虎胆、豹胆、鱼胆、牛胆、猪胆、蛇胆等配成好药喂服。它对后人研究彝族医药史提供了参考。

（二）反映工艺技法的民族科技口碑古籍文献

少数民族科技口碑古籍文献的数量是巨大的，其历史地位和现实价值也是不可忽视的。许多历史悠久、文字古老的少数民族虽然历史上留下了大量的书面古籍，但数量毕竟有限。千百年来，民族科技中绝大部分的诊断治疗技法、手工制作技艺还是通过语言形式口耳相承的。由于这些口碑古籍文献具有流动性、演绎性和变异性，因而我们在搜集整理归档过程中要注意甄别筛选、去伪存真，在尊重少数民族传统科技活动习惯和习俗基础上，客观分析，认真取舍。

众所周知，许多少数民族历史上没有本民族文字，其科技文化知识的传承主要是靠师徒或家传的形式一代代地沿袭，而在新中国成立前的历史发展过程中，少数民族因其所居住的地域大都属高山密林，交通闭塞，文化封锁，很难与外界进行科技文化交流。在医药方面，为了抵御疾病的侵袭，广大民族医生不得不努力钻研本民族医学和本地域动植物、矿物药来为自己的民族服务，在理论上没有系统的学科总结，绝大部分内容以单方、验方、秘方和具体实践操作技法散存于民间，其中有许多特效方剂为民间医生保存至今，并在民间广泛流传运用。它们是各民族对我国医药科技的重要贡献，应属于民族科技口碑古籍文献范畴。如生活在云、贵、川等地的苗族，其苗医苗药具有"千年苗医，万年苗药"之说，在很长的历史长河中形成了没有文字记载的医疗体系，有了"一个药王，身在八方，三千苗药，八百单方"的歌谣，可见苗族长期以来积累的单方、验方之众。①

目前发掘整理出的民族单方、验方众多，各级档案馆、文化馆、医药研究所、卫生部门、医院等均有收集整理，并通过广播、电视、网络、杂志等形式公布，其中一些还汇编成册，如《中国少数民族民间验方精选》、《中国彝族民间医药验方研究》、《傣族传统医药方剂》、《土家族医药学》、《中国拉祜族医药》、《贵州中草药验方选》、《贵州民间方药集》、《关岭民族药》、《彝族验方》、《民族民间方剂》，等等。

此外，在少数民族中流传使用的一些民间工艺，包括冶炼和饰品加工技术、竹木漆器技术、刺绣技术、造纸技术、酿酒和畜产品加工技术等，都是非常珍贵的少数民族口碑科技古籍文献。例如，少数民族科技中大量自成体系的成熟技法，现今流传下来的有藏医药的拉萨北派藏医水银洗炼法和藏药仁青常觉配伍技艺、甘孜州南派藏医药、藏医外治法、藏医尿诊法、藏医药浴疗法、藏医放血疗法、甘南藏医药、藏药炮制技艺、藏药七十味珍珠配伍技艺、藏药七十味珊瑚配伍技艺、藏药阿如拉炮制技艺、七十味珍珠丸赛太炮制技艺、藏族邦典织造技艺；维吾尔族花毡、印花布织染技艺；瑶族医药中的药浴疗法；傣医医药的骨伤疗法；苗族医药中的骨伤蛇伤疗法、九节茶药制作工艺、银饰锻制技艺、吊脚楼营造技艺；侗族医药中的过路黄药制作工艺、木构建筑营造技艺；壮医药中的壮医药线点灸疗法、壮医经筋疗法、壮医针法、竹筒灸疗法、蛊毒的治疗法、织锦技艺等，都具有很强的民族特色，一些已被我国列为国家级非物质文化遗产保护名录。②

四　原始载体科技古籍文献

文字产生之前，人们总是用一种特殊的实物符号帮助自己记事表意，这些被赋予特殊语言含义的"实物"或"符号"称为原生载体古籍。原

---

① 周凯琳、杨利勇：《苗医经验方拾遗》，《中国民族民间医药杂志》2002 年第 5 期，第 307 页。文中所选例子为作者在贵州省六盘水苗族聚居地收集整理的苗医经验方。

② 王文章：《非物质文化遗产概论》，教育科学出版社 2008 年版。

生载体古籍不仅是少数民族所特有的，而且它的表达方式和实物所代表的内容也具有强烈的民族性。原生载体的实物或符号有很大的随意性，是一种简单、粗糙的记录语言信息的载体。因此，它还具有原始性。此外，原生载体的形式也是多种多样的，包括实物型和符号型两种。符号型是指用某种特殊的符号来记录一种信息或更为复杂的信息，它的主要表现方式是刻木记事、实物记事和结绳记事等。这些记事方式在没有文字使用的情况下发挥了重要的记事功能。

木刻记事。就是在竹木质材料上通过刻画线条或某种符号来记录表达某些事情，是一种古老的帮助记忆、传递信息的方式、方法，它产生于人类发明文字之前的时期，作为一种文献的记录方式，使用这种方法的民族很多。翻开我国的一些古代汉文典籍，我们会发现早在几千年前就有关于木刻记事的实例记载，首先在《说文解字》中，我们来看"契"字："挈，（古契字），刻也，从木。"《释名》卷二"契，刻也，刻识其数也"。清代朱骏声在《说文通训定声》中更明确指出："上古未有书契，刻齿于竹木以记事。"从古代的一些文献中，我们也不难发现一些记载古人用刻木来记录财富，以刻齿的多寡来代表财产的史事。如《列子·说符》有："宋人有于道得人遗契者，密数其齿，告其邻曰：'我可以富矣。'"《战国策·齐策》："冯谖……约车治装，……载见面"，就在木板两边刻上对等的格数，以表示路上走的天数，中间劈开，各执一半，每走一天削去一格，剩下最后一格就是二人相见的日子，也有的在最后一格的板心中间刻个叉，表示相会或相会于某地。一直到新中国成立后近十年左右，独龙族寨子互助组评工记分仍然用木刻记工分。景颇族男子远行有在刀柄上刻画横道计算日期的，每走一天刻一道。佤族经常用木刻记录重要的时日，一般用半寸到一寸宽的竹片，竹片上刻缺口来表示时间，一个缺口代表一天，过一天砍去一个缺口，剩下最后一个，这天就是约定的重要日子。

实物记事。《后汉书·杜诗传》记载："旧制发兵，皆以虎符：其余征调，竹使而已。"这是我国古代汉族用实物记录文献的代表之一。用实物来表达、记录、传递信息也是中国少数民族常用的文献记录方式之一，中国很多少数民族都采用过实物记事的文献记录方式，并且在内容和形式上都表现得极富多样性。比如用实物表示数字的情况。云南怒江傈僳族在打官司时，当事人双方都备有竹片，每陈述一条理由，就摆出一条篾片，有规则地逐条摆放，若一路摆不下，便另起一路，有的摆三路、四路，摆成正方形，形成对峙的竹篾片阵，最后根据双方摆的篾片的多少，做出裁决，一般以竹片摆多者为证据多，属于胜利的一方。傣文古籍记载傣族先民是用篾片加相思豆或酸角籽来作复杂的计算。一块篾片代表 1，如果达到 10，就在第 10 片篾片后面放一粒籽，表示 10，放第二粒籽，就表示 20，以此类推。怒族用石子、竹签等物累加来作为诉讼讲理的记录方式，石子用大、中、小三种（竹签也一样），若讲理，十个小理由是十个小石子，第十一条起便是一个中石子和一个小石子，十一条中等理由便可进成一个大石子和一个中等石子等。

结绳记事。我国东汉郑玄在《周易注》中道："结绳为约，事大，大结其绳，事小，小结其绳。"可见在远古时的中国，结绳被先民们赋予了"契和约"的法律表意功能。人类在没有发明文字或文字使用尚不普遍时，常用在绳索或类似物件上打结的方法记录数字、"表达某种意思"，用以传达信息。结绳记事曾经广泛存在于世界上许多民族历史中。各少数民族也习惯用结绳来计算日期、记录事件等。如独龙族人们普遍地习惯用结绳，为能比较准确地记住出门的日子，常在腰间用绳打结，每走一天则打一个结，有时亲朋间也用此方式约定相会的地点和日期，然后各在自己的绳索上打好相同数目的结子，一个结子表示一天，每过一天或走路一天则解去一个结，待预先打下的结子全部解完，双方即可在相约的时间和地点聚会。怒族出门远行来往日程亦以结绳记载，每走一天一大结，以此计算天数。

五　金石载体科技古籍文献

金石载体古籍是指各少数民族在历史上遗留下来的用民族文字书写或镂刻在金石器物上的各种文献。金石载体古籍包括印章、钱币、碑刻、钟鼎、摩崖、石幢、题记等。它是研究我国各少数民族历史文化的活化石。金石古籍是一个民族在特定的历史环境中产生的，是在没有使用纸张之前的一种特殊的记录信息的载体，具有很强的历史阶段性。

刻石记事是我国古代少数民族的一种传统记事方法，它是历史的原始记录，也是我国少数民族古籍文献遗产中重要的组成部分。反映民族科技内容的石刻，在少数民族地区现存的古籍文献中有一定数量的保留。据目前掌握的资料看，白族、瑶族中尚存有部分记载医药内容的石刻文献。如白族的石刻本《赵氏医贯》，刻于 1617 年，明代赵献可著，内容论及玄元肤论、内经十二官论等，主要阐述薛氏医案之说，以命门立论，对命门的部位、性质、病理变化、治疗原则和方药进行了系统而精辟的论述。另外还有王云、方龄贵曾在大理五华楼原址发现一批元碑，其中几块谈到大理国的医学掌故，可谓探究白族医学发展的珍贵文献遗产：

一块题为《故大师白氏墓碑铭并序》称："白敏中者，居易之从父弟也。居易（中阙），乃大宋仁宗皇祐四年壬辰，即我大理（中阙），南州府，有和原从之，即敏中之苗裔。（中阙）江，降于大理，其医术之妙则和原，大理文学医方巧匠，于斯而著，……升和原为医长。"这里记载了白和原是唐代大诗人白居易的从弟白敏中的后代，白和原在大理以医术高明见长，并颇有影响。碑中又说到白和原的后人白长寿也是一位名医，白长寿曾任大理国权臣高隆之子高庆充的医疗侍从，碑文称："元贞元年，王□以师药有验，常置左右，赏赐不可胜数。至大德三年己亥，段都元帅有疾，众医更治不愈，乃□师于姚州。师即至，药灸有效，……穷于精辟，脉□辨生死，药不问贵贱，……号曰医明道蕴由理大师。"这位白长寿善用脉学和针灸的方法看病，这两种方法是中医最重要的治疗手段。显然，白居易的后人在推进中医在大理国的影响方面也发挥了作用。[①]

另一块大理国时期的碑刻《故溪□襄行宜德履戒大师墓志并叙》讲到大长和国的一位佛教徒溪智"安圉之时，撰□百药，为医疗济成□洞究仙丹神术，名显德归，述著脉决要书，布行后代，时安圉遭公主之疾，命□应愈，勤立功，大赉，褒财物之□焉。"从碑文来看，这位叫溪智的佛教徒曾著有《脉诀要书》流行后世，他还研究了道家的金丹术，显然他应是一位阿叱力密教徒。因为众所周知，密教和道教在医学上关系是十分密切的，而佛教其他派别却并不如此。[②]

此外，瑶族的"石牌"，把优生优育及环境保护等医药卫生内容融于地方法规中。如"石牌"条文中明文规定："凡是同一宗族的男女五代内

①　方龄贵：《大理五华楼新出元碑史料价值初探（二）》，《云南文物》总第 15 期。
②　李约瑟：《中国科学技术史》（第二卷，科学思想史），科学出版社、上海古籍出版社 1990 年版，第 454—458 页。

不得联婚；凡是有姻亲关系的亲属三代内不准通婚……"而在瑶族人民心目中，"石牌大过天"，石牌所规定的内容人人都得严格遵守。这就有效地控制了近亲婚配，从而保证了本民族的人口素质。为了保护水源，保障环境不受污染，瑶族"河规"中规定："不得把垃圾等污物倒入河中……"① 这些地方法规对促进瑶族人民的健康繁衍起了积极的作用。

---

① 余言、任可：《中国少数民族医药保健》，五洲传播出版社 2006 年版。

第 二 章

少数民族科技古籍文献的直接遗存

我国自古以农立国，农业与天时地利息息相关，因而天文、历法、数学、农学等科学发展较早，其形成典籍也早于其他学科。其次是医学和地学。至于其他学科的文献资料，多混在各科著述之中，单本通行的很少。现将各少数民族天文、历法、数学、医学、地学、农学等科的古籍文献简要介绍如下，借以明示历史上各民族科技古籍文献创作和积累的概况。

第一节　少数民族天文历算古籍文献遗存

一　天文历法

天文历法是人类文明的重要标志之一，也是科技水平发展的重要尺度之一。中国自古以来，以农为本，重视编制历法，授民以时是历代王朝的头等大事。在历史上，各少数民族也实行过自己民族特色的历法，对天文历法亦有特殊的认识。中国各少数民族的天文历法，异彩纷呈，成就光辉灿烂，很多成就在中国科技史乃至世界科技史上都具有重要地位。

较原始的历法是反映各种物候特点的自然历。新中国成立前仍使用自然历的民族有傈僳族、哈尼族、傣族、纳西族、白族、独龙族、拉祜族、佤族、鄂伦春族等。如傈僳族的自然历，他们把一年分为过年月（一月）、盖房月（二月）、花开月（三月）、鸟叫月（四月）、烧山月（五月）、饥饿月（六月）、采集月（七、八月）、收获月（九、十月）、酒醉月（十一月）、狩猎月（十二月）。生活在西藏境内的珞巴族有一种比较纯粹的自然历。他们把一年分为十二个月，每月都有一系列的物候记录：

一月桃花开，布却更鸟叫；二月达加树开花，巴戈鸟叫；三月辛基树开花，牙尼虫叫；四月过朵树开花，尼洋亚尼虫叫；五月达戈果熟，雅亚亚英虫叫；六月鲁姑花开，杜都亚亚虫叫；七月多哇藤出花蕾，辛德达叶虫叫；八月九月兰扎毕拉果壳裂开，九月达希果熟，玛富鸟叫；十月达希树开花，虫停鸣、鸟飞走；十一月色达毕花落，高山顶水道变成雪；十二月老鼠入洞，山顶雪厚。

此外，白族、水族的历法已达到了一定的水平。例如，白族除了部分使用自然历之外，还出现一批知识分子研究天文历法，并产生了专门的天文历法著作。在白族地区，元代时设有天象、气候测量所，以推进天文历法工作的开展。

较为成熟的少数民族历法当属藏历、傣历、彝历、伊斯兰教历等。早在唐代以前，藏族先民就创造了以"水测法"、"测日影法"和石串计数的方法来测定年月和每日昼夜的变化等。至今，藏族地区仍以藏历安排节日和农事活动。傣历也是一种阴阳合历。自汉代汉族的干支纪时法传入傣族地区后，傣族就以公元638年作为建元之年，逐年顺序累计纪年纪时，可见傣历的历史悠久和体系独特。

(一) 彝族

在浩瀚的历史长河中，彝族先民在认识自然、探索宇宙奥秘的过程中，善于思考、勇于实践、总结经验、掌握规律，不断产生独特的新见解，最终创立自己的历法系统，形成独具特色的天文学体系和历法系统。在历史上彝族民间曾经流传和使用过多种不同的历法，有的已经遗失，有的处在濒危状态。庆幸的是有些天文历法知识被载录于彝文典籍之中，让后人能够了解彝族先民的这一珍贵的文化遗产。彝族古老的天文历法系统种类繁多，各具特色，其中比较典型的有：

一是"十月太阳历"。它是用十二属相（十二生肖）即按虎、兔、龙、蛇、马、羊、猴、鸡、狗、猪、鼠、牛"十二兽"轮回纪日、纪岁。一个属相周为12日；每轮回三个属相周为36日，便是一个月；每轮回三十个属相周为360日，便是一年，因一年只有10个月，便不用十二属相纪月。彝族计算岁数时，每过十个月算一岁。一年十个月终了之后，另有五至六天置于岁末。作为"过年日"。过年日通常是5天，每隔三年加一天为闰日。常年为365天，闰年为366天。彝族太阳历根据北斗星的斗柄指向以定寒暑季节，斗柄正下指为大寒，正上指为大暑。由这两个寒暑节令把一年均分为上下两个半年，各占五个太阳月。大寒期间为过年日；大暑期间过火把节。大寒之后是立春，由寒转暖；大暑之后是立秋，由热转凉。

二是"十二兽历"。彝族一般采取十二月历，用十二兽纪年、纪月、纪日。但各地的十二生肖不尽相同，如川滇黔彝族十二兽为：鼠、牛、虎、兔、龙、蛇、马、羊、猴、鸡、狗、猪；哀牢山彝族十二兽为：虎、兔、穿山甲、蛇、马、羊、猴、鸡、狗、猪、鼠、牛等。彝族对十二兽纪年非常熟悉，各地彝族均会根据它来推算年岁，用以纪月纪日。

三是"星月历"。彝族的星月历是依据月亮在恒星间的位置创造的一种历法。彝族的二十八宿是从鸡窝星开始，推算月亮的位置或行程以鸡窝星为起点，经放牧星、铜头星、铜手星、铜腰星、铜尾星、雪前星、雪翅星、雪腰星、雪尾星、金星、露冬星、露山星、豹角星、豹头星、豹口星、豹手星、豹腰星、豹臂星、豹尾星、掺杂星、神座星、座五星、天屋星、月空星、伤主星、扫尾星、移动星运行一周，有时为 28 天，有时为 27 天，称为一个恒星月，同时以每日月亮所在的星宿作为恒星月的日名。当月亮运行到鸡窝星附近的那天叫做"拖节"日，月亮在其他二十七宿附近的日子叫"路足"日。"拖节"日的一般时间为六月二十四、七月二十二、八月二十日、九月十八日、十月十日、冬月十四日、腊月十二日、正月初八、二月初六、三月初四、四月初二，五月没有。

四是"十月兽历"。彝族测绘太阳转道的运行规律，用十根杆影的移动情况，以及南北和东西二线焦点上的水珠反光时发射出的光环变化来确定其轨道的南极和北极，从而分出年、季、月。把一年分成阴阳两截，一至五月为阳年，六至十月为阴年，并用虎、水獭、鳄、蟒、穿山甲、鹿、岩羊、猿、豹、四脚蛇来代替月数和年份，形成十年一次虎年虎月虎日的十兽纪日历法。

五是"时段"。凉山彝族根据天色的明暗和太阳在天空的位置，把一天分作十个时段：鸡鸣时，黎明鸡鸣为一天开始，鸡鸣以前仍属前一天晚上；天微明时，能够模糊地看到东西的时候；天大亮时，日出前后；放牲口时，上午；太阳当顶时，中午；太阳偏西时，下午；太阳落山时，黄昏；天黑时，天黑以后至睡觉前；入睡时，晚上；熟睡时，深夜至鸡鸣前。也有一日八个时段的分法，这八个时段的名称依次是：早晨（沙特）、上午（则古）、中午（马火）、下午（布节）、傍晚（姆斐）、黄昏（什作）、半夜（思阁）、鸡叫（划布磨）。

六是有关"季节"。彝族太阳历根据北斗星的斗柄指向定寒暑季节的。彝族巫师是根据北斗星斗柄在黎明前的指向定季节：春天"斗柄"指西，夏天"斗柄"指北，秋天"斗柄"指东，冬天"斗柄"指南。《西南彝志》中载有彝族先民以草木的枯荣变化定季节："树木开花时，就叫春三月；树木花谢时，就叫夏三月；树木成熟时，就叫秋三月；树木枯降时，就叫冬三月。"

七是关于"方位"的认识。彝族有东、西、南、北四个方位。日出为东，日落为西；水头为北，水尾为南（彝族地区的河流大多自北向南）。有四个副方位，并以四种生肖表示，东北为牛，东南为龙，西北为狗，西南为羊。这八个方位统称"八方"，由此又生成彝族的八卦。彝八卦的卦名为哎、哺、且、舍、鲁、朵、哼、哈，前四卦为阳卦，后四卦为阴卦。彝八卦是彝族先民对宇宙八方的认识和定位。先定南、北、东、西"四方"，命名"哎、哺、且、舍"，合称"体门"或"体通"；再定东北、西南、东南、西北"四角"，命名"鲁、朵、哼、哈"。连四方、四角合称"八角"，彝名"亥启"，即"八卦"。①

可见，历史上彝族先民的天文学极为发达，较早地创建了本民族的历法体系，并留下了大量天文历法著作和丰富的天文学文献资料，其中既有系统的天文学理论知识和历法系统，又有丰富的天文观察实践经验与历法应用经验，有着博大精深的文化内涵，值得高度重视和深入研究。其代表作有：

1. 《彝族天文起源》

《彝族天文起源》又名《十月兽历》，是一部具有重要价值的彝族天文历法著作。此书为云南省弥勒县箐口村，清末著名彝族毕摩黄文彩所传抄，抄于光绪二十年十月二十日（辰日）。书中记载了古代彝族毕摩施蛮根据前人观测太阳的经验，创建"十兽历法"的过程。

据书中记载，十月兽历是戈施蛮与毕摩朔维帕、玉布妮玉、促萨额陆、元诅施维在默伯山上，用圆桌测绘太阳的移动情况后制定的。他们先在地上立十根杆，后来把它缩在圆桌上。中间放有水珠，参考水珠反光来

---

① 朱崇先：《彝文古籍整理与研究》，民族出版社 2008 年版，第 282—286 页。

确定各月。对此，书中说："测天定十月，测天的层次，顺序来找出。一立天地杆，二立施亿杆，三立兀乍杆，四立沮乍杆，五立突乍杆，七立成乍杆，八立施乍杆，九立诺尼杆，十与二平齐。"

根据十根杆影的移动情况与南北和东西二线焦点上的水珠反光时射出的光环变化来确定其轨道的至南和至北，从而分出年、季、月。又把一年分成阴阳两截，一至五月为阳年，六至十月为阴年。用虎、水獭、鳄、穿山甲、麂、岩羊、猿、豹、四脚蛇十兽来分别代表月份和年份，并形成每十年逢一次虎年、虎月、虎日的十兽历。

在一年中，由于受太阳南北移动的影响，东西两方位会出现偏差。因此，先用两根杆来固定北斗星的位置，以确定四方，太阳和杆影的关系是：当杆影向北延长，太阳回南方；杆影往南缩，太阳朝北走。于是彝族十月兽历，把一年分为阴阳两截，上半年叫阳年，也叫太阳年；下半年为阴年，也叫星星年。一年之中以太阳和星座变化为主，正如书上所说："一年太阳向北转，二月近戈莫，三月达布苏，四月已超出，五月日折头。六月星柄走，七月星柄偏，八月星柄斜，九月柄朝下，十月正下指。"

"戈莫"和"布苏"都是指第二个杆影的位置。一月太阳向北移动时，杆影朝南缩短。到二月时，第一根杆影从第六个位置上缩短到接近第二根位置。三月份已在第二个位置上，四月份更缩短。到五月时，杆影与杆本身形成直角，并开始出现影子向北延伸。体现出太阳回南边的趋向，故叫做"五月日折头"。六月开始观星柄分月数，因此在五月与六月直角有一个间隔日子，这个日子就是"天地汇合节"（即"火把节"或"星回节"）的过年祭天（太阳神）日。

以杆影观测太阳的同时，戈施蛮还利用第六个位置上的水珠反光射线变化来定出月份。对此书曰："一月露珠光偏斜，二月太阳逐渐升，三月日光高，四月近焦点，五月苍穹明晰时，六月珠光斜，七月珠光大，八月珠光影子长，九月彩霞布满天，十月太阳回南边。"

戈施蛮等五人用杆影观察太阳移动，测星座以及水珠的反光变化来定出一年为十个月，并指出各月份的特点："一月兀哼罗（'兀'为清，属'阳月'），二月沮哼罗（'沮'为浊，属'阴月'），三月突哼罗（'突'为白，代表雄性，属阳），四月审哼罗（'审'为黄，表示雌性，属阴），五月元哼罗（'元哼罗'的'罗'本为'交替'的含义，即把'阴阳交替'定为五月），六月成哼罗（'成'意为迁徙、移动，指杆影向北移动，太阳回南方），七月施哼罗（'施'是草，草长定时节定为七月），八月哼罗矣（'矣'为出世、长大。彝人认为月亮是八月出生，把月亮出生月定为八月，叫做'哼罗矣'。'哼'是月亮），九月矣乍莫（'莫'为高，属阳。彝族常以'清、前、左、上、大、高、东、北、北半、单数、绿、白、雄、公、男、山、石、天'用来表示阳性；以'浊、后、右、下、小、底、南、西、南半、双数、红、黄、雌、母、女、水、土、地'表示阴性。彝文古籍往往用以上的对应关系来表示阴阳），十月成客兀哼罗（'成客'是古代彝族父系首领，这里代表祖先，即：以'祭祖过年'时间来代表十月），十一年尾上下联（意为'本系根，首联尾'，指十月和一月的连接点。也就是太阳从北回，星柄还未开始向上移动的时间差来确定祭祖狩猎日）。"他们还以十兽分别代表各月。对此，书中说："虎观定天是真一、水獭定天是真二、鳄鱼定天是真三、蟒蛇定天是真四、穿山甲定天是真五、麂子定天是真六、羊豹（岩羊）定天是真七、羊人（猿）定天是真八、豹定天是真九、四脚蛇定天是真十。"（即一月为虎，二月水獭，三月鳄鱼，四月蟒蛇，五月穿山甲，六月麂子，七月岩羊，八月为猿，九月为豹，十月四脚蛇）

对季节时令的划分，书中记载道："一年分两截，一年有四季。一年有四位，一年有四分。一月默移能，祭奠祖先魂。二月默移朵，白纸做金银。祭给祖先用。三月栽种时，种子要入地。五月半年完，天地来汇合，山脚瘴气蒙，浓雾山头绕，细雨纷纷落。六月瘴疬来，祖先从北回。七月草木高，烧香来献祖。八月寒气吹，九月白雪飞，十月一年终，十一年尾上下联。"[①]

这部天文历法专著对十兽历的创制使用、观测太阳与北斗星的运行轨道变化情况的方法、季节时令划分的依据等进行了系统的论述。十月兽历是经过戈施蛮和众多毕摩根据清浊变化的规律综合出太极程序，历代相习，不断加以改进完善而成。从创制使用至今，已经历了数千年。

2.《天文志》

该书系统记载了彝族的天文学知识与历法系统。书中认为土地万物都

---

① 师有福：《彝族〈十月兽历〉简介》，见《彝文古籍研究文集》，云南大学出版社 1993 年版，第 68—81 页。

是清浊二气的运动变化形成的，并对清浊二气运行的八条轨道和日月出没的七条路线作了比较详细的叙述。由于清浊二气的不断运动和日月按正与九、二与八、三与七、四与六、五与十一、十与十二等不同月份，运行于不同的七条路线的原因，地面上受到日光直射、斜射的时间地点不同，所以产生了四季和二十四节气，并定出了年界、月界。他们通过长期的观察，测定天体运行360°又4′为一年，按大月30天、小月29天推算出闰年闰月，制定了比较完备的历法。现列举部分章节的记载内容，略加论述：

"年月日的产生及由来"一章叙述了远古时代，人们曾经用树纪年、用石纪月的历史事迹："年树十二棵，表示十二年，一棵十二枝，表示十二月，一枝十二花，表示十二日，一花十二瓣，表示十二时"，家畜（鸡、狗、猪、牛、马、羊）和野兽（兔、龙、蛇、虎、猴、鼠）各表六年六月六分六刻。"天上的晦明和日蚀、月蚀由道勤勒来管，堵勤勒管理日月运行、星云变化、地上时刻和大地的边界。在天干中，甲乙司春令，风来主管春，丙丁司夏令，日来主管夏，庚辛司秋令，雾霾主管秋，壬癸司冬令，霜雪主管冬。"

"定年界月界"一章主要叙述年时节令和闰年的计算："春季三个月，东方木主管，木来司春令；夏季三个月，南方火主管，火来司夏令；秋季三个月，西方金主管，金来司秋令；冬季三个月，北方水来管，水来司冬令。"周天有360°，一年有360天。一月30天，一天有十二时辰，以子时为首。关于置闰，如果"俗历甲寅年，正月的朔日，若是辰日呢，次年为乙卯，是辰日居先，便是闰月哩。俗历甲寅年，正月朔日若是戌日呢，次年为乙卯，十一月初一，戊戌日居先，它便是闰年。三十三年后，又从正月闰"。一年有365.25°，满63年后，月大月小又相同了。

"论日月出没"一章主要叙述了太阳、月亮运行的七条路线："正月和九月，日出于乙方而入于庚方，月出于甲二入于辛地。二月和八月，日和月同出于西方。三月和七月，日出于甲方而入于辛方，月出于乙方而出没于庚方。四月和六月，日出于寅方而入于戌方，月出于辰方没于申方。五月日出于震方入于乾方，月出于兑方而入于坤方。十一月份，日出于兑方而入坤方，月出于震方而入于坤方。十月和十二月，日出于辰方入于申方，月出于寅方而入于戌方。"

"论土地的头尾"一章主要叙述二十四节气："天就则为头，天一则为尾。天三则居左，天七则居右，地六地八脚，地二地四手，天五则居中。"认为一年之中有立春、春分、立夏、夏分、立秋、秋分、立冬、冬分八大节气。然后由八卦与干支的变化产生二十四节气。

3.《星座论》

《星座论》是彝族天文学论著。该著作主要叙述古代彝族先民在长期观察天体的过程中，逐步掌握星座知识的概况。书中认为星分为君、臣、师、将、男、女。东方主星为柴确星，南方主星为望妥星（南斗六星），西方主星为洪曲星，北方主星为希略星（北斗七星），中央为谷邹星。认为天上一颗星，地上一个人。星吉人昌，星饱满人就富裕。星有吉星、凶星之分。如北斗七星（即希略星）能保佑人，而娄纪星则是凶星，会给人带来灾难。人们要设神座，献祭牲，祭祀星座，不同的星有不同的祭祀方法。

在"九颗陀尼星"一章中叙述道：陀尼九星为洪周纪（雨露星）、啥谷纪（交合星）、助舍纪（马桑树星）、布摩纪（穗壮星）、菜舍纪（羊耳树星）、啥舌纪（呼气星）、立娄纪（摇晃星）、何替纪（法白星）、踞慕纪（高禾星）九星。乾坤九星有太阳星、太阴星、贪婪星、败血星，金、木、水、火、土星。北方有希略星七星，南方有柴确星六颗。

在"论二十八星宿"一章中叙述了二十八宿星在人们生活中的重要性，认为结婚、造屋、祭把都要用它来占卜测算。并指出：二十八宿中的"时首星"名叫金回眉。"丰满星"名叫猫头鹰。"日头星"名叫青豹子。"日手星"名叫萤火虫。"日腰星"名叫红豹子。"日尾星"名叫青狼子。"停雪星"名叫蟋蟀。"晒雪星"名叫蚂蛇。"雪树枝星"名叫蜗牛，"雪树果星"名叫白蝴蝶。"长颈星"名叫白鹤。"露从星"名叫红牛。"露群星"名叫白獐子。"豹角星"名叫青狐。"豹眼星"名叫红螺蝠。"豹尾星"名叫青煽蝠。"豹腰星"名叫红豺。"豹脊星"名叫青杜鹃。"豹尾星"名叫黑鼠。"有级星"名叫红獐子。"雄刺猬星"名叫灰老鹰。"龙曲星"名叫黑獐子。"神树枝星"名叫白猿。"神树果星"名叫公绵羊。"神树干星"名叫红猴子。"天风星"名叫玄鸟。"太阴星"名叫黄獐子。"山羊眼星"名叫花獐子。

4.《宇宙人文论》

该书是一部重要的彝文哲学论著，其中包含着丰富的天文学知识，并设诸多章节论述天文、历法，因此又是一部珍贵的天文、历法文献，是研究彝族古代哲学思想和天文、历法的重要著作。书中通过濮吐珠液家

（古代居住在贵州普安一带的部落首领世家）的布慕笃仁和布慕鲁则漫游皮尼山时的对话，阐述了彝族先民对土地以及万物产生和发展变化的认识，论述了阴阳五行、天干地支等有关数理关系，并以此作为分析工具，介绍了天文历算方面的知识，讲解了人体的部位、经络以及气血的运行道路。例如：

在《十生成五》中叙述道：天数一与天数九合为十，形成"尼老"；管哎（南）哺（北）二方。天数三与天数七合为十，形成"尼少"；管且（东）舍（西）二方。地数二与地数八合为十，形成"能老"，管鲁（东北）朵（西北）二角。地数四与地数六合为十，形成"能少"，管亨（东南）哈（西北）二角。以天九为头，天一为尾，天五为中，合为一整体。宇宙八方与中央的结合是北方天数一与中央天数五和为六。西南方地数二与天数五之和为七，东方天数三与天五之和为八，东南方地数四与天数五之和为九，天数二十五属尼，地数二十属能，天地数之和为四十五。尼能老少由此分天、地，各有顺序。这就是天地人发展变化的图形。

在《清浊二气运行的轨道》中则提出：天地间清浊二气运行的轨道是人们推测出来的。共用八条实线标明。其中四条青线为天气运行，红线四条是地气运行的轨道，中间的虚线为青红二线交轨，虚线之外为清气天气，虚线之内为浊气地气。清气上升而浊行，日月星辰云随之产生，人类随之出现。根据清浊二气运行变化，人们将一年十二月分为春、夏、秋、冬四季，立春、春分、立夏、夏至、立秋、秋分、立冬、冬至八节。

在《宇宙的二十四方位》中则详细记载了宇宙间的二十四方位的名称：午（哎）、丙、丁、子、壬、癸、卯、甲、乙、酉、庚、辛、鲁、丑、寅、朵、未、申、亨、辰、巳、哈、戌、亥。由天主管十二门，地主管十二门。

在《人体同于天体》中论述道：人体和天体相仿。五行形成天地，形成了人的根本。人的血属水，骨属金，心属火，筋属木，肉属土。天上有日月，人有一对眼睛；天空中有风，人就有气；天上有雷鸣，人会说话；天有晴明，人有喜乐；天有阴露，人会心怒；天有云彩，人有衣裳；天上有星辰八万四千颗，人就有头发八万四千根；天分为三百六十度，人有骨头三百六十节。眼主心气，眼有所见，心有所知；喉纳雾气，能辨别香味；胆主口才，讲话全凭胆量。眼不明，是浊气感染；耳不聪，是秽气充塞；口齿不清，是邪气梗阻；心不善于思考，是不懂天地变化的规律。

《人类天地同》中则记载：清浊二气和红浊二气是形成人的根本。哎卦产生人的头，哺卦产生人的身体，且卦产生了人的舌头，舍卦产生人的命门，鲁卦产生人的肩膀，朵卦产生人的口，亨卦产生人的眼，哈卦产生人的耳。天有十二层，大肠有十二卡；天有二十四方位，小肠有二十四圈，且卦产生人的心，舍卦产生人的灵魂，唐卦产生人的胃，朵卦产生人的肺，亨卦产生人的胆，哈卦产生人的肝。天的五行是天东、天南、天西、天北和天中，地的五行是金、木、水、火、土。人的五行是肺、肝、肾、心、脾。人体内有清浊二气六条路，人的气从命门、囟门下来，经过大肠和胃注入脐眼之下。清气三条路中的第一条从脐底，经肺而入肾。浊气三条路，第一条从脐底经肾入腹腔，上达头顶百会穴；第二条从脐底上经肩胛达于脑髓中；第三条从脐底经尾门，从尾根上达头顶。清浊二气不断巡回于人体之中。若肾水泛滥，与心火不相容，就会头痛发热。五行的聚合要得当，金也就克不着木了。

《论日月运行》中指出：太阳月亮产生之后，各按自己的轨道不停地运转。太阳转一周是一年十二个月，轮回二十四节气；月亮跑一圈，是一个月，经过一次盈亏圆缺。一年之内太阳出没于六条轨道：正月和九月，太阳出于乙方而没于庚地。二月、八月日月轨道相同，出于卯方，没于酉地；四月、六月太阳出于寅方，没于戌地，月亮出于甲方，没于申地；五月、十一月太阳出于方，没于乾地、月亮出于乙方，没于庚地。十月、十二月太阳出于辰方，没于申地、月亮甲地出，辛地没。太阳是众阳之精，月亮是太阳之象。月亮初一始长体，初二、初三，日与月并行于地球两侧，太阳光照不到月亮上，月光如同发丝大。初七、初八，太阳转了一角，月亮照着一边，有一半亮堂堂。十五、十六，太阳转到天上，月亮转到地球面上，这是月亮最圆最亮的时候。十八、十九，太阳转过一方，月亮越过一角。二十二、二十三，太阳又转过一方，月亮又转过一角，这是下弦月，只明一半的时候。到了三十日，太阳、月亮同时转到了地球的两边，又没有月光了。太阳、月亮的出没和明晦，使得地上万物滋生，福禄不断。

《论日蚀月蚀》中论述道：天气凝结产生太阳，地气凝结产生月亮。天气星有八千颗，以红眼星为首，地气星有九千颗，以豹子星为首。日蚀不是"虎吃太阳"。太阳每天出没一次，一年转一周，转到一定时间就被红眼星遮住、被它吞没，等红眼星走过，太阳又渐渐恢复光明。月蚀也不是"天狗吃月"。月亮每转三十天盈亏圆缺一周，若遇豹子星，月亮被遮住，月光昏暗，待豹子星走过，月亮又恢复了。日蚀多发生在初一，月蚀多发生在十五。

《定年界月界》中记载：年界月界是额速划分的。一年十二月，分春、夏、秋、冬四季。一年十二月以寅为首，根据人生寅来定，依次分为寅（正月）、卯二月、辰三月、巳四月、午五月、未六月、申七月、酉八月、戌九月、亥十月、子十一月、丑十二月。春三月由东方木司春令，夏三月由南方火司夏令，秋三月由西方金司秋令，冬三月由北方水司冬令。天的圆周是360°，一年是360天。一月是30天，一天12个时辰，以子时为首，根据天生于子时来定。一时辰有八分。一月30天分六门，五天为一门。

《天气地气结合》中记载：一年十二月有天气三十六。每月有天地共六气，主管月令。天地气遵循"首、萌、长、遍、退、藏"的规律运动。冬月为子月，冬至一阳有天气一、地气五；十二月为丑月，有天气二、地气四。这两月由首气主管月令（阳气开始滋生渐长）。正月为寅月，有天气三、地气三；二月为卯月，有天气四、地气二。这两月由萌气主管月令（阳气初盛，万物萌发）。三月为辰月，有天气五、地气一；四月为巳月，有天气六，是阳气极盛之月。这两月由长气主管月令（是万物生长的季节）。五月为午月，有天气五、地气一；六月为未月，有天气四，地气二，这两月由遍气主管月令（因阳气较为普遍）。七月为申月，有天气三，地气三；八月为酉月，有天气二，地气四，这两月由退气主管月令（因天气渐退地气渐增）。九月为戌月，有天气一，地气五；十月为亥月，有地气六，由藏气主管这两月的月令（因天气由一减到零）。

《论闰年闰月和大月小月》记载：闰年闰月的推算方法是满了72月，就多两月，即两次闰月。又过47个月，又闰五月，这次闰五月，下次闰七月。若甲寅年十一月初一始戊戌日，次年乙卯十一月初一也是戊戌日，那么这年是闰年。又33月以后，这也是闰年。推算大小月的方法是：一年的实际周长360°4′。通常以360天为一年。一天一度，一年就剩5°4′。经过两年半后，剩余14°多。小月剩1°，二年半后剩15°，这样多出29天，就多出一个月。另一种算法是：九年以后多了45天，从正月初一到二十五，以大月30天，小月29天，逐渐推移，多出一个月时，即作闰月处理。①

传世的《宇宙人文论》是抄本，其中一种抄本现存贵州省毕节地区翻译组，长23.4厘米，宽27厘米。全书67页，每页十数行，每行自上而下书写，大多五字一句，每句下以小圆圈为句读，每行约26字，全书共31260字。

5.《天文历法史》

《天文历法史》是流传于四川凉山和云南省红河弥勒县等彝族生活地区的彝族天文古籍，其成书年代据考证应当在清朝初年以前，手抄本。《天文历法史》是彝族毕摩举行祭祖仪式用以诵唱的一种祭祖经，为了避免遗忘并传授给弟子而用文字记录下来的。为了便于记忆和唱诵时顺口，该经文一般都采用五言诗体，有2400字左右，概括了彝族天文学的各个方面：该书记述了毕摩戈施蛮测定太阳运动规律，把一年分为10个月，一个月分为三旬36天，从而创造了闻名中外的"十月太阳历"。该书还以相当大的篇幅，叙述了用于测定季节的四种不同的方法，如以斗柄指向定季节、观测太阳出没的方位定季节、水珠观测法、观察物候定季节的方法等。该书目前存于凉山州博物馆，在云南省弥勒县也发现有抄本原件。

6.《裴妥梅尼》

《裴妥梅尼》又名《苏颇》，是一部著名的彝文经典巨著。该书是一部典型的彝族祭祖经，文中记载了许多彝族古代礼俗，特别是彝族古代使用的十月太阳历，在书中记载得颇为详细。如该书清楚地论述了十月历法的特征：一年10个月，一月36日，一年360日；又说一年分两截，两截分四季。在该书中，记载了月份与物候的关系，细致描写了树木草虫在不同季节的变化和活动；同时还记载了天象定季节的方法；形象具体地论述了一年分阴阳两半的道理。

7.《日月星辰书》

该书是一部凉山彝文十月历文献。书中记述了舍阿机创制的太阳历的特点：以龙蛇马羊猴鸡狗猪鼠牛虎兔十二生肖纪日，一年分为10个阳历日，每月36天，10个月360天，另有5天过年日，一岁计365—366天。每年均以龙日为岁首，一个月三个生肖周，过年日不以十二生肖纪日，有五行配公母的概念，以宇宙分为五方，与五行相对应。又将宇宙分为十

---

① 陈世鹏：《黔彝古籍举要》，贵州民族出版社2004年版，第93—99页。

方，与五行配公母相对应。该书所载证明了大小凉山地区彝族使用的太阳历是相似的。

8.《土鲁窦吉》

《土鲁窦吉》是贵州赫章地区彝族世传毕摩保存的彝文古籍，全书共三卷三十四章，专门记载介绍彝族古代使用的十月太阳历和农历，其中论述十月太阳历的文献占全书的一半，文中论述了"起甲干"、"论五行"、"十生五成"、"五生十成"、"立九宫定八卦"、"一年二十节气"等内容，对研究天文历法、阴阳五行、河图洛书等都有一定的参考价值。

9.《西南彝志》

该书是一部全面记载西南地区彝族历史的彝文文献，被誉为"百科全书式的巨著"，彝语名称为"哎哺啥额"，全书有彝文37万多字，400多个标题。原抄本是贵州大方县陈朝光家祖传收藏本，现存于中国民族图书馆。该书不仅是一部彝族的史书，也是一部彝族的天文历法书，较全面系统地论述了彝族先民对宇宙、人类起源的认识，认为土地人的产生都是清浊二气分化演变的结果。记述了人类经历了人兽不分以及男不知娶、女不知嫁、知母不知父的历史时期，生动形象地描绘出原始人群的一幅幅生活图景。书中记录了彝族先民对季节气候的认识和彝族的历法。书中还记述了彝族从希慕遮到笃慕的31世和笃慕之后"六祖"以下的各主要家支世系，各家支间的互相关系，主要人物和历史事件及彝族的分布状况。该书线装成册，分大、中、小卷。大卷4册，长56厘米，宽32厘米；中卷2册，长46厘米，宽30厘米；小卷4册，长42厘米，宽22厘米。各卷行、字数不同。小卷每页10或11行，每行约40字。全书多用五言的诗体写成。此书对研究彝族的天文历法有着重要的价值。

10.《母虎日历碑》

又称"母虎日谱"。彝文十二生肖碑。原立于云南省南涧彝族自治县虎街山神庙，后被移到南华县兔街乡摩哈苴何家小村山神庙中供奉。碑高32厘米，宽22厘米，直书3行彝文，中间1行字体大于左右两行，计16字。立碑镌刻年代不详。碑面中间一行刻"母虎日历"四个大字，左边一行刻"虎、兔、龙、蛇、马、羊"六个小字；右边一行刻"猴、鸡、狗、猪、鼠、牛"六个小字。反映了彝族虎图腾和历法建寅的遗迹，体现了彝族对传统历法的重视，是研究彝族传统文化和历法的重要实物依据。碑文拓片和彝汉文对照译注文载朱琚元《彝文石刻译选》（云南民族

出版社，1998 年）

11. 《十二属相禁忌日》

亦称《策尼莫易崽》。1 册。彝族宗教经典。佚名撰。成书年代不详。流传于黔西北彝族地区。书中按照十二属相确定禁忌日，并指出何日禁忌哪些行动和作为，如鼠日忌播种，牛日忌裁剪，虎、兔日忌祭祀，龙日忌哭，蛇日忌葬，马日忌建房，羊日忌治病，猴日忌造床，鸡日忌洗发，狗日忌过水，猪日忌筑堤等。此书是研究彝族宗教禁忌的重要参考古籍。彝文手抄本原为贵州威宁妈小七收藏，现由毕节地区彝文翻译组收藏。彝汉文对照的书目以及内容提要载《彝文典籍目录》（四川民族出版社，1994年）。

12. 《查姆》

彝族创世史诗。佚名撰。成书年代不详。流传于云南楚雄州、红河州等地。全书分上下两部：上部记述天地起源和人类起源，如描述了宇宙最初的混沌状态：远古的时候，天地连成一片。上面没有天，下面没有地，分不出黑夜，分不出白天。只有雾露一团团，只有雾露滚滚翻，雾露里有地，雾露里有天。时昏时暗多变幻，时清时浊年复年。天翻成地，地翻成天。天地混沌分不清，天地雾露难分辨。下部记述棉麻、绸缎、金、银、铜、铁、锡、纸、笔等生活用品的来历。史诗叙述盘古开天辟地，死后生下一个蛋，天地万物都包藏在这个蛋中；盘古死后肢体分解成宇宙万物、山川河流、日月星辰。史诗中充满了虚幻的想象，也包含了彝族先民朴素的唯物主义观。对于彝族远古的社会、经济、风俗等有重要参考价值。为研究彝族先民的天体演化和人类演化的思想提供了颇有价值的资料。有施学生等汉文译本（云南人民出版社，1981 年）。

13. 《神座图谱》

又称《树枝神位图》、《神堂插枝全图》，亦称《楷竟腊理》。彝族原始宗教神位树枝布插图谱。佚名撰。成书年代不详。流传于滇东北彝族地区。全书共 23 种神位图谱。根据万物有灵论和星座方位绘制，按照各种神灵的等级序列和地位高低以及各自的司辖范围和职务排列的神位与天上的星座相对应。反映了彝族的神灵观念，也蕴涵着彝族的天文学知识。书中的神位图谱是彝族祭师布插各种道场、祭坛树枝神座的依据，为毕摩的必备之书。是考察彝族原始宗教及其神灵系统的重要依据。书高 31 厘米，宽 22 厘米。20 世纪 40 年代征集于云南武定县，现藏于国家图书馆。

14.《尼亥能司》

彝族历算书，佚名撰，成书年代不详，流传于云南石林彝族地区。全书由六十甲子、占婚期、相病因、占建房日子、寻失物、梦占、叫魂等部分组成。记载了 60 年内每年的 24 个节令。相病因部分把病分为脖、手、腰、脚类。梦占、寻物中充满了古代彝族先民的朴素哲学思想，有浓厚的宗教迷信色彩，对研究彝族宗教、天文、哲学、医学有一定价值。全书 100 余页，约 4 万字。彝族手抄本，现由中央民族大学黄建明收藏。

15.《论宇宙》

亦称《妥鲁立咪》。1 册。彝族哲学著作。佚名撰。成书年代不详。流传于黔西北彝族地区。书中论述彝族先民对宇宙的形成、万物的产生、人类的繁衍和社会的发展等问题的认识，并对彝族天文、历法进行详细阐释，是研究彝族古代哲学思想及其认识论的重要古籍。彝文手抄本原为贵州威宁的陈作珍收藏，现存毕节地区彝文翻译组。

此外，天文类彝族古籍还有《历算书》、《择年月吉凶书川择吉日书》、《看天书》、《观测无日缺月日》、《观夜空星月经》《观二十八星宿》、《推算时令书》、《观测播种时间》、《观测阴晴天象》、《观测气象》等，数量众多，内容丰富，值得进一步抢救保护与整理研究。

（二）藏族

藏族天文历法，是在青藏高原特定的自然地理环境中，总结藏族人民长期实践经验而产生、发展和完善的。它是伴随着高原藏族人民在长期生产活动中根据生产和生活的需要，不断观察日月星辰、冷暖气候等天象和四时节气、动植物生长变化等大自然现象，总结和积累实践经验并吸收兄弟民族和友邻邦国的学说而产生发展起来的。既有藏族人民的独创，也吸收了其他民族先进的天文历法知识，形成了具有民族特色、适合藏区的天文历法，是藏族文化的重要组成部分。藏族天文历法是研究日月星辰等天体在宇宙中的分布、运行以及宇宙的结构和发展的科学。它在藏族五明学中属于小五明的星象学。在藏族人民的实际生活中应用范围很广，如授时、编制历法、测定方位等。

作为藏族传统文化重要组成部分之一的天文历算，最初是随着原始宗教的形成而产生的。在有些藏族神话和敦煌写卷中就谈到星象等天文现象，吐蕃时期赤松德赞赞普时撰有《珍宝明灯》、《冬夏至图表》、《五行珍宝密精明灯》。《五部遗教》中也有许多关于天文历算的内容，从汉地翻译的有《九部续》、《三部续释》、《十五卷》。翻译的印度著述有《时轮根本经释》、《时轮摄略经》等。13 世纪以后历算名家代有所出，历算名著不断涌现。1318 年噶玛巴·让迥多吉撰著《星算综合论述》，贯穿以"及孜"实践为主的精神。随后，布顿大师 1323 年和 1327 年先后撰著了《旦孜》、《算学知者欢喜》两部著作。他们的著作对于确定《时轮历》在西藏历算上的地位起了积极作用。自 1409 年格鲁派创立以来，藏族社会形成了"舍寺院外无学校，舍宗教外无教育，舍喇嘛外无教师"的局面，寺院设立有专门学习和研究天文历法的"扎仓"（学院）。因此 15 世纪后陆续出现许多著名的藏族天文历算学者，撰写了一大批天文历算的著作。主要有：《登孜》、《智者生悦》、《时轮经释》、《时轮经无垢光释庄严疏》、《历算综论》以及《白莲宗教母子篇》、《韵律占星经释》、《明灯》等历算著作。这些典籍广泛传播，影响深远，为许多学者遵循应用，遂成流派。17 世纪时，包括五世达赖在内的许多学者编著了历算著作，其中影响最大的当属《白琉璃》和《日光论》。这两部著作后被综合精要，撰成《时轮历精要》，该书现今广泛被用作教材和制定藏历的原著。17 世纪以后翻译的著述有：《康熙御制汉历大全藏文译本》（先译蒙文，又自蒙文译藏文）、《汉文历算回答，光辉太阳》，五世达赖阿旺罗桑嘉措于 1656 年著；《印汉历法合璧》，布东·顿珠旺杰著；《宝簇》，达罗译师著；《白琉璃》、《除锈》，第巴·桑吉嘉措著；《噶丹新算母子篇》，松巴堪布益西班觉著；《智者珍藏篇》，土观·却吉尼玛著；《日光论》，印译师达摩师利著；《嘉云宝旦》，白蚌·嘎玛俄勒旦增著；《算学急需良瓶》，米旁·格勒纳杰著；《历算琉璃》，萨增嘉措著。①

藏文天文历算方面的著作还有一种时宪历，是指清朝使用的历法，即现代所说的汉族地区农历，18 世纪中传入藏族地区。传入方式有两种，一是翻译，其中如《康熙御制汉历大全藏文译本》；二是改编，其中有《马杨寺汉历心要》。西藏历史上形成的藏历典籍至少有几百种，其中最有代表性的是《时轮历精要》。

现行藏文历算不止一种，其中最有权威性的是西藏天文历算研究所编

---

① 东主才让：《藏文古籍文献概览·北京图书馆同人文选》（第二辑），书目文献出版社1992 年版。

制的，他们所使用的算法和数据主要根据《时轮历精要》一书，此书的作者名绛巴桑热，因此此书以《商卓特桑热历书》见称于世。在汉文里，为了便于汉文读者，其名称改为《时轮历精要》。该书写于第十四胜生周的丁亥年（1827 年），被著名的拉卜楞寺的时轮学苑等处采用作为教材。十三世达赖的御医钦饶努布（1883—1962）大师见到后叹为"历苑奇葩"，为之校订、增补、重新刊印木版；并将历元更换为第十六胜周的丁卯年（1927 年），用作教材。1983 年四川省德格藏文学校将这种增订本用铅字排印发行。1985 年西藏天文历算研究所按照六十年更换一次历元的传统，再次进行校订增补，将历元换为第十七胜周的丁卯年（1987 年），由西藏人民出版社出版，题为《时轮历精要补编》。以上皆为藏文。1987 年黄明信将《桑卓特桑热历书》原书由藏文译为汉文，按照其公式与数据做了实例演算，并与中国科学院自然科学史研究所的陈九金合作，结合现代天文学作了注释。大受读者的欢迎，重印了三次。由此可见此书既有重要的历史价值，又有广泛的现实意义。此书原名《白琉璃、日光论两书精义、推算要诀、众种法王心髓》，从这个名称可知它是综合藏历名著《白琉璃》和《日光论》两书的要点而成的。

据有关传说及记载来推断，在吐蕃时期藏族就可能已有历书产生了，只是目前尚无文献资料证实。现有史可证的藏族历书，最早出现在 13 世纪（元朝），到 19 世纪，藏族历书的编定已经趋于完善。从现有文献来看，藏族历书的产生完善有这样一些过程：

11 世纪，山南敏竹林寺天文历算学校成立，并开始出版著名的《敏竹林历书》。

1206 年，西藏第一本完整的历书问世，名为《萨迦历书》。此历书的内容包括气候、季节变化以及各种事态善恶的日期等，对农牧民的生活、生产和出行活动起到了一定的指导作用。

1425 年，粗浦·嘉央傲色著《粗浦历书》。

1916 年，第十三世达赖喇嘛土登嘉措在拉萨创立了医算院（即"门孜康"），颁布了以《敏竹林历书》为蓝本的《门孜康历书》，每年以木刻版印制后向全藏发行。

藏族在各大寺院都设有学习历法的机构，一般称为时轮扎仓（学院），培养天文历算方面的专门人才。十三世达赖喇嘛土登嘉措（1895—1933）时，于 1915 年在拉萨建立了医药历算院（藏语：门孜康），其中历法分支专司天文历算之职，并编制每年的藏历历书出版发行。历书中包括：推算藏传佛教中重要人物和重大事件的年代，占卜人的吉凶和年景丰歉等所用的龟轮图表，占卜年岁收成好坏的春牛算，安排农事活动，对夏历十二个月各自的日期、星期、节气和气象的说明，以及天气预报、地震预测等内容。藏族的历法出版物发行于藏族地区和尼泊尔、不丹等国。由于推算比较准确，所以受到广大民众的欢迎。①

西藏和平解放后，西藏自治区藏医院下设了藏历编辑室，负责编历工作。1978 年，藏历编辑室升格为天文历算研究所，并于 1981 年成立了西藏天文历算学会，开展天文历算研究项目和学术交流活动。此后，大部分地区藏医院中建有天文历算研究室，并出版发行各具地方特色的藏历历书。据中国西藏自治区藏医院天文历算研究所银巴所长介绍，现在每年出版发行的藏历历书数量达到了 10 万多册，是除了藏文教科书以外发行量最大的藏文书，并远销印度、尼泊尔、不丹等国和中国青海、四川、云南、甘肃等省的藏区。现将藏族的有关天文历法著作简介如下。

1. 《白琉璃》

藏语称《浦派历算·白琉璃》。藏族天文历法名著。第司·桑吉嘉措（1653—1705）。撰于 1683 年，有拉萨、德格、塔尔寺等多种版本。它的历元始第十二胜生周的丁卯年（1687），正编 627 页（正反两面为一页），《答难除锈》473 页，还有续编则系秘传，附有 377 个图表。正编分 35 章，前五分之一讲历算，后五分之四讲星占。第 13、14 章讲制定历书有详、中、略三种，对每种都列举所包括的项目，并逐月列出表格模式；第 16 章讲冬至夏至推算实例；第 19 章讲长尾星算法，是根据 1702 年实测结果写出的。书中采用了二十四节气等不少汉文历书的项目，但其数据仍按时轮历。此书具有官书性质，对藏历的编制有指导作用。藏区著名寺院均有藏版。

2. 《日光论》

藏语称《历算要诀·日光论》。推算日食、月食的藏文天文历法名著。西藏山南地区著名学者敏珠林·达摩室利（1654—1718）撰于 1714 年。正篇 162 叶，阐述罗睺入食日月的规律。前半讲历算，后半讲星占；后编主要是速检表。此书有作者自注本，题名《金车疏》。木刻本罕见。

---

① 《藏族的天文历法》（http://www.tibetculture.net/whbl/ctwh/twls/2007 - 1212/htm）。

1983 年西藏人民出版社曾铅印出版，共 442 页。作者达摩师利是宁玛派的主要道场敏珠林的大译师，其历算传承是极有名的。作者在敏珠林寺组织一个专门编写历书的班子，每年将编制的《敏珠林历书》送交孜康（原西藏地方政府统管天文历算、医药卫生的部门），成为西藏原地方政府编制历书的重要依据。此书北京印本为 35.5×6.5 厘米，162 页；拉萨印本为 53×6.5 厘米，116 页。该书之《金车疏》由西藏人民出版社 1988 年铅印出版。

《白琉璃》和《日光论》两书都是以浦派（山洞派）历算大师伦珠嘉措和努桑嘉措（1423—1513）于第八个胜生周开头的丁卯年（1447）所著的《白莲法王亲传》为根据而写成的。所谓"白莲法王"，据说是苦婆罗国的第二代法王，他在相当于公元前 177 年的甲子年作了《时轮经》的权威注释，书名《无垢光大疏》，其藏文译本编入《丹珠尔》经书中。

3.《时轮经》

历算名著藏文译本。据传《时轮经》是释迦牟尼晚年传法的记录，共 12000 颂（每颂四句）。分为五品，第一品讲外时轮，即宇宙的结构，包括天体运行的规律，这就是时轮历最根本的依据；第二品讲内时轮，讲人体的生理形成、胚胎发育、病理病因、医药医疗，包括人体内脉运行的规律；第三品是灌顶品，讲正式取得接受密法资格的仪轨；第四品为修法，讲修行的姿势和几种禅定；第五品为"智慧"内时轮与外时轮结合，即智慧与方便合修证得的结果所达到的乐空无二"俱生快乐"的境界，并提出了医药的方法和医疗的功能。内时轮与外时轮的结合（天人相应）是宗教上的修证方法。文献中说相当于公元前 277 年的甲申年苦婆罗国第一代众种法王提摄《时轮经》的要略成为《摄略经》，为了与之区别，原经就称为《根本经》。第一个胜生周的第一个丁卯年（1027），《时轮经》开始译成藏文，据传陆续有 14 种不同的译本。但《根本经》只译了《灌顶总说》一品，而《摄略王》则译了全文。该书是西藏天文历算的基础。拉萨、德格印经院另有刻板。①

4.《时轮历精要》

藏文历算理论巨著，全名《白琉璃、日光论两书精义，推算要诀，众多法王心髓》，又名《商卓特桑热历书》。绛巴桑热著。作者是 19 世纪

---

① 编委会：《中国少数民族古籍集解》，云南教育出版社 2006 年版，第 401 页。

青海拉加寺兴萨呼图克图的司库总管,生平不详。全书分为 12 章,综合
《白琉璃》、《日光论》两书要点写成,是时轮历精义所在,为现代藏历编
制的依据。被拉卜楞寺时轮院刊版并用作教材。十三世达赖喇嘛的御医、
医算院院长钦饶努布将此书喻为"历苑奇葩",并作了校订、增补,于拉
萨重新刊印木版,同时将此书用作医算院教材。全书内容分为 12 章:
(1) 基础知识,主要讲四则总说,九九表,个十百千等六十数位名,数
字异名,十曜二十八宿,十二命宫,二十七会合,十一作用及十二缘起,
年首月首异说及自宗说,综说同期及进位率,加减乘除异名。最后小结
说:"前贤嘉言,如意宝树。衍生算学,繁华簇垒。我以简记,作为贯
索。串会后学,俾生欢喜。"(2) 佛法年代算法,主要讲佛教传世五千年
的预言及佛教史上重要的年代。(3) 体系派的五要素,主要讲求得时轮
中各种结果的加减乘除的五种运算项目和运算方法。(4) 作用派的五要
素。(5) 罗睺(黄道与白道的交点)与日月食预报,主要讲罗睺与日月
食的关系及星占。(6) 五曜,主要讲火水木金土曜的三种推算(按太阳
日推算、按宫日推算、按太阴日推算)方法。(7) 长尾曜(凶煞四曜之
一,四者为:东方氤氲长尾、南方虎头炽焰、西方牛头狂飙、北方碧蓝滴
水,其出现被视为不祥之兆),讲长尾曜的运行规律及出现测定。(8) 昼
夜长度与时辰的测定。(9) 论三种日(太阳日、太阴日、宫日),分为概
说,分说。(10) 节气。(11) 速算法与表格用法。(12) 宇宙结构,主要
讲宗教想象中的宇宙结构、运行规律及其与整个宗教体系之间的对应关
系,把历算与宗教信仰紧密地结合在一起。此书既有重要的历史价值,也
有广泛的现实意义。

5.《时轮历算论集》

藏语称《时轮历算论集·智者生悦》。藏族天文历算名著。佛学大师
布敦·仁钦珠(1290—1364)撰于 1326—1327 年。书中提出地为圆球形,
与佛经所说"地为方形"持对立观点,还作了地球右旋、四季左旋的解
释,因而出现地球运转与四季形成不相符合的矛盾。当时藏族天文学家雍
顿·多吉白桑对此提出异议,并作了纠正。此书对藏族的天文历算学颇有
影响。全书印本 122 页,收入作者文集。

6.《时轮摄略笺注易解》

藏语称《初佛所出时轮摄略经笺注易解》。藏族学者论述《时轮经》
最早的专著之一。布顿仁倾珠(1290—1364)撰。11 世纪《时轮经》传

入西藏，因该书对宇宙结构的解释与一般佛经说法不同而引起争论。14世纪中叶布顿撰此书，阐述《时轮经》原理，后经宗喀巴（1357—1419）大师首肯，使时轮历在西藏被承认。书中详细注疏并阐述《时轮经》五品，此后以十二生肖与五行阴阳配合之周期作为藏历纪年方法被肯定下来，并且确定阴火兔年（丁卯，1027）为藏历纪元开始。此书是在西藏推行时轮历的权威著作，全书印本 48 × 6.5 厘米，150 页，收入作者文集。

7.《时轮摄略经》

藏语称《最胜本初佛所出怛特罗王吉祥时轮摄略》。《时轮经》摄略精本的藏本译文。收藏于藏文《甘珠尔》续部。全书 107 页，内容与《时轮经》一致，但注重实际运用，是印度天文学作用派的理论依据。11世纪与《时轮经》同时传入西藏，先由克什米尔学者索玛纳塔和西藏译师卓·协绕札从梵文原书五品全文译成藏文，后由匈敦·多吉坚参修订而成，再由惹曲绕等人学习推广，遂形成以时轮历法为基础的新的藏族历法。因译此书适逢火兔年，便以此为藏历纪元，称为饶迥纪元，又称胜生纪元。以十二生肖为顺序，依次与木、火、土、金、水五行各分阴阳共十数相配合，每 60 年循环一周称一个饶迥，相当于汉族的一个甲子。此书是作用派之理论专著之一。

8.《白莲亲教》

藏语称《时轮历算传规·白莲法王亲教》。藏族天文历算浦巴派重要著作。15世纪中叶西藏山南地区的浦巴·伦珠嘉措、藏穷·曲札嘉措、解·挪桑嘉措、札穷·云日嘉措等人探讨《时轮》的重要论点，掌握了比前人更精准的数据。由此，浦巴·伦珠嘉措于 1447 年著成此书。全书233 页。书中推算曜、时、辰、日、月、地的运行方法，一直沿用至今。该书对藏族天文历算的发展起到了很大的推动作用。

9.《十二宫图式详解》

藏语称《十二宫图式详解·智者生喜》。藏文天文学名著。康区大学者菊·弥旁绛央朗吉嘉措（1846—1912）撰。用图形详细解释南赡部洲上空十曜（日、月、水、火、木、土、金、罗睺、劫火、长尾）在十二宫中的运行轨道，其东半的北半部从白羊宫起左旋至西半的北半部的室女宫为六宫；其西半的南半部从天秤宫起左旋至东半的南半部的双鱼宫为六宫。十二宫为宝瓶宫、双鱼宫、白羊宫、金牛宫、双子宫、巨蟹宫、狮子宫、室女宫、天秤宫、天蝎宫、人马宫和摩羯宫。全书用图形解说，具体醒目。印本 16 页，收入作者文集。四川德格印经院保存此书的木刻版。

10.《恭息历书》

汉历藏文编著本。该书为恭息·隆多丹增策臣尼玛编。作者为甘肃天堂寺座主，生平不详。本书共 12 页。内容是以《马杨寺汉历心要》为理论基础，讲北京地区日月食推算法。书末有跋，谓："索巴坚参开传授此学（指汉历）之端，后因地方变乱，典籍散逸，濒于绝传。幸有其弟子罗桑欧色细译文义，重兴传习，命予改写篇首归敬礼赞偈文。"为 18 世纪中叶以来藏族地区汉历研究及传承情况提供了重要线索，具有一定的史学价值。有甘肃拉卜楞寺木刻本传世。[①]

11.《格登新历》

藏语称《格登新历母子篇》。藏文历书名篇。松巴堪钦·也协班觉（1704—1788）著。书中将上元初极推到 22 位数字，大于地球年龄。藏族天文学家皆重视初极某年的推算，因该年须是日、月、五星、罗睺、彗星等 9 曜处于相同方位，概念即为"初极上元"。本书之推算超过 15 世纪浦巴派的推算，故备受推崇，被称为"新历"。全书印本 93 叶，收载于作者文集。

12.《春牛经》

汉历藏文编著本。央金朱比多吉（1813—1892）编。编者生于后藏耶茹扎喜格培林寺附近。5—10 岁，先后从伯父达摩巴札学习藏文，从妥吉喇嘛阿旺年智学习历算及诗学。11 岁于扎喜格培林寺出家为僧，法名洛桑曲培。12 岁受沙弥戒，学习米拉日巴教法和度量法。17 岁时家遭不幸，父亲外出经商遭匪徒抢劫被杀。面对母亲和妹妹孤独寂寞景况，他仍奋志佛业。自 19 岁起，随侍上师达摩巴札开始学习声明学和显密经义及其他明域，至于通达十明之学。34 岁依从上师受比丘戒，法名央金朱比多吉，为上师讲学辅导。43 岁时，上师去世，他继承师志，坚持讲学、著述，并校刊上师讲稿。61 岁赴拉萨三大寺讲授正法甘露。一年后回扎喜格培林寺著书立说。其著作多达 80 多卷帙，主要有《藏文文法·嘉言树五论》、《藏文文法·释难明镜》、《同义词·智者项饰》、《诗学·贤者意趣庄严》、《春牛经》、《量度·弹线法新编嘉言》等。此著仅 6 页，但

---

① 编委会：《中国少数民族古籍集解》，云南教育出版社 2006 年版，第 130 页。

对汉历周期有充分论述。藏版于德格印经院。

13.《（康熙）御制汉历大全》（藏文）

简称《汉历大全》。汉历藏文转译本。康熙钦命凯雅扎西由汉文选译为蒙古文，复钦命哲布尊丹巴呼图克图（1635—1723）、呼毕拉干·兰占巴、衮班智达、额尔德尼毕力克图等由蒙古文转译为藏文。藏文主译者哲布尊丹巴呼图克图，蒙古人，喀尔喀图谢图汗衮布多尔吉之子，本名札那巴札尔，被认作多罗那他（觉囊派高僧）转世。后进藏学法，改宗格鲁派。康熙三十年（1691）受封为"呼图克图大喇嘛"，管理外蒙古藏传佛教事务，被尊为哲布尊丹巴一世。通蒙、汉、藏三种文字。因翻译《汉历大全》而闻名国内外。此藏文转译本共分9卷，内容包括：目录及题记、日躔表、月离表、土星表、木星表、火星表、金星表、水星表、五纬表、交食表、增交食表、增表来源图说、天政度说、平浑仪义、总量图义、八线表、凌犯表、增制仪表、七耀细记、交食细记。书中浑天仪等由刘玉思（译音）绘图。这些内容大体上相当于《新法算书》的卷二十五至八十一。只译了汉书原文的实践部分，而省略了原理部分。康熙五十四年（1715）刊版。布达拉宫有木刻本，每卷均有黄绫裹硬纸板的封面，极精致，有校阅刊版式题记。本书藏文翻译，皇帝重视，工程艰巨，可惜译笔生硬晦涩，虽有藏文豪华译本刊刻，但束之高阁，在藏族地区未能发生作用。

14.《汉历用表》

藏语称《汉历用表须知》。此表附于青海拉加寺版《慧剑光华篇》一书之后，一部分采自《历象考成后编》，一部分为藏文作者自编。原书称有用表18个，书中仅存15个：太阳损益表，太阴损益表，均数时差表，太阳黄赤升度时差表，太阴交周距度表（黄白距度），月距日实行表，罗月并行度（黄白升度差）表，太阴半径表，地影半径表，影差表，交食月实行表，太阳半径表，太阴地半径差表，黄平象限表，大时分、东西差、南北差表等。全书44页，北京民族文化宫图书馆藏。

15.《黑白算问答》

藏语称《黑白算所作问答·昼夜光明篇》。探索时轮历与时宪历相结合发展西藏历算学之专著。五世达赖阿旺罗桑嘉措（1617—1682）撰。书中着重解答有关时轮历与时宪历数学用语之不同，时宪历以小数运算，而时轮历是以分数运算。还提到"吾曾去东方妙齐菩萨国都（北京清廷）

两次，亲自看见历书。其差日、余日和闰月都同于扎囊浦巴派的算学"。该书使用时宪历与时轮历相互结合，推动了藏族历算学的发展。全书印本56页，收载于作者文集。

16.《摩诃支那传规交食推步术》

藏语称《摩诃支那传规日月食推算法》。推算日食、月食方法的藏文手写珍本。历元为同治三年（1864），比《汉历心要》晚120年，内容较丰富，有求初亏复圆方位，并列出了18省首府和蒙古22个旗的北极高度和距京师的东西偏度，包括康熙年间实测数据，可见其根据较《汉历心要》更早，是国内罕见的藏文天文历法著作。[①]

17.《马杨寺汉历心要》

藏文本是汉文《新法算书》的藏文改编本，作者据传是乾隆年间雍和宫的一位喇嘛以及青海马杨寺的索巴坚参等人。索巴坚参的藏文写本虽只有60页，但却抓住了《新法算书》的精要，而且卓具实用性。书中所列18种表格为：首朔诸根表、太阳损益表、太阴损益表、太阳黄赤升度表、均数时差表、黄赤升度时差表、太阴交周距度表、月距日实行表、罗月并行度差表、太阳半径表、太阴地半径差表、黄平象限表、太阳黄道高弧交角表、大时分东西南北差表。从此书开始，藏族建立起研究时宪历学派，师徒相传，沿及至今。《马杨寺汉历心要》成书以后，时宪历便以此书为准绳在蒙藏地区流传开来，在此后的120年间甚少有研究时宪历的新著问世，据传只有《第十三饶迥甲子（1804年）汉历基数·文殊意旨庄严篇》（仅3页）和《汉历大海甘露一滴》（手抄本21页）到19世纪60年代才又得重兴。此后形成的文献有《摩诃支那传规日月交食推步术》（雍和宫达喇嘛蒙人乌里季巴图著）；《汉历发智自在王篇》（写本21页，甘肃天堂寺赛钦·扎巴丹增著，曾于拉萨刊版）；《纯汉历日月食推算法·文殊笑颜篇》（写本13页，拉卜楞寺图登嘉措著，曾于拉萨刊版）。以上三人的工作标志着时宪历在蒙藏地区的重兴。1879年，拉卜楞寺建立了喜金刚院，开设时宪历专修课，每年都独立编制时宪书；《北京地区日月食推算法》（木刻本12页，天堂寺座主恭息·隆多丹增策臣尼玛编）；《日月食推算法·慧剑光华篇》（木刻本32页，历元1900年，麦许曲培著）；《汉历用表十六种》（麦许寺刻本44页）；《汉历所需节气及日

① 编委会：《中国少数民族古籍集解》，云南教育出版社2006年版，第295页。

期等数值2520周期表·白莲花束》（木刻详本42页、略本6页，历元1927年，青海隆务寺第钦喇嘛编）；《第十六丁卯周（1927—1986）积日表》（木刻本5页）；《第十六丁卯周日积表智者意趣庄严篇》（木刻本6页，扎贡巴嘉样丹巴嘉措编）；《京师地区协时法》（56页，阿嘉呼图克图·罗桑丹比嘉参著）；《五行占之年首答问》（12页，阿嘉呼图克图·罗桑丹比嘉参著）。①

（三）傣族

任何一个民族要生存和发展，都必须解决衣、食、住、行、用的问题，傣族先民也不例外，他们在与自然作斗争的过程中，不仅找到了解决生活基本问题的办法，而且不断地以他们的智慧创造和改善着自己的生活条件。

傣族是一个具有悠久历史和文化的民族，傣族先民在创造贝叶文化时，已对日、月、星辰、地球产生了浓厚兴趣，对它们的运行规律进行过观察探索，积累了一定的天文学知识，丰富了贝叶文化宝库。傣族先民从对天体的观察中，积累了方位知识，能分辨东、南、西、北及东北、东南、西北、西南等方位，形成了辨别方位的方位图。

西双版纳傣族在和汉族以及东南亚地区的文化交流中，广泛吸收了其他民族的天文学知识，不断充实自己的天文学宝库，较为准确地掌握了日、月与金、木、水、火、土五大行星的运行规律。同时，又在以上星体的基础上，增添了"罗睺"、"格德"两个星体，构想出排列秩序为太阳、月亮、火星、水星、木星、金星、土星、罗睺、格德的"九曜"星体，把"九曜"星体在宇宙间的运行轨道划分为十二个宫，即金牛宫、双子宫、巨蟹宫、狮子宫、室女宫、天称宫、天蝎宫、人马宫、摩羯宫、宝瓶宫、双鱼宫以及白羊宫。白羊宫在傣历中位居十二宫之首，叫做零宫，为排足十二宫，又在图上称为十二。傣文历书中还绘制有表明十二宫各宫的位置图。由于对星体的运行规律有了比较精确的认识，傣族中一些天文学知识较为丰富的人，已能推算出日蚀、月蚀出现的具体时间。

傣族历法深受印度历法和中国传统历法的影响，傣语称为"祖腊萨哈"，俗称"祖腊历"或小历。傣族的历法是干支纪时法和纪元纪时法并

---

① 编委会：《中国少数民族古籍集解》，云南教育出版社2006年版，第263页。

用。纪元纪时法与流行于缅甸、泰国使用过的小历属于同一体系，基本概念相同，如年长度为 365.25875 日等。傣历中的纪元纪时法虽受印度历法的影响，但并不是印度历法，与缅历、泰历相比也各有特点，不尽相同。它跟汉族的农历、藏族的藏历同属于阴阳合历，但又有其自身的特点，是自成体系的阴阳合历。这说明傣历知识有傣族人民自己的创新。傣历 19 年 7 闰，闰月固定在九月，其平年有 12 个月，354 天；如果八月为大月，有 30 天，则该年为 355 天。有闰月的年为 13 个月，384 天。元月和二月有专门的名称。岁首在六月，从六月开始至次年五月为一周年。傣历纪年开始于公元 638 年 3 月 22 日，到 2000 年满 1362 年。傣历一年分冷、热、雨三个季度，这符合傣族地区四季不分明的特点。

傣族的天文历法文献很丰富，现在傣族地区还保留有各种天文历法的专著和大批不同抄本的傣文历书。关于傣族历法方面的专著，一般所见到的主要有以下三种，即《苏定》、《苏力牙》、《西坦》，都是讲述傣历计算方法的书，在民族研究所都有藏本，是重要的傣历文献。《苏定》与《苏力牙》在计算方法上属于同一种体系，前者是初级知识，后者比较全面。《西坦》在计算法上属于另一种体系，在傣历发展史上算是一个革新，它已明白岁差的原理，在计算上也比前两种更科学，所用数据也比前者精密。另外，中国历史博物馆还存在有一本《天文历算书》的复制抄本，原名《胡腊》，是对算术、天文、历法知识的简述。据此书介绍，傣族的天文历法专著除上述三部书外，尚有《舒沓洼》、《蒙腊》、《些哈拉》、《左底沙拉》、《多底桑》五种，《舒沓洼》与《蒙腊》是专讲日、月食计算方法的，《些哈拉》与《左底沙拉》则是星象占卜书，主要是讲关于分野的思想，也包含若干预言风雨水旱、疾病兵争之类的事。至于《多底桑》一书，《胡腊》一书的作者则推崇为一切天文历算书之总纲，并说上述各种历算书都是由此书派生出来的，但该作者又承认并未见过此书，只是听人家说的。另外，据大勐笼康郎卞讲，还有一部书叫《拉马痕》，是专门讲述二十七星宿的。另一部书叫《瓦哈基达板哈》是解释日、月食的道理的。傣文的年历本多者 100 年一册，少者数十年一册，也有一年一张的单年历。傣历年历本傣语叫《巴嘎登》分两种，一种是民用的，叫《巴嘎登贡》，可译为《民用年历》，每年按月分为 12 格，置闰月之年则有 13 格，每格有月份、月初一日的周日名、干支日名等几个项目，表格下面有纪元年数、干支年及节日、吉凶日、当年气象等项目；另一种是推算历法的专门家使用的，称为《巴嘎登滇》，可译为《精密年历》，除基本格式与《巴嘎登贡》类似外，每格再加上九曜运行位置的标志及每月月初一日的纪元积日数，表格下面则另有若干计算数据。有了这些项目，在日常计算天象运动（如日、月食）及民间计算生辰八字等，使用起来就十分方便。

目前能见到的最早的《巴嘎登滇》是中国历史博物馆 1962 年从孟连县收集到的一个本子，书名《历书与占卜》，这个本子有从傣历 1166年开始至 1260 年（1804—1898）的年历，并有干支表、算月食法及算命占卜材料等。其次，我们在西双版纳大勐笼调查傣族天文历法时，在景尖村的康朗卞家见到两个存本。一本是从傣历 1200 年至 1300 年的年历，另一本是从 1300 年至 1400 年的年历。这两个本子比较完整，都是精密年历。另外，孟连县康朗赛老人保存有一本傣历 1226—1373 年的《精密年历》，这个本子除了附有其他本子所没有的许多计算数据外，另有近 70 次的日、月食记载，其中月食记录 58 次，日食记录 9 次，还写有按计算推得但当地并未见的月食一次，这是我们所见到的最详细的一个本子。景洪县刀志达所保存的一本傣历 1283—1306 年的《精密年历》，也有特殊的价值，特别是其中所附的二十七宿星图，是我们至今所见到的唯一一幅傣文星图，对研究傣历二十七宿及其起源是一项十分重要的资料。

1. 《苏定》

直译为《日子》，可意译为《傣历计算初步》，是一部西双版纳早期老傣文天文历法专著。与另一天文历法著作《苏力牙》合订一册，佚名撰。内容包括天干地支纪年纪日方法及傣历纪元（638 年 3 月 22 日）以来的泼水节及年月日推算方法，并有九曜（即太阳、月亮、火星、水星、金星、土星、木星、罗睺、木都）在黄道上的运转周期及运转位置的推算法，是研究傣族天文学史的早期文献，有重要的科学史价值。虽其中有些计算数据比较粗疏，但后来的一些天文历法著作皆以此为依据。原书无年代及著者姓名，根据其计算数据推测，成书年代当在 16 世纪以前。有多种构皮纸手抄本，中国社会科学院民族研究所所藏棉纸抄本页面高 35厘米，宽 27 厘米，共 4 页 62 行。20 世纪 50 年代收集于云南省景洪市，现存中国社会科学院民族研究所，云南省博物馆另有藏本。有张公瑾汉文译文及注释。

2. 《苏里牙》

直译为《太阳》，可意译为《傣历计算基础》，是一部西双版纳老傣文天文历法专著。佚名撰。成书年代不详。内容较《苏定》丰富，计算式也较复杂，九曜运转的计算数据也较精密。关于太阳年的长度（365. 25875 日），关于年、月、日、时季度及节日的推算，关于闰月及 8 月满月的安排，关于傣历和佛历、塞迦历的换算法等，都叙述得很详细。书末并有一部分关于占卜的内容。在傣族天文学史上有重要地位，有重要科技价值。有多种构皮纸手抄本，中国社会科学院民族研究所藏绵纸手抄本页面高 35 厘米，宽 27 厘米，共 37 页。

3. 《西坦》

本书是傣族历法方面一部较有代表性的著作，在历法推算方法方面比《苏定》、《苏里亚》有所发展，该书已明白岁差的原理，在保留阳历年的长度仍为 365. 25875 日，使泼水节保持不变的情况下，取朔望月的长度为 29. 530558 日，几乎与真值完全一致，并使十九年七闰的置闰法固定下来。经过《西坦》一书的改革，使傣历能够较长久地保持节气与月序之间的固定关系，即保持傣历的六月相当于汉族农历的三月，保持傣历的六月为建辰之月。本书后一部分专讲日食月食的推算方法，其中对日、月食的时间、食何方、偏食或全食都有一定的计算式，其推算结果与实际观测基本符合。在傣族天文学史上有重要地位，有重要科技史价值。该书有多种抄本，中国社会科学院民族研究所所藏棉纸手抄本页面高 22 厘米，宽 19 厘米，共 27 页。

4. 《历法星卜要略》

原书无书名，现用书名系根据内容所加。佚名撰。成书年代不详。西双版纳傣文历法专著之一。这是有关傣历的重要著作，为中篇手抄本，主要内容为泼水节、关门节、开门节、闰月、大小月的计算和安排方法，并有关于星卜的材料，是现行傣历计算的主要依据之一，在傣族天文学史上有重要地位。历法部分已有张公瑾汉文译注本。

5. 《精密年历》

该书是云南省孟连县康朗赛老人保存的一部傣历文献，记载了有自傣历 1228—1326 年（1966—1964）近 100 年的日、月食，计月食 58 次，日食 9 次，另于傣历 1265 年（1903）五月望日栏内写有"月落之后发生月食，不可见"等字，其中部分为观测记录，部分为根据计算写上的。

6. 《西双版纳历年历汇编》

除了上述这些年历外，还有中央民族大学所编《西双版纳历年历汇编》作为依据的各种本子，其中《历书与占卜》为精密年历，已在前面介绍，其余九本都是《巴嘎登贡》即《民用年历》，现按《汇编》"说明"中的顺序列出：

一是《历书与占卜》。

二是《傣历年历》，有傣历 1285—1347 年年历，原保存于景洪文物馆，现有公元 1958 年的汉译手稿。

三是《历法、法律、医药、算命占卜书》，有傣历 1295—1318 年年历，历史博物馆藏本。

四是《历书》，有傣历 1294—1336 年年历，历史博物馆藏本。

五是《历书》，有傣历 1300—1351 年年历，历史博物馆藏本。

六是《历书》，有傣历 1319—1366 年年历，历史博物馆藏本。

七是《历书》，有傣历 1312—1360 年年历，社会科学院民族研究所藏本。

八是《历书》布包本，有傣历 1225—1279 年年历，民族研究所藏本。

九是《历书》，有傣历 1266—1288 年年历，民族研究所藏本。

十是《百年年历》，有傣历 1300—1400 年年历，民族研究所藏本。

这些年历保存了各个时期傣历的面貌，对研究傣历的发展历史及其推算方法的改进，都有重要的参考价值。

7. 《十二月之歌》

傣族民间叙事诗。佚名撰。成书于近代。共 12 章，每章写一个月份。描绘傣族地区 12 个月的气候变化、自然景物、生产经营、社会风尚习俗、宗教活动以及人们的思想感情。为傣族人民生产生活经验和智慧的总结。是了解傣族地区的自然特点和风俗民情的珍贵资料。德宏傣族民间有多种抄本。汉译文收入《傣族风俗歌》（云南民族出版社，1988 年）。

8. 《大寨傣文碑》

傣族建佛塔之奠基碑。清道光二十六年（1846）立于今云南省思茅西盟佤族自治县大寨佛寺内，是该寺内白塔之碑石。砂石质料，高 70 厘米，宽 40 厘米，碑石边缘阴刻花纹，碑正上方刻有天文图，呈椭圆形。图中心为一方格，周边 12 格，格中有西双版纳傣文数字代表建该塔时 9

曜在黄道 12 宫中的运行位置。碑面横书阴刻傣文 10 行，记述建塔经过及年代，对研究傣族宗教、历法皆有文物价值。

9.《大勐笼傣文碑》

傣族重建佛寺所立之碑。傣历 1162 年六月二日（1801 年 3 月 16 日）立于今云南省西双版纳景洪市大勐笼。碑高约 100 厘米，宽 45 厘米，边缘部分已残。碑首有 4 幅九曜位置图，碑文标题以 36 个圆圈和若干数字排列成两行，经考证其意为"祈祷二十八尊佛，战胜一切敌人"。以下傣文碑文已不能完全辨认。此碑为国内发现时间最早的傣文碑。碑首的天文图有重要的天文学价值。此碑原遗落在云南省景洪大勐笼大塔山南侧水渠边，1976 年被发现识读，现存在景洪文物室。

10.《傣历年历 1225—1279》

傣文音译为《巴嘎登》。西双版纳傣文历书。佚名撰。成书年代不详。内含傣历 1225 年（1863）至 1279 年（1917）之年历表。后附有占卜算命方法。构皮纸手抄本。全书 70 页，页面横宽 29 厘米、高 35 厘米，布面包装。甚破旧。现存中国社会科学院民族研究所。

11.《傣历年历 1266—1288》

傣文音译为《巴嘎登》。西双版纳傣文历书。佚名撰。成书年代不详。内含傣历 1266 年（1904）至 1288 年（1926）之年历表。年历表后另附计算新年日期的方法，预卜当年吉凶的方法，推算纪元年数、积月数、积日数的方法及九曜运转位置计算法等，书的反面有算吉日、道德格言及小孩取名方法等内容。封里有六十甲子表。构皮纸手抄本。全书 60 页，页面横宽 22 厘米，高 28 厘米。现存中国社会科学院民族研究所。

12.《百年年历》

该书也译为《历法，百年巴嘎顿》。西双版纳傣文历书。书中有该书是召孟玛哈勐顿为奉献给景洪大佛寺而抄写的记载，但未书抄写年月，内含傣历 1300 年（1938）至 1400 年（2038）之年历表。表内项目简明，含月份、每月一日之周日以及该日之天干地支。表下有年份、干支年、泼水节日期、是否置闰等。为构皮纸手抄本，共 58 页，每页列两张年表，横宽 22.5 厘米，高 36 厘米。保存完好。现存中国社会科学院民族研究所。

13.《纳哈答勒》

西双版纳傣文有关天文分野思想的专著。佚名撰。写作年代不详。根据其语言古奥、纸质陈旧等情况推断，其抄写时间当在百余年以前，成书年代当更久远。内容包括有关四大部洲与天穹二十八宿相对的分野学说，以及日月食和人生祸福的演算方法等。对研究傣族的宗教思想和宇宙观念有重要价值。为构皮纸蕨笔手抄本，共 180 页，页面横宽 26.5 厘米。封面、封底皆已残缺。现存中国社会科学院民族研究所。

另外，据大勐笼康朗卞同志讲，还有一部书叫《拉马痕》，是专门讲述二十七星宿的，另有一部书叫《瓦哈基达板哈》，是解释日、月食的道理的。

（四）蒙古族

蒙古族是中华民族大家庭中古老而伟大的民族之一。她不仅在政治、经济、军事、哲学、文学、艺术、法律、体育、中外文化交流等各方面作出过巨大贡献，而且在科技领域亦作出了杰出贡献，其中天文学方面的成就可圈可点。蒙古族最初的天文学是游牧民为了定季节而产生的。早在远古时代，蒙古先民就已注意到了太阳升落、月亮圆缺以及星辰回转等天象。蒙古族多以草木纪年，"以草木一度为一岁"，论年龄，习惯上不说几岁，而说几草。在此基础上进而形成春、秋两时制的自然历法纪年，并将其与宗教祭礼结合起来，形成"春和秋的两个祭日"。随着生产的发展，从两时制发展到四时制，即春、夏、秋、冬。月名则常冠以季度名来表示，如"夏的头月"即四月，夏的中月为五月，夏的末月为六月等，以月亮的循环表示时间，"每见月圆而为一月"。蒙古人大多用畜产品和常见物给月份命名，如"把六月称为草月，把八月称为牛奶月"等，充分反映了游牧民族历法之特点。

随着版图的扩大，蒙古统治者十分重视天文历法建设，组织各族天文学者开展天文观测和编制历法。蒙哥汗时，于 1259 年命回族天文学家纳速剌丁在篾剌合城北高冈建天文台，纳氏在大量观察资料基础上，编制了一个超越前人的天文表，即《伊尔汗历》。

回族天文学家札为剌丁于 1271 年受忽必烈旨意，在上都建一天文台。至元四年（1267）札为剌丁制成浑天仪、方位、天球仪、观象等天文仪器，还编制了《万年历》，大大丰富了中国的天文历法。

至元十三年（1276），在河南登封建了"观星台"。1279 年忽必烈批准在大都兴建规模宏大的天文台（今北京建国门外），由太史院主管，于至元十七年（1280）由郭守敬等编制成新历法，"诏赐名日授时历"。这是我国古代最先进的一部历法，该历法被认为"自古至今，其推验之精美未有出于此者也"。

蒙古族产生过许多优秀的天文学家和天文学著作，玄烨、明安图（1692—1765）是其中的佼佼者。玄烨对天文历算接受过专门的教育和训练，著有《量天尺论》、《三角形推算法论》和《几日殷格物篇》，编订了《律历渊源》，其中第一部就是著名的《历象考成》，第二部为《数理精蕴》，第三部为《律吕正义》共100卷。此外，康熙五十二年（1713）明安图任钦天监时宪科五官正职务。时宪科主历之编订与日月食研究。在任期间，明安国不仅参与编制《时宪书》的工作，还将其译成蒙文分行，还参与了《律历渊源》的考测、编写工作。参与了《历象考成》等书的校定修理，特别值得提出的是，乾隆九年至十七年（1744—1752）明安图参加了《仪象考成》一书的编修工作，在世界天文史上为中国争得了荣誉。18世纪，在世界范围内进行过三次大的恒星测量工作，两次在欧洲，一次在中国，在大量观测基础上修订成书的《仪象考成》中的星表所测星数超过了欧洲，是记载星数最多的星表。由于明安图的科技成就和卓越贡献，乾隆二十五年（1760）晋升为钦天临正，其名载入我国优秀科学家史册。

总的来说，蒙古族的天文学科学技术自成体系，内涵丰富。记录这些成就的天文学古籍文献数量可观，对我们今天研究蒙古族的天文学知识有着极大的参考价值。

1. 《天文星占学》

蒙文天文学著作，现藏内蒙古自治区图书馆，有李迪译稿。全书论述的内容比较全面系统，分上下两册，上册为天文学概说和三垣星占，下册为步天歌二十八宿星占。原书佚名，不分章节，为手抄本，现有书名章节，为译者所加。上册附南北黄道全天星图二幅，每幅约50厘米见方。此书汲取了西方天文学知识，叙述了天文基本理论，也用相当篇幅记载了占星术。该书据在地上每南北行1°相距125公里，推得地球周长为45万公里，又得地体厚0.716万公里，比地球半径大得多。书中不但介绍了包括宗动天在内的九重天，而且还采用了西方古老的传统说法，绘出了每个天层距地的距离。同时蒙文《步天歌》的三垣二十八宿共31节，还分附引图，其天文学知识和观念，较为新颖。

2.《天文原理》

38 卷，刻本，此书奉康熙帝谕旨编写，由汉文译为蒙文，康熙五十一年（1712）刊印。全书共 5 函 38 卷。第一函为序、日躔、月离 6 卷，序言说明了译撰本书的目的、功用，日躔、月离表则是供推算交食时查用的表格；第二函为土、木、火、金、水和五纬 6 卷，用以推算五星的经度和纬度的；第三函为交食 9 卷；第四函为增交食表（42°—66°）9 卷加增表图说 1 卷；第五函为步天歌、八线表、凌犯表、仪象表、新七政细草、交食细草 7 卷。在《天文原理》的末尾，还记载了蒙古地区 55 个点的地理经纬度值，这是明安图那个时代天文学家依据天文原理进行实际观测所得出的结果，在蒙古历史上也属首次。

3.《天文图》

石刻，雍正三年（1725）根据钦天监天文图镌刻，图在呼和浩特五塔寺，全图用八块汉白玉拼接而成，共分四层，每层两块。该图为一幅圆形见界星图，它以北极为圆心，向外分成五个大小不等的同心圆，最里面的小圆为恒显圈，也称内规，内规直径为 18.3 厘米。最外为恒隐圈，也称外规，外规的直径为 145 厘米。第三个圆为赤道圈，直径为 51.4 厘米。该图标明了北极圈、南极圈、夏至圈、冬至圈和赤道，第二和第四个圆分别表示夏至圈和冬至圈。全图以北极为圆心反射出 28 条经线，内圈有 28 宿，中圈刻 24 节气名称，外圈为 12 宫天干，全图有恒星约 270 座，星数 1550 余颗，全部星象用蒙古文标注，在星图的下侧偏左方，有一块长方形的图示栏，上面刻有星等字样，中间排列有自 1—6 不同等级的 6 颗星，在每颗星的右侧，注有蒙古文 1、2、3、4、5、6，这显然是星等大小示意图。在第七颗星的边上，注有一个气字，其意为星气或云气，它实际表示观测到的星云，可见这个星图不仅是在中国少数民族中少见的，其将星等观念引入石刻星图，这还是中国仅有的一幅。可以说，该蒙文石刻天文图是研究少数民族天文学的重要资料。

4.《七星祭》

蒙古族祭词。佚名撰。约为 14 世纪作品。泰定五年（1328 年）毕力格朝克图蒙译。后有维吾尔译本和藏文译本。北斗七星是蒙古族萨满教崇拜的偶像之一，是其祭祀七星时所用经文。叙述了北斗七星各自名称、法力以及祭祀祷文等。原发现于布里亚特蒙古，现藏蒙古国家图书馆。1959 年策·达木丁苏荣收入《蒙古古代文学一百篇》。

5. 《割圆周率捷法》

清代数学名著。明安图著。共四卷。成书于 1774 年。明安图生前"积思三十余年"仅写成草稿，经其学生陈际新整理始成，后又为某氏秘而不宣至 1839 年才始传于世。卷一为"步法"，内容为对法国传教士杜德美传入的 3 个无穷级数给出了补证，创立且证明了另外的 6 个无穷级数，合称"九术"。实际上是得到了圆周率 π 的无穷级数表达式及有关正弦、反正弦、正矢、反正矢的 8 个幂级数展开式。卷二为"用法"，包括角度求八线、正余弦，正余切等内容。明安图在书中运用解析法研究圆周率，开创了我国数学史上微积分研究的先声。

（五）水族

千百年来，在贵州世居民族水族民间流传着一种类似甲骨文、金文的古老文字，据水族学者考证，共有 400 余字，用这种神秘文字符号记载水族的时日、地理、星象、气象、历法、占卜等原始内容的书，水语叫"泐虽"，汉译为"水书"。水族有自己的历法，俗称"水历"。《水书》保存了丰富的天文历法资料，如《星宿卷》、《时辰卷》等，水族先民在长期的生活实践中总结出一套较为完整的天文历法理论，对我国天文学史有独特的贡献。

据《水书》记载：水历一年分为四季 12 个月。水历五、六、七三个月为"盛"季，相当于阴历的正月、二月、三月；水历八、九、十三个月为"鸦"季，相当于阴历的四月、五月、六月；水历十一、十二、正月为"熟"季，相当于阴历的七月、八月、九月；水历二、三、四月为"挪"季，相当于阴历的十月、十一月、十二月。

水历以阴历八月水稻收割时节为年终，以播种小麦作物的阴历九月为正月。随农事定岁月。水历吸收了阴历的大建、小建，全年 12 个月有大、小月之分，大月 30 天，小月 29 天，一般一年为 354 天，比一回归年短 11 天多，于是又采用阴历 19 年置七闰法，将闰月置于水历九月与十月（阴历的五、六月）之间。

水族历法基本上采用我国古代的传统历法。即用天干（甲、乙、丙、丁、戊、己、庚、辛、壬、癸）、地支（子、丑、寅、卯、辰、巳、午、未、申、酉、戌、亥）、五行（金、木、水、火、土）和二十八宿相配来纪元。

我国古代历法非常重视历元，水历也很重视历元。水历纪元，分上、中、下三大元，每大元为 420 年，上、中、下三元共 1260 年，终而复始。每一元又分七小元，根据天干、地支、二十八宿、五行相配的结果，每六十甲子为一小元，七个小元的甲子，分别对应鼠宿—日星，螺宿—金星，乌鸦宿—水星，鬼（羊）宿—月星，蛇宿—土星，貉宿—木星，豹宿—火星。

水历的二十八宿为蛟、龙、貉、兔、日、虎、豹、蟹、牛、女人（蝙蝠）、鼠、熊、猪、鱼、螺、狗、雉、鸡、乌鸦、猴、獭、鹅、羊（鬼）、蜂、马、蜘蛛、蛇、蚯蚓，跟汉文记载的有二十一宿相同。另外七宿，汉历是：狐（心）、貐（壁）、狼（奎）、猿（参）、犴（开）、獐（柳）、鹿（张），而水历为：日、鱼、螺、獭、鹅、蜘蛛、蜂。这几个星宿中，"鱼、貐"同音，"螺"水语为 qhui，与"奎"宿同音，"鹅"水语为 ngaan，与"犴"宿音近，"蜂"水语为 luk，与"鹿"宿同音。由此可见，水族天文历法中的二十八宿的划分，为水族先民科学地观测天体的运行提供了极大的方便。① 《水书》中的"九星"即文、禄、巨、贪、弼、辅、破、武、廉等九星。据《水书·壬辰卷》"九星"章介绍：水族还用十二地支找九星位置作为安葬用方位。《水书·正七卷》"九宫"章记载："一坎二方坤、三震四巽同，五中六乾位，七兑八艮九离变。"《水书》"渤阴阳"章专门介绍安葬用方。此外，水族的六十甲子、天干地支、四时五方、七元历制以及水历正月建戌等内容，都是水族先民观测天象、制定历法的基本依据，反映了水族先民的聪明才智和极高的天文知识水平，是一份珍贵的历史文化遗产。

关于水族的历法资料，除了主要见于水书外，还可见于一些方志之中。如有关水族岁首定在农历九月的情况，《仲家风俗志》记载："九月节为水家最隆重的节会，水家以此为年节。"《贵州通志》则说："水家苗都匀有之，每岁中秋月，首戌日赶场，亥日过端午，以是之晴雨，主是年之丰歉。"《三合县志》也有类似的记载。

1. 《历法》

水族历书。作者及成书年代不详，抄写于清嘉庆年间。内容记春夏秋冬四季的时令和节气。水历以夏历九月为正月，谓之"端月"，以十二地

---

① 《水族的天文历法》（http://www.chiyou.name/page/whyz/twlf/shuizu.htm）。

支纪年，建月于戌，月份用一、二、三等数词表示。年、月、日、时辰用天干地支表示。此书是研究水族历法的重要参考资料。该书高 31 厘米，宽 22 厘米，每页 10 行，各行字数不一，共 16 页。从右至左直排，以竹签蘸墨书写于白厚绵纸上。现存中国国家图书馆。

2. 《天文》

水族天文书抄本。作者及成书年代不详。抄写于民国年间。讲述天文星象。星宿名称皆借汉字谐音。对研究水族天文知识和水族文字发展状况皆有参考价值。以毛笔蘸墨书写于白厚绵纸上，页右侧线装，自右至左竖书。页面宽 26 厘米，高 36 厘米。共 39 页。现存国家图书馆。

3. 《水书秘籍》

亦称《黑书》。水族用水书写的巫术用书。作者及成书年代不详。抄写于 1912 年。以毛笔写与绵纸上，自右至左竖书。以七元历制记载放鬼方向、供牲方法和放鬼数目，下标明吉凶兆象，用以害人或复仇。共收录条目约 300 条，约 12000 字。此书皆巫师秘密传承，多象形描写和秘密符号。对研究水族思想意识、天文历法及原始巫术文化有一定价值。此书纸质黄黑，页右侧线装。页面宽 15 厘米，高 25 厘米，共 79 页。现为贵州省三都水族自治县王品魁收藏。

4. 《撑书大吉》

水族卜凶经。作者及成书年代不详。抄写于 1934 年阴历二月。封面盖"韦光明印"，当为抄写者或保存者之名。由传统水书写成，内含若干图画文字，多为动物形象，有鱼、龙、鸦、雀、蛇、螺、鸡、猫、牛、马等。内容以天干地支相配，分年、季、月、日，指明某年、某季或某月某日宜作何事或不宜做何事，以及趋吉避凶之法。以毛笔写于土棉纸上，页右侧线装，封底已残，存 56 页，封面占一页。页面宽 15 厘米，高 24 厘米，每面自右向左直书 6—8 行。现存中央民族大学。①

（六）纳西族

纳西族古代天文历法是纳西东巴文化的一个重要方面，纳西象形文字中有关于天象、时令、方位的字符。《东巴经》中记载了关于年与日的推算、天干地支的运用、十二属相的来历。用东巴文写的《看星》、《算六

---

① 编委会：《中国少数民族古籍集解》，云南教育出版社 2006 年版，第 50 页。

十花甲》、《巴格卜课》等书，虽然是占卜之书，但记载了纳西族的天文认识和历法计算。通过"巴格图谱"可以推算阴阳五行、四方四隅、八卦、干支、六十花甲。东巴文记载的"二十八宿"，星宿的名称、数量、星座的排列形状都不一样，这表明纳西族的天文认识与汉族和其他民族相比，有着独特的民族风格。

用象形文写成的《东巴经》记载了纳西族丰富的天文历法知识，是载录纳西族科技文化的珍贵史料，值得深入研究。

1. 《十二支属的来历》

纳西族象形文东巴经。佚名撰。28×9 厘米，10 多页，两面厚纸竹笔横写本，丽江纳西族自治县图书馆等有藏本。经文说，天地十二支属来源于美令东主时代，东、术两个部落势不两立，黑白不相往来。在美令达金神海中，长出海英宝达神树，树枝 12 杈，十二支属从此出；每杈长叶 12 片，一年十二月从此出。12 支属互相争执当岁首。天神里补本玛让他们去涉无量河，谁过得快谁为岁首。过河时老鼠紧咬牛尾，牛感到疼痛甩尾巴，老鼠反而被甩到前面，因此鼠为岁首，猪为岁尾。这是地支最初形成的神话，后来用以纪年月日。有和志武《库苟汝冉》（载《东巴经典选择》，云南人民出版社，1995 年）译本可供参考。

2. 《星轮》

纳西族东巴象形文星算历书。佚名撰。18×10 厘米，15 页，两面厚纸竹笔横写本，和志武收集于 1962 年。此书按东巴文星名星图记日，以正月一日开始，每月 30 天，依次排列，到腊月 30 日为止。配合 12 属相记日推算，一年分 12 月，大月 30 天（双月），小月 29 天（单月），全年 350 天，闰十二月为大月，单月无三十日，属相记日仍算进去，固定不变，全年值都为 354 天。为研究纳西族古代天文历法的重要文献。有朱宝田、陈久金《纳西族的二十八宿与占星术》（载《东巴文化论集》，云南人民出版社，1985 年），和志武《纳西东巴文化》（吉林教育出版社，1989 年），可供参考。

3. 《求取卜经记》

纳西族象形文东巴经。佚名撰。经文说：古代纳西族原始巫教之卜书，系神明金子白蝙蝠求取与天上女神巫盘祖萨美处。回到居那什罗神山顶，神明金子白蝙蝠打开书匣时卜书全被狂风吹散。落到美令达金大海中，被金色巨蛙吞没。后请天子射蛙，出现原始蛙形卜课《巴格图》

历算图谱。该书为研究纳西族古代天文历法的重要文献。书 28×9 厘米，十多页，两面厚纸竹笔横写本，丽江纳西族自治县图书馆等有藏本。

4.《巴格图历算》

又称《巴格八门》。纳西族象形东巴文历算图谱。佚名撰。丽江东巴文化研究所等有藏本。据东巴经《求取卜经记》载，最早卜书取于女神巫盘祖萨美处。因取经中途遇狂风被巨蛙所吞，故有蛙形巴格图。按图之东南西北中五方和木火铁水土五行配阳、阴，等于汉族十个天干；巴格八门（四方四隅）配十二属相，等于十二地支；巴格四方及犬位（父）、牛位（长女）、龙位（长子）、羊位（母）四隅，等于八卦方位；十二属相配五行加阳、阴，形成 60 个序数的纪年周期，等于六十甲子。此图谱和东巴文的《算巴格课》、《算六十甲子》等书，都是研究纳西族古代天文历法和文化史的珍贵文献资料。有和志武《纳西东巴文化》（吉林教育出版社，1989 年）、李霖灿《麽些的干支纪时》（载《麽些研究论文集》，台北故宫博物院，1984 年）等可供参考。

此外，东巴经中的《祭星经》、《抬星经》、《送星经》、《请星宿经》、《给星宿献牺牲经》、《给星宿敬香经》等，记载了纳西族深厚的天文历法知识，为后人研究提供了重要参考。

（七）满族

任何一个民族的科学技术水平，都与其社会形态相适应。满族自入关之后，学习和吸收了汉族及国外的许多先进科技文化，科技水平得到了很大提高。特别自康熙朝起开始重视科学技术的作用，在天文、地理、建筑等方面取得了一些成就，也出现了一批人才。康熙亲政时，采用了新历，并自康熙八年（1669 年）先后制成了黄道经纬仪、赤道经纬仪、地平经仪、地平纬仪、纪限仪。这些新仪器取代了元、明时期遗留下来的旧仪器，改变了北京观象台的科研条件。

1.《大清康熙五十九年岁次庚子时宪历（满汉合璧）》

历书。清朝钦天监制。成书于康熙五十八年（1719）。内容：（1）顺天府二十四节气时刻表。（2）年神方位图。（3）各省太阳出入昼夜时刻表。（4）蒙古各部太阳出入昼夜时刻表。（5）日历表，列全年 355 日，各注吉凶，供人们于活动前挑选。如动土、出行、祭祀、结婚、裁衣、安床、会友等。（6）纪年表。表内标注属相、年龄等项。（7）天恩上吉日表，列出全年黄道吉日。（8）嫁娶周堂图。全书凡遇"甲午"二字均为朱色。是清代历书资料。康熙五十八年（1719）精抄本，框长 16.2 厘米，高 14.2 厘米，260 页。尚有康熙元年（1662）至宣统四年（1912）等多种时宪历书刻本。藏国家图书馆、北京故宫博物院图书馆、中国第一历史档案馆等处。

2. 《同治十二年九月十六日辛酉望月食图》

满文、汉文合璧月食时刻表。清朝钦天监于同治十二年（1873）奉旨编绘。包括北京、沈阳、广州、西安等 19 座城市以及朝鲜、越南月食时刻。表中反映了初亏、食既、食甚、生光、复圆、食限 6 项以及黄道、赤道所成天文方位，并附图 1 幅。同治十二年刻本。框长 26 厘米，高 19.2 厘米，22 页，满汉文约 3000 字。此外，尚有抄本。藏国家图书馆、北京故宫博物院图书馆、中国第一历史档案馆。

3. 《天文图说》

满文占象书。清佚名撰。约成书于康熙、乾隆年间。内容与明仁宗朱高炽《天元玉历祥异赋》极为相似。以观天象预测吉凶为主，可能反映了历史上某些自然现象。如城市上空各种云气的生成、天体的运行变化等。将自然现象与社会现象完全联系在一起，并以此为规律来推断社会发展变化，是儒家"日象显示"、"祥变见于天文"的主观唯心世界观的表现。是清代迷信著述之一。清抄绘本，高 24.7 厘米，宽 15.7 厘米，88 页，附彩图 168 幅，藏国家图书馆。

4. 《星历考原》

全称《钦定星历考原》。满文术数类算命书。清李光地等奉敕撰。李光地，字晋卿，福建安溪人。康熙进士。累官直隶巡抚、大学士。约成书于清康熙五十二年（1713）。清佚名译。康熙二十二年（1683），编辑选择通书，以其中局治旧说，命作者因曹正圭《历事考原》，重加厘定，勒为新编。定阴阳宜忌之准，以便民利用。第一卷为相数东要，第二卷为平神所司之辰，第三卷为司月事之善神，第四卷为司月事之恶神，第五卷为日时总类，第六卷为行事之戒。对研究星相学有一定的参考价值。有精写本及晒印本，藏北京故宫博物院图书馆、中国第一历史档案馆、国家图书馆。

5. 《星命须知》

满文术数类相命书。佚名撰，清佚名译。以阴阳五行为基础，推演星相算命。对研究易卦有一定的参考价值。有精写本及晒蓝本，藏北京故宫博物院图书馆、国家图书馆。

6.《百中经》

1 册。65 页。不分卷。满文术数书。佚名撰。清佚名译。对研究阴阳八卦学有一定参考价值。有满文抄本及其晒蓝本，高 18 厘米，宽 11.7 厘米，藏北京故宫博物院图书馆、国家图书馆。

7.《玉匣记（满文）》

迷信术数书。清佚名译。取材于多种迷信素材。约成书于乾隆、嘉庆年间。全书包括：（1）神佛诞辰、忌日、得道日等。（2）袁天罡《计田经》，内述十二月气象，看云、日形状推测天气变化及论述一年中的农事活动等；推测孕妇生男生女；选择吉日良辰。（3）巡天二十八宿影像图。（4）观星象推测吉凶。（5）以各种预兆、时辰等占卜吉凶。（6）刘伯温《掐算法》。（7）周公解梦。共列 480 余条。所论多为迷信说教。是考察清代迷信活动及迷信术数著述的参考资料。乾隆、嘉庆年间抄绘本，框长 42 厘米，高 27.5 厘米，268 页，附彩图及图表 58 幅，藏国家图书馆、北京故宫博物院图书馆、中国第一历史档案馆。[①]

8.《几何原本》（满文）

欧几里得原著。清圣祖玄烨（1654—1723）译。约成书于康熙中期。内容讲述初级几何学原理，附有习题。与利玛窦、徐光启合译汉文本在章节编排上有所不同，较为合理。卷一 34 节，论点、直线与角；卷二 14 节，论三角形；卷三 47 节，论四边形与多边形；卷四 24 节，论圆；卷五 53 节，论点、直线与平面的关系以及简单立方体；卷六 90 节，论比例关系；卷七 30 节，论做图。全文于甲、乙、丙、丁、角、线、弧、度、弦、辐率及内、外、直、曲、钝、锐等满文旁加注汉字。图文并茂。是以满文形式首次介绍西方数学理论的重要译著。康熙稿本，高 28.7 厘米，宽 177.7 厘米，818 页。尚有 20 世纪 30 年代晒印本，藏北京故宫博物院图书馆、国家图书馆。

（八）白族

白族是中国西南边疆文化水平较发达、生产水平较高的民族之一。根

---

① 编委会：《中国少数民族古籍集解》，云南教育出版社 2006 年版，第 544 页。

据考古发现，白族先民早在 4000 年前就已掌握了一定的天文学知识，有了确定季节的方法和原始历法。南诏大理国时期，白族先民的天文工作已有很大的发展，天文学知识已达到相当高的水平。如大理千寻塔内发现的一幅星图，共画有 32 颗恒星，说明早在唐代，白族先民对星座就有了很高的认识，并已制作了星图。当时的南诏大理政权已建有天文台，开展了日常天文观测和每年翻印历书的工作，如《南诏野史》中就多处记载白族观测到的异常天象的史料。到了明清时期，白族的天文学已较发达，研究天文的风气更盛。他们使用汉文书写，使用汉族星名，利用汉族的二十八宿作为天文坐标表示天体的方位，同时使用十二星次的概念，掌握了月亮迟速运动的推算方法，天文学研究方面成果丰硕，大批天文著作也应运而生：

咸同年间大理学者周思濂的《太和更漏中星表》，该书是专为大理地区开展更漏测时授时而编写的专著，书中记载有经过实测的、合于大理实情的各个季节的太阳出入时刻表。同时还记载有经过实测的二十四节气昏旦中星的星名。此表现已失传。

何中立的《星象考》，是白族学者研究汉族古代星座名称及其演变历史的论著，也是白族学者借以认识全天星座的入门工具书。此著作已失传。

李滮的《筹算法》，是保存至今能够见到的清代白族天文学著作。作者一生著述宏富，以易学、数学、天文方面的研究最为精深。李滮对月亮运动的研究，具体记载在《筹算法》附录的月离表中。表中载有"太阴行度迟速限损益捷分表"、"疾迟初末限约表"等。这份表记载了在一个近点月内，月亮相对于平均运动来说，每天多行或少行的度数及逐日累积的行度，只有利用这份月离表，才能推算出任何一日月亮的实际行度。

（九）布依族

布依族先民对宇宙空间的各种现象缺乏科学的认识，他们认为天圆地方，固定不动，天像一把伞笼罩着大地。太阳和月亮是两个圆形发光体，一个热，一个冷，昼夜轮流在天上从东向西走动，照亮人间。星星比太阳、月亮小，晚上出现，闪闪发光，固定不动。并认为日月星辰都有生命。布依族古歌《十二层天，十二层海》还把天空和海洋各分成十二层，天空是神仙的世界，海洋是龙王的世界，大地是人的世界。

布依族对方位只有前后、左右、上下、内外、旁边、中间的概念，没有东南西北的说法。布依族历来使用农历，对年月日时的纪法与一般通用农历基本相同，现在，一般都从农历一月算起，一年 12 个月，大月 30 天，小月 29 天，一年 364 天，三年一闰，五年两闰，闰年 13 个月，有 384 天或 383 天，与一般农历相同。

布依族一般按序数指称月份，三月至十月称法与一般通用农历相同。不同的是将一月（正月）称为"春节月"，十二月称为"腊月"；再则有些地方把十一月称为"一月"，可能与过去的"以十一月为岁首"有关。

布依族没有春夏秋冬的专用语词，对一年四季一般有两种表达方式，一是用"温暖月份"、"炎热月份"、"凉爽月份"、"寒冷月份"不同季节的气候代称；一是用"二三月"、"五六月"、"八九月"、"冬腊月"四季的后两月分别代表春夏秋冬。

布依族对"日"的称谓也有两种方式，一种是按农历依次称谓，一日至十日在序数前加"初"，如"初一、初二……初十"，十一日至三十日不加"初"而改加"日"表示。另一种是按十二地支顺序称谓，表示"子日、丑日、寅日……酉日、戌日、亥日"，周而复始。如同纪年一样，前面不配天干。① 布依族的天文历法古籍文献，大多以口碑形式留存。目前整理出来的有《十二个太阳》。

《十二个太阳》，布依族古歌。以汉字或类汉字（布依族民间仿汉字造的土俗字）记音的手抄本，流传于贵州省荔波等布依族地区。作者及成书年代不详。此书为五言体韵文，共 400 余行。内容大要是：远古时代天上有 12 个太阳，同起同落，把河水晒干了，树木晒枯了，石头晒化了。人们白天不敢出门，庄稼颗粒无收，眼看就要饿死。后来因天气太热，家里没法待，人们只好躲到岩洞里去。晚上，人们聚在一起商量，一致推荐王姜前去射太阳。王姜不负众望，射落了 10 个太阳，留下一个白天照人们干活，留下一个晚上照人们走路，但等他回来时，天地已经被人们分光，于是便起了报复的念头。此古歌对研究布依族古代创世神话有参考价值。手抄本现仍流传于布依族民间，翻译整理本见《布依族古歌》（贵州民族出版社，1998 年）。

---

① 《布依族的天文历法》（http://www.qxn.gov.cn//View/Article.1.5/5/1.html）。

（十）壮族

壮族古代曾有自己的天文历法，岁首郎首（旧时农村基层头人，兼祭司）以 12 竹杯盛水环列，自黄昏至凌晨，视其水位之高低预测水旱之大小及方向。季节之安排也与中原不相同，从现存的几十个不同于内地节日即可为证。云南文山地区广南、富宁等地尚保存壮族古代新年习俗，正月初一相当于年历十月初一，比内地早了整整三个月，这些在文献中都有一定的反映。如《四季歌》、《农事季节歌》、《花果歌》、《水旱歌》等等，总结了不同地区的农事季节，至今仍有参考价值。

（十一）侗族

在侗族生活的地区，祭天活动很普遍，祭祀也十分隆重。侗族祭天分小祭、中祭和大祭三种。小祭年年举行，单年为期 1 天，双年为期 3 天。每隔数年，举行一次中祭，为期 7—15 天。每隔 30 年举行大祭一次，为期一个月。每逢祭天，必在祭天台举行，在台的四面插上祭天幡，族中所有的成员全体加入，人们戴着面具，奏着乐器，跳着祭天舞，唱着祭天歌，以娱天神。在祭天过程中，使用不同的歌舞，如《祭天辞》、《混沌世纪》、《开天辟地》、《定天固地》、《造月造日》、《天公地母》等。

（十二）傈僳族

云南省维西县傈僳族汪忍波，在 20 世纪初曾独自创立一套音节文字，用以记载了大量傈僳族的文化和历史，内容包括开天辟地、人类起源、神话故事、社会历史、战争、狩猎、畜牧、种植、冶炼、自传等各个方面，其中有相当部分属于祭天和占卜用的唱词，这些唱词记述了傈僳族古老的历史、文化和宗教，通过它们使其古老的文化保存至今。在其众多的著作中，有一本《占卜书》较为重要。该书为獐皮书，书中载有三幅太极图，图中标出了东、南、西、北四个方位，与此同时，又以鼠、牛、虎、兔等十二兽，依中国古代传统的分配方法，标出了十二方位，这是该书的一大特点。此外，这本《占卜书》还载有一幅太极配八方和十二方的图，即将太极图以八方的形式表示了出来，这对研究傈僳族的天文历法文化有着很高的参考价值。

（十三）苗族

苗族是中国最古老的民族之一，也是中国最早定居的民族之一。远古时期，苗族文化科技十分发达，从近期发掘的苗族古历足见一斑。苗族古历丰富了中国与世界历法体系。

据中国著名天文学专家陈久金教授考证：苗族有古历体系。据有关学者考证：中国苗族古历体系属阴阳历，以太阳历为主。

苗族古历以十二生肖记时、日、月、岁，一岁365.25日，阳历平岁365日，闰岁366日。

苗历除使用十二生肖记时、日、月岁外，还用1、2、3、4、5、6、7、8、9、10、自然数相辅助记时、日、月、岁，为老人祝寿。十二生肖来源，与中国远古十二个氏族有关。用十二生肖记时、日、月、岁，一岁分12个月，一日分12个时辰，岁、月、日、时固定不变，日按十二生肖相记，循环使用。建制以"建"作日首，固定循环使用。

二十七宿与苗族九卦有关。苗族先民还用所住房屋的相应方位与十二生肖辅助记时、日、月、岁，将一日分为夜、晨、昼、昏四个时段，与十二生肖相配记为"大门口、堂屋、左屋、屋后、右屋、屋顶"，观测日出日落。阴历从月圆到下一轮月圆为一个月，每月分27宿。阴历平岁358日，闰岁387日。动月、偏月为月短日；1—10月为月长日。月长日30日，月短日29日，闰月29日。苗族古历不论阳历或阴历均在岁鼠、岁辰、岁申置闰，每四岁一闰，闰动月。苗族古历体现了"一分为三、三位一体"的苗族生成哲学观和"九卦"立体思维观（即前后、左右、上下、表里、中或东、南、西、北、中、东南、西南、西北、东北）。①

（十四）其他

1. 《大轮七年星占书残页》

西夏文写本。单页。高17.5厘米，宽11.5厘米，楷书6行，行8—16字。该件系1983—1984年内蒙古文物考古研究所对黑水城进行系统清理发掘时重新发现一批西夏文献之一，现藏内蒙古自治区文物考古研究所，刊布于甘肃人民出版社与敦煌文艺出版社联合出版的《中国藏西夏

---

① 《苗族历法》（http：//baike.baidu.com/view/632121.htm？fr=aladdin）。

文献》第 17 卷，编号为 M21·005〔F220：W2〕。该书记载了纪年干支为"癸丑"；该年十月的朔日。根据十月二十四日的干支为戊午，可以推出十月初一的干支为乙未；该年十月的节气分布情况等信息。虽是是一件用西夏文书写的星命占卜文书，但对西夏历法研究具有重要价值。

2.《西夏日历残片》

该书是黑水城出土的西夏文和汉文并用日历。据研究，该残片为1047 年的日历。该日历仅存五月至十二月，但可知它是以正月为岁首。全年分 12 个月。该日历的月完全表示月相变化的周期，这是其中的阴历方面。同时，该日历中还安排有二十四节气，这是该日历的阳历部分。由于该日历同时兼顾到太阳和月球的运行，努力使阴阳历调和和配合，所以该日历属于我国传统的阴阳历。

3.《墨书汉文日历》

该书出土于甘肃武威。据研究该日历系 1145 年制。从残片的部分看，除对西夏日历残片讨论的有关问题外，在这份日历中有闰月，即"十一月"。由于按月相盈亏计算的年天数比太阳沿黄道运行一周的天数少，随着时间的推移，阴历越来越不能反映季节的变化，采取闰月的办法，就可以做到阴历一年的日数与太阳沿黄道运行一周的日数基本相等，这种阴阳历在反映月相盈亏变化周期的同时，也反映出季节的变化。①

4.《敦煌莫高窟壁画》

该画于敦煌莫高窟 61 窟甬道，其中南壁画《炽盛光佛》一铺，北壁绘助缘僧及诸星、天宫、乐女等。绘制年代有西夏说和元代说两种。在炽盛光佛像两旁和后面有九曜神像，天宫中有"黄道十二宫"图形，南北壁均绘有十二宫。

5.《炽盛光佛绢画》

该画于 1990 年出土于宁夏佛塔，两幅，丝织物残条，绢画。两幅画面居中主尊为炽盛光佛，主尊上方绘《黄道十二宫》、祥云和星宿图；左方两侧及下部绘九曜星宫图。从敦煌莫高窟壁画和炽盛光佛绢画的内容看，中西天文学体系在画中得到了充分体现，说明这一题材在西夏时期广泛流传。

6.《圣立义海》

该书是 1909 年黑水城遗址所出西夏文献的一种，今藏俄罗斯科学院

①　苏冠文：《西夏天文历法述论》，《宁夏社会科学》2005 年第 1 期。

东方研究所圣彼得堡分所，编号 инв. No. 143、144、145、684、2614。原书为西夏乾祐十三年（1182）刻字司重刻本，凡五卷十五章，今仅存第十四、十五章全部及第一、三、四、五、十三章残页，计蝴蝶装44个整页和5个半页。该文献记载了西夏先民关于宇宙和天体的认识，对于物候知识和历法的运用等科技内容。

如：

第一集

第一卷：天、日、月、星宿、九曜、十二星官、二十八宿、二十八舍（仅存天、日，其余全缺）。

第二卷：天河、云、雾、雨、天雷、闪电、火、灯炬、电、虹霓、露、风、霜、雪月、腊月、润月、中央（缺正月到七月）。

第二集

第四卷：地、山（地类仅存一页半，山类仅存4页）。

第五卷：树、草、菜、花（仅存"树之名义"等43个字）。

第六卷：石、水、舟、桥、水道、盐池、软地、宝地、粪灰、尘土、耕具（全缺）。

第三集

第七卷：谷宝、明珠、玉石、金钱、绢、杂色、杨、白、布（全缺）。

第八卷：界服、勤藏、常藏、茶酒、食（全缺）。

第九卷：骆驼、马、牛、杂畜、狗、猫、野兽、飞禽、水鲜、鸡（全缺）。

第四集

第十卷：（略，全缺）。

第十一卷：（略）、武器（全缺）。

第十二卷：皇城、陛阶、宫室、食器、茶具、酒具、笔纸、杂物、工具、乐器（全缺）。

第五集（全略）①

———————————

① ［俄］克恰诺夫：《圣义立海研究》，李范文、罗矛昆译，宁夏人民出版社1995年版，第29—30页。

此外，还有已经刊布的西夏文献如《俄藏黑水城文献》、《中国藏黑水城文献》和《英藏黑水城文献》中，均有占卜类文书，从中可以看出西夏占卜流派众多，种类齐全。诸如易占、测字、六壬、星占、相面、看阴阳宅、择日、算命、事项占，等等，应有尽有。

二　数学

数学是人类文化的产物，是从人的需要中产生的，具有时代性和超时代性。数学同语言文学、音乐、美术等学科一样，都是人类思维的产物，是人类文明发展史中长期积淀的结晶，与人类和文化的起源同生共长，不断发展。不同的民族因其地理环境和历史发展过程的不同而具有不同的数学文化。[①] 在少数民族传统科技文化领域中，一个重要的领域就是数学。其原始的记数法和数字符号、几何知识等都可以在出土文物中得以印证。原始社会时期，十进制记数法已经被许多民族的先民所采用，并有了刻画记数的符号。大量陶器图纹和器物本身说明原始社会时期已有了柱、台锥、长方体、球、空心球、圆、三角形、长方形、梯形、平行线、直线、菱形、垂直等各类几何观念。数学与天文学的关系十分密切，没有数学就无法进行复杂的天文运算。恩格斯在论述人类科学发展历史时指出："游牧民族和农业民族为了定季节，就已经绝对需要天文学。天文学只有致力于数学才能发展，因此也就形成了数学的研究。"[②] 同时，数学还广泛应用于社会生活，应用于指导各类社会实践。

（一）傣族

傣族数学计算只用整数并只有四则运算，没有分数与小数，也不用小数点。以周年长度的计算为令，周年长度为 365.25875 日，在计算式中的表达方式是 292207 除以 800 或 36525875 除以 10000。计算时使用石板和石笔进行，自左而右，一面写一面擦，最后剩下得数。例如，37 + 18，其

① 王琼、罗布：《藏族传统文化中蕴含的数学思想》（http://www.tibet.cn/info/science/2009 - 5 - 7）。

② 《马克思恩格斯全集》，人民出版社 1971 年版，第 42 页。

计算步骤如下（有横线者为下一步计算中要擦去的数字，有曲线者表示新写上去的数字）：

(1) 37　　(2) 47 (3) 45　　　(5) 55

——　　　　　～——　　——～　　　　　～

18　　　　　　8　　　　　　1

——　　　　　——　　　——　　　　　～

傣文数学专著迄今发掘到的只有《数算知识全书》（哈南纳底哈雅）、《演算法》（西双版纳勐腊本）、《巴嘎登贡》和《哈南纳底哈雅》等数种，主要讲解数学四则运算方面的知识。此外，一些傣文天文历法书如《苏力牙》和年历书中常有一部分专讲数学计算方法的内容。傣族曾用巴利语、傣语夹杂记诵乘法口诀，叫做"咪南本"，如"一一得一"为"诶嘎诶嘎能"，"诶嘎"是巴利语"一"，"能"是傣语"一"，即乘数用巴利语，得数用傣语；另有一种是直接借用汉语乘法口诀加傣语注释的，可见傣族在数学方面也接受了汉族和印度两方面的影响。

傣族数学只以整数并只用四则来计算非常复杂的天文数据，并能十分准确地把各种算式的剩余整数转用到另一种算式中，使任何微小的差数都不致遗漏，这种计算方法的繁杂和准确性，同样都是十分惊人的。[①]

（二）彝族

彝语称数学为"乍数"，是指凭借观测所得的实践经验作为研究依据的科学算经，包括观测、量度和推算。凡彝族古籍中所载之数，以九为大，以一最小，三、六、九、十二、二十四、三十六、七十二等数随处可见，体现了三六九术数原理和天南、地北、中央的三重互为含量关系，即数之起于一，则天一、地二、人三为第一个阶段；天四、地五、人六为第二个阶段；天七、地八、人九为第三个阶段。天之数一四七，地之数二五八，人之数三六九，故以三六九表示天人、地人和仙人，此三重互为含量之数。彝族先民以此为主题，撰写了在婚丧嫁娶时演唱的歌曲《哨数》，故而使浩瀚的彝族古歌，声声不离三六九的数术。如《酒礼歌》中唱道："有九之数，产生于天南；有六之数，产生于天北；有三之数，产生于中央。""九十九之数，产生于笔杆上；六十六之数，产生于书本上；三十

---

① 华林：《傣族历史档案研究》，民族出版社1986年版，第85—86页。

三之数，产生于算经上。""金基银地在天南，枝叶蔓延及天北，闪耀的金银之花，九九更为八十一，盛开于中央。"此天、地、人三圆规矩说为彝族数学的依据和根源。《哨数》认为：一切事物都是从无到有，但独阴而不生，独阳也不长。万物都以阴阳互为结合而生衍数，一而二，二生三……没有人，奇数属于阳性数，偶数则属阴性数。奇偶数结合，即产生数学的换算法则，此则彝族数学的发展规律。但彝族数学往往与原始宗教和神话有机地连成一体，作为一种秘籍世袭承传，久而久之带有神秘色彩。[1]

彝族通用的度量衡一是长度。量长度没有量具，常使用的有"卡"、"排"、"方"等量法。"卡"，即食指和大拇指伸展后的长度，约5寸。"排"，即两手臂伸的长度。"卡"和"排"皆依成年人一般的长度，因而往往有出入。"方"，用以量布，即窄布与宽布本身的四方形，4方窄布等于1方宽布。二是容量。容量单位有大升、斗、石。大升，可容粮食8—10斤；斗，6升为1斗，可容粮食48—60斤；石，10斗为1石，可容粮食550—600斤。三是重量。重量的量具有秤，与汉族使用的老秤相同，1斤为16两，秤砣用铁或石头。

（三）藏族

藏传天文学应用藏族独特的运算工具、运算方法等数学思想和方法，不但解释了天体十曜的运行规律、相互关系及其对地球的影响，还解释了其与人体的对应关系，是天体科学、人体科学、生命科学、数学科学的有机组合。藏族数的概念在石器时代就已产生，最初是用手指计算并用白石画在黑石上，后改为以串珠、石子，在木头或骨片上刻画横格的计算方法。藏族数学在文字产生后，不仅算术理论有了长足的进步，计算工具也在吸收和借鉴其他民族成果的基础上有了重要发展，从而有力地推动和保证了天文学和生产实践的需要。目前见到的藏民族主要计算工具有两种，一是石子算法，其用途有二，一是进位用，二是进行加、减、乘、除四则运算。著名藏学家诺章·吾坚先生认为藏族传统数学中石子算法的理论体系成熟于五世达赖喇嘛时期，当时的地方政府"孜康"里有一位叫贡嘎

---

① 《乍数》（http：//www.chinabaike.com/article/316/shuxue/2007/20071005554141.html）。

的学者，写了一本《八章子算法》，被认为是藏族传统数学理论体系的开端。[1] 藏传佛教中充满了函数思想和数理逻辑。藏传佛教认为一切事物都是因与果之间的一种函数关系，每一事物的果是随着因的变化而变化，不同的因有不同的果，则称为缘起；一切事物中不存在没有因素的果，则称为性空。伟大的佛学家、逻辑学家宗喀巴大师在《缘起赞》中推理论证了缘起与性空间的统一性。佛教大师夏日东上师在此文的解释《缘起赞之角宝藏金钥匙》中指出："因为一切事物是由因素组成的，所以，则性空；又因为，一切事物性空，所以，则缘起。"[2] 藏传佛塔充满了数学思想和方法，它的塔形是多种规则几何体的组合，建造一座塔时，塔的高度与大小完全由塔在空间直角坐标系中的单位长度来确定，图形结构各部位占有确定的比例尺寸，不论塔的大小如何，各部位点的坐标是按比例放大或缩小而定。因此，同类塔的形状不变。藏传佛塔建造中也使用了空间直角坐标系原理，用单位长度来确定佛像的大小，用坐标表示各部位的位置。所以，不论佛像大小如何，个个庄严如生。藏族早在 14 世纪就出现了不少历算著作。17 世纪以后，这方面的专著更多，比如《央恰算学》、《星算回答》、《算学问答太阳之说》等。18 世纪藏文算学著作比较重要的有：《常用良瓶》、《算学急需良瓶》、《算学琉璃答问》、《算学知者珍宝》等。

（四）满族

清代，在康熙帝主持下编修的《数理精蕴》，具有很高的科学价值。乾隆时满族数学家博望，任钦天监监副，他精于勾股和较之术，道光年间数学家罗士琳的《勾股形内容三事和较》四卷就是根据博望所创新法而著的。乾隆的儿子永琪也是一位数学家，他的八卷法手卷，内容丰富严谨，在算法上造诣颇深。

满文、汉文合璧数学书。清康熙皇帝撰。和素译。康熙，名玄烨，清入关后第二代皇帝。主张天文历法之研究以算术为根本，反映了作者一定的唯物主义思想。译文成于康熙四十三年（1704）。后附和素译满文、汉

---

[1] 王琼：《藏族传统生活中的数字文化》，《西藏大学学报》2007 年第 2 期。

[2] 桑吉加：《藏族文化与数学》，见《2002 年国际数学家大会数学教育卫星会议论文集》，拉萨，2002 年，第 82—83 页。

文合璧《性理一则》一篇。康熙四十五年（1706）刻本，藏国家图书馆、中央民族大学图书馆。

（五）蒙古族

清代蒙古族数学家明安图所著的《割圆密率捷法》，公元 1774 年由其子等人续写而成。明安图是我国微积分学的先驱，是用解析法对圆周率研究的第一个中国人，在数学史上占有重要地位。

（六）赫哲族

赫哲族人民在生产和生活中创造了一套历算方法。赫哲族的日历用木圆圈串板条做成，上排 12 根木条代表 12 个月，下排 31 根木条代表 31 天；中间以一根长木条为界，它的左边为一年中已过去的月和日，右边为未来的月和日，每天翻动以表明时间。在历算法基础上，赫哲族人也创造出一套计算方法。他们计算长度习惯用"庹（约五市尺），如"一庹长"、"一百庹长"。以"半天路"、"一昼夜路"等表示距离。有意思的是赫哲族计算年龄，早期使用挂大马哈鱼头的办法，即一岁挂一个鱼头，两岁挂两个鱼头，有多少大马哈鱼头，就有多大年龄。

（七）独龙族

独龙族是我国直到新中国成立还在使用木刻、竹刻、结绳和数玉米粒记事的民族之一。木刻和结绳在独龙族的现实生活中使用普遍，且内容丰富。尤其是木刻，不仅独龙族使用，官方也使用。

据记载，维西叶枝土司、西藏察瓦龙土司、清朝官员、民国官员都曾使用过木刻。官方使用木刻是依从独龙族的风俗。官方用的木刻较民用的大一些，长度在 0.6—1 米不等，宽度为 15 厘米左右。木刻木的一端呈箭头状，为前端，另一端齐头，是手握处，为后端。整块刻木似一把木剑，两刃斜平，便于刀刻。官方木刻主要用于通信，表达内容丰富，不同内容就用不同的刻印表示，通常是上边刻官方情况，下边刻民方情况。比如，如果派来一员大官，就在上边刻一个大缺口，大缺口后的小缺口数量则是表示来了几个随员；命令几个伙头接，就在下边刻几个较大的缺口；要几个背夫，则在这些缺口之后刻几个小缺口。如果要求速派人修路，就在木刻前端平面削去一块。此外木刻通过别的附加物，还可表达更为丰富的意思，如绑上鸡毛、竹箭，则表示要迅速传递；加松明子，则表示星夜兼程不能停止；绑上辣椒，则表示如有违抗，必受皮肉之苦，严厉制裁。官方使用木刻以"察瓦龙"独龙族土司最为经常。[①]

民间使用木刻也很广泛，既用于传递信息，也用于记事。订婚后，男方不断送彩礼给女方，每送一次，具体数目都刻在木刻上，中劈两份，各执一半，待木刻上记的数一够，即可举行婚礼。订婚后，如发生婚姻纠纷，男方还可执木刻为凭，索回彩礼。借债也用木刻记录，借玉米，就在木刻的两面刻同样数字的缺口，然后中劈两份，各执一半，还清，两家当场烧掉；借牛、借猪，都用竹劈子量胸围，然后用拳量竹劈子，有几拳就在木刻两边刻几个缺口，中劈之后，各执一半，还清时烧掉木刻。此外，亲友间约会，卡桑之间开会或动员与土司打仗，也都用木刻通知。

结绳多用于记日程上。约定开会时间，出远门记天数，过卡雀哇、请远方的亲朋等，都少不了结绳。如约定开会时间，由召集人或发起人，结若干疙瘩数字相同的小麻绳，派人送出去，接到的人立即出发，每走一天解去一个疙瘩，解完了，开会日期也就到了。

（八）黎族

大多数的黎族使用汉族的度量衡制，但在偏僻山区（如"合亩"地区）的黎族，直到新中国成立前夕还沿用本族特有的计量方法：

（1）体积计法。买卖聘赠牛只，用拳头来计算其大小，不计重量。常用一条藤自牛肋下部到背项圈紧两头，对接后取下藤，用双拳量有多少拳。

（2）重量计法。在市场购买农副产品及日用品用秤，以 16 两为 1 市斤。但计算稻谷则有其独特的计算法，即以"束"为最小单位，每一束（把）约有净谷 2 市斤，6"束"为 1"攒"，6"攒"为 1"对"，2"对"为 1"律"，2"律"为 1"拇"（或叫"介"）。也有用升来计量谷物的，黎家的升有三种：①大升，黎谚称"神方各"，意即谷种升，约 6—7 市斤；②"公用升"，向官府纳粮或交易用（约 3 市斤）；③饭升，也称"神塔"，用于量米下锅（每升约 2 市斤）。

---

① 《独龙族的计量》（http://tieba.baidu.com/p/295366318）。

（3）面积计法。按播种的数量来计算作物的种植面积。

（4）计算长度。其最小单位为"拃"，即拇指与食指（或中指）张开两端距离的长度。

第二节 少数民族医药古籍文献遗存

北方的众多少数民族，由于自然环境的类似和文化上的相互影响，其勤劳智慧的先民在长期的生活实践中，在与疾病斗争的医疗活动也有许多共同之处。同北方民族一样，在我国南方的各少数民族在同自然的斗争中，为维护本民族的繁衍和生存，逐渐积累了各具特色的民族传统医药知识。在原始的采集过程中，先民们对植物界进行了探索，口尝身试，逐渐积累了植物药方面的经验。防御和猎食野兽，使先民们对动物界有了进一步的认识。食用和分配猎物，就必须解剖和分割，由此产生了解剖学和动物器官学，动物药的知识也产生了。同时在不断的观察和挖掘中逐渐产生了矿物药治病的概念。由于南方民族所处自然环境的类似，各民族医学也有某些类似性，但发展程度各有不同。从总体上看，南方各少数民族医学仍主要以经验为主，如西南地区的普米族、哈尼族、拉祜族、布依族等等，只有一些民族发展到了理性认识阶段，形成了相对完备的医药学理论体系，如彝族、傣族、白族、纳西族等。

一 彝族

勤劳智慧的彝族先民在长期的生活实践中，在与疾病斗争中不断总结经验，探讨发掘，积累了本民族特有的医药经验，整理了大量医药文献，为我国民族医药的发展写下了光辉的一页。

从公元初年到南诏彝族奴隶制建立之前，彝汉医药有了一定的交流，彝族的一些医药经验已被汉医所用，并收录于有关汉族医著、史志之中，如《名医别录》、《水经注》、《华阳国志》等。奴隶社会时期，由于"巫文化"的兴起，彝族文献中出现了记载有针刺放血疗法以及根据太阳历和阴阳历推算病人的年龄、禁日、衰年等理论的医算内容。

随着彝文的形成，彝族传统医药理论得以记载成册。彝文在汉文史志中称为"爨字"、"爨文"、"韪书",也有称为"贝玛文"、"布慕文"、"倮文"、"毕摩文"的,是一种有着悠久历史的古老文字。彝文创始于何时无从稽考。有学者认为,彝族文字源于古氐羌部落使用过的刻画象意符号,形成于汉晋时期,广泛使用于元明清时期。①

南诏时期,巫术盛行,当时的彝族医药具有"医巫合流"的特点。彝族的原始宗教祭司——毕摩和苏尼,在占卜、作帛、除秽、解污等宗教活动中,对彝族医药发展产生了重大影响。随着毕摩的产生,彝族医学上出现了"枯此齐"(内服、内治)和"衣此齐"(外治)的词语和概念;《勒碳特依》书中,出现了"此母"(即补药或做药)和"都齐"(泻药或泻法)或给药(给毒)的医学名词和补泻等医学概念的记述,极大地丰富了彝族医学内涵。此外,毕摩在进行巫术活动时往往巫医互用,在毕摩的医病鬼、咒病魔、赶病鬼仪式中,医疗活动是其程序之一。如有的毕摩在念经后,通常要病人喝一碗各种草药熬的"神汤";有的毕摩经常采用熏、洗、蒸等方法治疗风湿性关节炎、瘫痪、疟疾等病。苏尼是彝族原始宗教活动的另一类法师,他们一般不识经文,也无世袭制度,但须随师学习,对彝族医药具有传承作用。值得一提的是,毕摩是彝文的掌握者,在彝族社会中既是从事宗教活动的人与神的沟通者,又是掌握和传授知识的高级知识分子,在彝族文化中占据着不可忽视的地位。他们长期致力于彝文经卷、典籍的编纂传播工作,在漫长的历史发展进程中用彝文书写了卷帙浩繁的古籍文献,内容包括祭经、占卜、律历、谱牒、诗文、伦理、历史、医药、神话、地理、农技等。这些种类繁多的古籍文献遗产是彝族毕摩文化的主体,其中的医药古籍文献遗产是彝族毕摩文化的重要组成部分。毕摩著录的大量医学专籍,促进了彝族医药由经验零散型向理论系统型的转变,使彝族历史上丰富的口传医药知识得以长期、系统地保存流传。如《献药供牲经》就是毕摩专用于为死者指路、送魂的经书,写于明嘉靖十四年(1535),曾广泛流传于云、贵、川三省。书中记载了很多医学理论,内容涉及内科、妇科、儿科、外科、伤科、胚胎、采药、药物加工炮制等。值得注意的是:该书关于胎儿在母体中发育的描述甚为生动:"古时人兽不相同。一月如秋水,二月像尖草叶,三月似青蛙,四月像四脚蛇,五月如山壁虎,六月始具人形,七月随母体转动,八月会合母

① 华林:《西南彝族历史档案》,云南大学出版社1999年版,第5—6页。

亲的气息，九月生下母亲怀中抱。"这段描述，十分具体地阐述了胎儿的发育过程，并提出了孕育中的生命在三至四个月时开始四肢分化，在临产前一至二个月时产生同母体精神上联系的原始朴素的医学观点。[①]《查诗拉书》是一本流传在哀牢山地区彝族村寨中较为完整的毕摩殡葬祭词，它描述了哀牢山地区彝族的丧葬习俗，同时也包括了不少彝族医药知识的论述，尤其是对儿童的生长发育过程进行了全面的论述，书中还提出了卫生防疫及处理措施。另一本毕摩经书《都波都把》（又称毒的起源）对毒草的毒性、种类及起源均有详细记载，其中对毒草，如草乌之类已经有了深刻认识。可见，彝族医药古籍文献的产生形成，与毕摩的文化活动密不可分，虽然彝族医药古籍文献不全由毕摩所作，但大都经过毕摩整理，由毕摩传承弘扬，他们对彝族医药古籍文献的产生形成具有深远的影响。

南诏后大理国时代，彝族在药物、方剂、生理认识方面取得了较大成就，其标志为出现了第一部彝文书写的彝医方书——《元阳彝医书》，该书成书于大理国二十年（975），是彝医经验的首次文字总结。全书收载了动植物药200余种、病名80多个以及一些简易的外科手术。

元明清时期，随着彝文的逐步成熟完善，彝族医药知识得以进一步收集整理并编录成册，这样就形成了大量的彝文医药古籍文献。彝文医药古籍以手抄本为主，其中著名的有16世纪问世的彝文医方专著《双柏彝医书》。此外还有成书于明嘉靖年间的《聂苏诺期》、明万历庚寅年的《启谷署》、清雍正八年的《医病书》以及《元阳医药书》、《彝族治病药书》、《老五斗彝医书》、《三马头彝医书》等大量的彝族医药古籍文献，他们不仅记载了丰富的疾病名、药草、药方，还阐述了一定医药理论。彝文医药古籍文献的大量出现，标志着彝族医药独立体系的形成。

彝族拥有内容丰富的古彝文医药典籍。在古彝文医药典籍以及古彝文医药文献资料中，既有专书，又有专篇论述，还有独立章节等零星的记载。由于彝文古籍大多数流传于民间，研究者做到博览群书，是非常困难的；尽管有一批珍贵的古籍善本，先后被有关研究机构或图书馆征集入藏，但目前还很难做到彝文文献资源的共享和全面流通，古彝文医药典籍文献资料也不例外。所以，对古彝文医药典籍文献作全面的认识和系统的

---

① 李耕冬、贺廷超：《彝族医药史》，四川民族出版社1990年版，第133—134页。

论述，仍然存在一定的困难。① 因此，目前只能以各地已经整理研究出版和刊布的资料作为依据，对古彝文医药典籍文献的著述形式作初步的整理归纳。

1. 《元阳彝医书》

该书是迄今为止发掘出来的彝族医药古籍中最古老的一部。该书成书于大理国二十年（975）。全书收载了动植物药200余种、病名80多个以及一些简易的外科手术，反映出当时的彝族先民对疾病已经有了一定的认识。此书用古彝文写成，通篇没有巫术咒语和符章，内容简洁，文字洗练，是了解宋代以前彝族药物、医疗技术及当时常见病的第一手资料，也是研究早期彝族医药的主要素材。此书在每个病症下都列有治法和方药，有的并附有服药后效果或服药中毒后如何救治的药方。一病数方，一方数药，一药多用。书上所载的部分药物，至今当地彝族民间仍有使用；书中一些治疗方法，特别是治疗难产、肿痛、风湿病等的药方，至今沿用。该书的发现，说明早在彝族封建社会之初，便有了较为完整的用彝文书写的医书。从一个侧面说明彝族医药在此时进入了一个新的发展阶段。

2. 《宇宙人文论》

成书年代不详，据彝族学者考证，成书年代不晚于宋元时期。此书是以毕摩笃仁、鲁则对话形式写成的一部哲学著作。全书共分为28章，包括天地万物起源的知识和五行、八卦、河图洛书的知识，提出并回答了宇宙自然的种种问题。如书中提出的哎哺学说，成为彝族治病用药的理论基础："哎哺产生后，随着清浊二气的变化，有了金、木、水、火、土五行，东南西北各主一方，土主中央。从此产生万物和生命，哎哺继续演变，宇宙的四方又起了变化，八方随之形成。有了哺、且、舍、鲁、朵、哼、哈八卦。""人体同天体，当宇宙八方产生八卦之后，哎哺二卦为父母，产生人的身体，且卦变舌，舍卦变命门，鲁卦变人的肩，朵卦变人的口，哼哈二卦变人的耳和目，喉头以下的脏腑也是八卦变化生成的，哎卦生大肠、哺卦生小肠，且卦生心，舍卦生魂，鲁卦生胃，朵卦生肺，哼卦生胆，哈卦生肝。"在这一思想指导下，彝医用八卦分析疾病的外因，即时间、季节、气候、外部环境、方位年；用五行分析疾病的内因，即根据病人的属相、年龄、发病时间、致病因素，分析人体五行的盛衰。此书对

---

① 朱崇先：《彝文古籍整理与研究》，民族出版社2008年版，第268页。

彝医基础理论的产生和发展起着重要的指导作用。

3.《齐苏书》

又称《双柏彝文医书》和《明代彝文医书》，是 1979 年云南省楚雄彝族自治州药检所在双柏县发掘出的一本古彝文医书，原件为彝文手抄本，无书名。因其发现于双柏，故称为《双柏彝文医书》，又因其成书于明代，所以也称《明代彝文医书》。据该书抄本原件"序"所称：此书成书于明嘉靖四十五年，即公元 1566 年，以后历经清代、民国多次传抄。目前传世的是民国五年（1916）的抄本，此书共有古彝文约 5000 字，内容丰富，叙述较详，以病症为纲进行编写，所列病症、症状或体征有 60 种左右，记录了 56 个病种，87 个处方，324 味药物，243 个方药。书中内容涉及临床各科，其中属内科者 20 多种，属外科（包括皮肤科、花柳科）者约 16 种，属五官科者约 6 种，属妇产科者约 5 种，还有少数属于骨科、神经科和儿科的。书中的治疗多种多样，在内服外治的基本治疗下衍生出了多种治法。总体来看，该书基本上是一本方书，是对 16 世纪以前彝族人民医药经验的总结，是内容较丰富的彝族医药专门书籍。彝族的医药经验，多数散存于各种经书、史书中，比较零星片段。而该书则在近 5000 字中，详细说明了多种疾病的治疗药物和使用方法，这些疾病和药物都具有很强的民族性和地方性，因此流传了 400 多年而不失传，它的发现被称为"彝族医药史研究中的第一次重要发现"，其价值弥足珍贵。

4.《西南彝志》

原名《哎哺啥额》（音译），发掘于贵州毕节地区，据有关专家考证成书于康熙三年（1664）至雍正七年（1729）之间，收集许多彝文经典编纂而成，是一部彝族历史百科全书。该书收集的哲学思想资料，涉及不同时期、不同地区和不同学派或观点的思想材料，记述了彝族哲学思想史上丰富多彩的哲学思想观点。该书是由古罗甸水西热卧土司家的一位慕史（歌师）编纂的。该书把古代朴素的唯物主义和辩证法思想作为说理工具，以解释人体的生理病理等问题，其中渗透着丰富的中医学原理，又有古代彝医独到见解。书中第一卷论述了"清浊二气论"："千千的事物，万万的根子，产生于清浊。"论述了"气血论"："凡有气血的，根本都很好"、"血循而气生，气循而浊生"、"人死气血断，气出于七窍"等。书中还把五行与天干、五脏、五色、方位相配属。在论述人体生理时说：

"人生肾先生，肾与脾成对，肾属壬癸水，脾属戊己土……"还认为："人体的气，连通七窍和肠胃之间，直达脐底。清浊二气各有三条路，清气第一条路经过心脏，第二条路经过喉咽，直通七窍，第三条路经过肝肺，连通肾脏。浊气三条路，第一条路经过尾根，越过头顶，直达鼻下，第二条路经过肩胛，直达脑髓，第三条路经过肾脏，透过腹腔，直达头顶，不断循环。"书中的理论认识到气血是构成人体的基本物质，是人体赖以维持生命的根本，不失为研究彝医基础理论的一部重要著作。

5.《医病书》

该书系彝文手抄本，抄于清雍正八年（1731）。它朴素简明地记载了38种疾病，其中内科病6种，外科病4种，儿科病2种，眼科病1种。方剂68个，其中单方38个，复方31个（其中由二味药组成者20个，三味药以上者11个），均作煎剂服。全部处方共列有药物97种，其中动物药25种，植物药72种。从具体药方组合及所治疗的病症来看，这部古彝文医书是介绍药物功用和单方、验方的著作。该书1980年发掘于云南省禄劝县，对彝药单方的研究很有价值。

6.《好药医病书》

又称《医病好药书》。发掘于云南禄劝县茂山乡，抄于乾隆丁巳（1737）冬18日，是彝族医药古籍中内容较为丰富、记载较为详细的医药专著之一。书中记载的疾病较多，有的治疗方法在今天仍有参考价值。共记载123种疾病，其中内科49种、妇科13种、儿科16种、外科16种、伤科13种、眼科4种、中毒性疾病5种、意念性疾病7种。记载药物426种，按李时珍的《本草纲目》分类法大致分为水、火、土、金石、谷、菜、果、木、草及禽类、兽类、鱼类和鳞类13种，但以草类最多，即植物药269种，其中家种蔬菜类36种、果树类15种、寄生类13种、树皮类18种、树心类5种、综合类182种；动物类152种，其中器官及分泌物类8种、家禽及家禽类55种、野生动物及昆虫类89种；矿物类5种。记载方剂280首，其中酒剂24首、蒸剂10首、外用剂58首，还记录了按摩、刮痧、拔罐等多种治疗方法。由单味药物组成的方剂有171个处方，占54%。在复方中三味药以上的方剂所占比例大，说明该书对药物功效的认识进了一步，不仅掌握了药物的主要作用，而且对药物的多种作用和配伍有了一定的了解。在治疗方法上，除了内服外，还采用了外包治疗疮疡、刀伤和跌打劳伤。

7.《娃娃生成书》

该书又名《小儿生成书》，为彝文手抄本，抄于清雍正年间（1723—1736），属于介绍妇科、儿科部分生理知识的专书。它以朴素、生动的彝族文字将胎儿逐月发育、生长的情况作了描述。对从婴儿到儿童（1—9岁）的智力、生理变化作了简单记述。

8.《超度书·吃药好书》

该书为彝文木刻本，刻于清代嘉庆年间（1796—1821），其中有介绍药物的专篇，包括药物25味、治疗19种病症，在24味动物药中重点介绍了5种动物药和10种动物胆功用，均系彝族经常狩猎所能捕获的动物，如野猪、獐子、熊、猴子、鹰、鱼、乌鸦、蛇等。

9.《供牲献药经》

该书是彝族古典文献《作祭经》的一个组成部分，是祭奠死者时毕摩唱诵的一种经文，虽然具有浓厚的宗教色彩，但其中有一部分内容是朴素的唯物思想的认识和反映。该书抄于明代嘉靖十四年（1535），曾广泛流传于云、贵、川三省。由著名历史学家、社会学家马学良教授于1947年在云南省禄劝县彝族苗族自治县团结乡安多康村彝族毕摩张文元家调查时发现，后经马教授翻译整理成彝汉对照本。全书记载了很多医学理论，内容涉及内科、妇科、儿科、外科、伤科、胚胎、采药、药物加工炮制等。其中内科记载了18种病症及其治疗，妇科记载了不孕症等，外科疾病主要记载了癫病、痒病、痈疽的症状及治疗。伤科疾病主要记载了跌打劳伤及犬咬伤的治疗。该书具体列举了35种病名、76种药物，并对所提到的病种进行了比较科学的分类，对植物药及其采集、加工、炮制、煎煮、配伍等内容进行了记载。尤其值得一提的是，该书记载了胎儿的孕育过程，记载了一个人从出生到成年的生长发育过程中不同阶段的生理特征及思维活动，反映了彝族原始朴素的医学观点。可以说，该书是一部极其珍贵的彝族医药古籍，对研究当时彝族社会流行病和多发病具有直接的参考利用价值。

10.《造药治病书》

原名"此木都且"，意为《造药治病解毒》。成书年代在16世纪末17世纪初，全书共19页，用凉山彝文书写，自右向左横书。共约6000彝文字，译成汉文约1万字。分278个自然段落，书中绝大部分是关于医药的叙述，夹有少量巫术咒语。其医药内容，共收载疾病名称142个，药物

201 种。其中植物药 127 种，动物药 60 种，矿物药和其他药物 14 种，所载病名多为凉山彝族当时的常见病和多发病，所收药物大都产于当地。

11.《启谷署》

彝文医药书手抄本，系贵州省仁怀县王荣辉保存的一本彝族医药古籍。其成书年代难以考证，据遵义医学院华有德教授鉴定推测，该书成书年代不会晚于明万历庚寅年。全书 30000 字，根据医药病理配制药方，并按照药方的医治功能分门别类，编为五门 38 类，共 263 个药方。其中传染性疾病、呼吸系统疾病、消化系统疾病、血液循环系统疾病、生殖系统疾病、神经系统疾病，处方 76 个。妇科疾病处方 34 个，儿科疾病处方 12 个，外科疾病处方 90 个，五官科疾病处方 50 个。此书是一部价值较高的彝医书，经后人临床验证，有效率很高，是研究彝族医学一部很有参考价值的文献。

12.《医算书》

该书是四川省凉山州发现的，手抄彝文医书，成书年代不详。医算，是古人将天文历法知识运用于推算人的生老病死这类医学内容的一种方法。它主要解决寿命的测量，疾病的预测，以及生命周期性节律的计算。在以阴阳推算禁日的《医算书》书中，还附有一些药物治疗方法，说明该书具有医算与药物治疗共存互用的特点。

彝族医算主要依据太阳历和阴阳历来推算病人的年龄、禁日、衰年。

年龄的推算：彝族太阳历是完全用"十二兽"来表达的。这十二兽为：虎、兔、龙、蛇、马、羊、猴、鸡、狗、猪、鼠、牛。用这种方法，只须牢牢记住自己出生这年的属相，从而可以推算出自己的岁数。十二兽推算年龄的方法，解决了彝族医算中有关生命长度的度量问题。

禁日的推算：禁日，意为人体可能发生危险的日子。故又叫"人辰日"。彝族先民的针刺有别于汉医，是一种针刺与放血相结合的疗法。彝医发现人体不同部位对针刺的反应因日子的不同而变化，有时甚至可能发生致命的危险。因此要用历算来掌握和避开这些日子。这就是在大量观察、实践后积累起来的"禁日知识"。禁日就是禁止针刺人体某些部位的日子。

衰年的推算：十二兽纪年法在彝族医算中最有意义的运用，就是推算生命中的周期性衰弱时间，从而使人的生命过程呈现一种以八年为周期的节律性变化。衰年，就是所推算出来的生命节律中人体表现衰弱的年份。在这种年份中，机体抗病力下降，容易患病或受伤，且伤病后不易恢复。

这就是彝族医算中衰年的概念。第一个衰年出现在 31—38 岁，此后每隔八年，这种周期性衰年便会重现一次，而且越来越明显。

该书还附有一些药物治疗方法，这些药物几乎全为动物药，是作为万一在禁日中因施行针刺损伤了身体以后的应急治疗来使用的。这不仅说明了彝族使用药物治疗的思想和方法，还证实了彝族医算的目的是治病、防病，并且医算与药物治疗是共存互用、不可分割的。

13.《聂苏诺期》

该书发掘于云南新平县老厂河和迤河乡，成书于明嘉靖四十五年（1566），分别抄于 1918 年和 1920 年，是较早发掘整理出来的一部古彝文医书。该书是根据在云南新平县老厂河收集到的民国十年的抄本，经过数年时间的调查核实，并用现代植物分类学进行了药物品种鉴定，有的还在临床上作了验证，数易其稿后编译而成的。该书内容丰富，除涉及病症、治法、用药等方面外，还按病症分类收载了许多彝族医案，这对研究当时彝医对疾病的观察和认识以及治疗方法都具有很大的帮助。整理出所涉及病症 53 种，方剂 134 首，药物 273 种，其中植物药 214 种，动物药 52 种，矿物药 7 种。这些药物有许多在汉文医药书中没有记载。在用药上也与汉医不同，植物药中多用寄生植物如桑寄生、松寄生；动物药中多用分泌腺体香类，如飞雕香、野猪香等。同时，该书所载的 273 种彝族药物，每种都列出彝文名及相应的汉语音译，基源（包括拉丁学名和药用部分），为临床研究提供了科学依据。在诊断上强调问、望、触诊，把得病时间、环境条件及过程、症状等弄清之后才用药。在治疗上，除给药外，沿用其他多种手段，如刮痧，又分羊毛痧、泥鳅痧、麻痧、黑痧等，具体刮法又各有不同。本书提供了丰富的彝族医药素材和宝贵的临床病案的处理经验，尤其是对各种疾病进行归纳分类和在诊断、治疗方法的多样性，很值得仔细研究并具有开发价值。

14.《寻药找药经》

该书是一本用五、七言韵文写成的说本古籍，描述了找药的艰辛，药物的珍贵，同时也承认药草只有劳动者才能找到，而药草的发现是从对动物观察中得到启发的道理，向彝族宣传实践创造医药的思想，在彝族医药史上意义重大。

15.《三马头彝医书》

该书是 1986 年在云南省元江县洼垤三马头李四甲家发现的。此书没有记载具体的成书年代。据考证，此书属于晚清彝族医学著作，全书均用彝文书写。书中记载疾病69种，其中内科疾病41种，妇科疾病6种，儿科疾病1种，外科疾病16种，喉科疾病1种，伤科1种，中毒性疾病3种。记载药物263种，其中动物药80种，粮食及化学类15种，植物药168种，其特点是使用的药物中，胆类、血类药较多。在治疗方法上除对症下药外，也有不少独特疗法，有刮痧、枚针、拔罐、割治、按摩等。正骨手法先针刺放血，后用按、摩、揉、擦、推、拉、旋、搓等进行复位，再行敷药。

16.《洼垤彝医书》

该书是1986年在云南省元江县洼垤乡李春荣家发现的。据考证属于晚清著作。现存本抄写于民国期间，书中记载疾病53个，其中内科28个，妇科3个，儿科2个，外科2个，伤科18个。误吞异物2个，虫兽伤5个，中毒性疾病3个。该书记载动物药75种，其中脑类2种、脂类3种、肉类6种、骨类9种、皮毛类8种、生殖器类3种、鱼蛇类6种、昆虫类7种。记载植物药261种，其中寄生类14种、参类12种、树皮类19种、草木类216种。所收录的药物大都能就地取材，简便易得，且大多有一定疗效，对当时缺医少药的彝民来说比较实用。

17.《指路书》

又名《人生三部曲》，据推测成书年代在明末清初之际。此书属彝族丧葬仪式唱诵经书，内容主要是给死者的灵魂指明道路，让死者的灵魂从当地沿着祖先迁徙来的路线回归祖先的发源地。但是，书中记载了大量的医学理论，对一个人生平活动的描述及对妇幼保健、人体发育、胎产的认识，运用唯物主义的思想进行了详细的论述。

18.《查诗拉书》

该书是一本流传在哀牢山区彝族村寨中较为完整的殡葬祭词，它系统地介绍了哀牢山地区彝族的丧葬习俗。但是书中论述了不少彝族医学知识，如对新生儿期、婴儿期、幼儿期、幼童期、少儿期的生长发育过程进行了全面的描述，并在治病用药上表现为大胆使用动物胆类药，体现了彝族医药的特色，该书还提出了很多卫生防预及处理措施。

19.《尼苏夺节》

该书是一部彝族创世史诗。全诗由十个神话故事组成，从开天辟地、战胜洪水猛兽、栽种五谷、发展生产、婚姻恋爱、音乐舞蹈、金属采炼，一直到民族风情、伦理道德和创造文字为止，内容丰富，形式多样，情节动人，文字流畅，描写了彝族人民历史发展的过程。除上述内容之外，该书还记载了大量的医药卫生知识。如有关有病求医的内容是这样说的："若要人不死，要把太医求，要把良药吃。寻思人世间，人人这样说，治病要喂药，吃药能治病。"对于药物功能的认识，书中这样论述："从此事以后，治病药倒有，生长药没用，不病药更无，长生不死药，实在真荒唐，药只能治病，人不免一死，万物皆如此。"由此可见，该书记述了人生病要积极寻药治病而不能信奉鬼神；而药物只能治疗、不能使人长生不死的唯物主义认识观。

20.《看人辰书》

该书是云南省楚雄彝族自治州双柏县发现的。此书系统地记载了某些特定日子，针刺特定部位会发生危险，就把相应的日子定为"禁日"。它用阴阳推算禁日，按每月 36 天计算，逐日有禁刺部位。明确指出："在这些日子针刺时，要注意碰着人辰而发生意外。"

21.《斯包比特依》

该书是在四川省凉山州发现的一本彝医书，全书用彝文书写。彝族认为的"斯色"疾病即属于汉医学的风湿类疾病。"斯"是神灵，"色"是游荡。"斯色"即游荡不定的神灵之意，故称天气、山气、地气、水气等所引起的疾病为"斯色"病。书中比较详细地论述了"斯色"病的起因、传播及如何驱赶这些病邪的方法。记载了风、云、雨、雪、雷、电、高山、平坝、土、水、河、森林、蝇蛾、蝉、蚊、老鼠、狐狸等皆有"斯色补丝"，这些东西不断繁衍，分支达 99 支。通过该书可以看到，彝医在实践中不断总结经验，认识到了治疗本病的措施和方法。

22.《医药书》

该书是发现于云南的一部医药书，外包羊皮，高 24 厘米，宽 20 厘米，共 60 页，上下单栏，每页约 10—13 行，行间有界格，界格超出上下栏而达于页面边缘。每行约 13—15 字，共 11000 余字。作于明嘉靖四十五年（1566），作者无考。书中共记载 85 种疾病的药物治疗方法，以及三百多种动植物药物，此外还记录了简易的外科手术，特别是对难产、肿瘤等症的治疗方法，其法沿用至今。现存云南彝族楚雄自治州。

23.《劝善经》

系彝文木刻本，其内容丰富，涉及面广，结合彝族的宗教礼俗、心理情态、社会思想、伦理道德、风俗习惯劝说人们要行善戒恶。书中不乏大量有意义的医药知识，如劝说人们不要信巫师的话，有病要吃药，得了传染病要隔离等，并谴责巫师以鬼神来欺骗病人的行为，反对放蛊、埋人头发衣物、咒人病死等。该书为棉纸线装本，高 25.2 厘米，宽 17.6 厘米，四周单栏，版心高 22.2 厘米，宽 13.6 厘米。版心白口，上下有黑鱼尾，上鱼尾下折线两侧有页码，左为彝文页码，右为汉文页码，有时两侧都是汉文页码。每面 10 行。每行自上而下书写，足行 25 字左右。共 57 页。此书采用浅显通俗的文体，文笔流畅，词句井然，以小圆圈作句读。20世纪中叶发现于云南省禄劝县、武定县等，现中国社会科学院民族研究所、国家图书馆、云南省楚雄彝族自治州皆有收藏。

24. 《普兹楠兹》

彝族祭祀词。佚名撰。成书年代不详。流传于云南石林彝族地区。全书共 11 章。内容是：从远方请来普神和楠神与人们一道欢度节日，咒走一切邪魔，找各种药品来敬神。在敬神过程中创造了多种文明，把野生食物培植成五谷，摸索出种植庄稼的一套生产技术，进而发明了酿酒业。驯化狗、牛、马等动物。全书多为五言句，共 2000 余行。黄建明等根据多部抄本校勘、整理的汉译本由云南民族出版社于 1988 年出版。

25. 《爨文丛刻·人生论》

《爨文丛刻》系彝文古籍汇编。丁文江编。内含《宇宙源流》、《献酒经》等彝文经典。全书共十余万字。其中的《人生论》，不仅论人体的生理、病理，并提出辨证施治原则："春天的肝脉，夏天的心脉，秋天的肺脉，冬天的肾脉，四时的精顺脉和，如天生地成，五行的根底厚实，人的身体就好。若是寒暑时刻差错，饥饱不正常，冬夏衣着混乱，春秋气候两不相适，季节气候不调和，五行相克，人体就会生病。于是有武奢哲医士，从而寻察脉络，从而探索肠胃，从而究理脾肾，从而审查肺肝，辨别神病、鬼病，分清寒病、热病、诊瘟病、痢病，配备多味药来治病。"该书对研究彝族科技文化有着重要的参考价值。

26. 《热择拨》

云南弥勒县彝族民间留存的彝文医药书。该书记载了彝族先民的针灸疗法，它以时辰来定位，把人体分为 36 个部位，依时辰病情加以针刺。这就是"子午流注"的针灸疗法。

27. 《彝族治病药书》

发掘于云南江城县，据考证，属清康熙三年（1664）之作。现存本抄于光绪三十二年（1906）。书中记载疾病40余种，列举病例216例，其中内科类疾病62种、儿科14种、外科69种、妇产科14种、传染科30种、解毒5种、其他22种。附方263首，方中涉及药物374种，其中植物药290种，动物药79种，矿物化学类药15种。所录药物多数是沟边路旁、田头地角、村前村后容易找到的野生植物和水池林间经常栖息的动物。

28.《医药书》

发掘于云南禄劝县团街乡，现存本抄于清雍正八年（1731）。书中记载疾病49种，其中内科29种、妇科6种、儿科2种、外科5种、伤科4种、眼科3种；药物109种，即植物药72种，其中根类6种、寄生类7种、树脂类3种、树心类2种、兰草类54种；动物药31种，其中肉类9种、胆类11种、内脏类4种、虫类7种。共载方剂70首，其中汤剂52首、酒剂14首、外用剂4首。

29.《老五斗彝医书》

该书是1987年聂鲁、赵永康在云南省新平彝族傣族自治县老五斗乡一带发现的。据考证此书属清末时期著作。目前发现的是民国三年的手抄本，全书均用彝文手抄，是一本较珍贵的彝族医药文献，它可以提供研究彝族南部方言区的医学流派和发展情况。该书记载疾病53种，其中内科17种、妇科4种、儿科3种、外科18种、伤科11种。记载植物药236种，其中树脂类9种、果子类13种、块茎类15种、饮食类5种、草木类194种。记载动物药123种，其中胆类药11种、肺脏3种、肝脏4种、脂类5种、血类3种、肾脏1种、骨类12种、胎类2种、肉类15种、分泌物18种、卵类8种、昆虫类23种、皮毛类9种、蛙蛇类9种。金属化学类21种，共记载方剂301首。还具体记录了人中、七宣、百会、涌泉、太阳等一些穴位。

30.《疾病和死亡的由来》

亦称《戏则诺则》。1册。彝族传说。佚名撰。成书年代不详。流传于黔西北彝族地区。叙述人死的原因和疾病的由来。传说讲道：远古时代，人不会病，更不会死。年老之后，只要在7个晒场上晒49天，脱掉一层皮之后，就会返老还童。直到实妁时代，打猎时误伤了一个貌似猴脸的老人，对自己的过失备感愧疚，于是为死者举行隆重的祭祀活动。因此惹怒了天君策举祖，他说："人类对死亡如此感兴趣，就让他们去死。"

于是从天上撒下死亡和疾病的种子。从此，人就会生病和死亡，也开始为死者举行隆重的祭祀活动，并且形成一套礼仪制度。此书是研究彝族古代医药历史文化的重要古籍。彝文手抄本，征集于贵州威宁，现存毕节地区彝文翻译组。

此外彝族的医药古籍还有《病情诊断》、《测病书》、《驱麻风病》、《二十八穴位针刺疗法》、《采药书》等。

二　傣族

傣族先民在历史上为了祛除疾患、生息繁衍，长期利用地域性的各种中草药来治疗疾病，积累了大量的单方、验方及治疗经验，形成了自成体系的民族传统医学和药学。傣族传统医药学据文字记载已有 2500 多年的历史，具有成熟而完善的理论体系，成为我国四大传统医学之一，其丰富的实践经验和显著的临床疗效为傣族人民的繁衍生息做出了重要贡献，并在目前湄公河流域各国的传统医药文化交流中占有重要地位。

傣族医药古籍文献的产生形成主要通过两个途径：一是通过口授流传，在民间形成了丰富的口碑医药史料；二是通过文字记载，在历史上产生了为数众多的医学文献。特别是自傣文产生之后，许多早期傣族口传医学理论和药物知识在傣族古籍中得到了相应集中整理和系统记录。同时一些较为集中反映医药知识的经书也逐渐出现，如《档哈雅聋》（大医药书）就是一部反映傣族传统医学的综合性医典。随着各民族文化交流的加深，傣族传统医药学理论知识得到进一步发展提高，临床实践也有了新的突破。其医药传播记录方式也不仅是用巴利梵文，或依靠师徒、父子之间的口头传授，而是应用老傣文音译加以注释后转抄的方法进行传播医药知识。除了寺院僧人外，许多还俗的和尚也潜心于把傣族传统医药知识进一步的收集整理记录成册，并在书中加上自己的新经验、新知识以及新认识的药，以供后人传抄、学习应用，这样就形成了大量的傣文医药古籍。

傣族医学古籍数量众多，内容广泛，各有特点，在民间流传的医学书籍种类也很多，据称医学及其他科技方面的经典"价值黄金四万二千两"，说明傣族医药典籍的数量之巨。书名一般称为《档哈雅》，意即《药典》，目前发掘的有近百个手抄本，各手抄本的基本理论和用药方剂十分丰富。傣族医药古籍文献均不署作者姓名，这是信奉佛教、崇拜佛祖之故。新中国成立前，傣族古籍都为手抄本，贝叶为手刻本，其文献的版本沿革分为"贝叶经"和"红版经"两种，在这两种版本出现之前，多将文字刻于竹片上，后来由于造纸术的问世与普及才改变了这种原始记录方法。

傣族医学古籍文献种类大致分三大类型，第一类为南传"三藏经"，即"经藏"、"律藏"、"论藏"。第二类为"实用经"，这一部分不属佛教经典范畴，多为民间学者所著，包括的内容十分广泛，有天文、历算、地理、文学、艺术、诗歌、谚语、民间故事、宗教故事、社会事务、理论道德、医药常识等。第三类为"科幻经"，主要记述医学理论、农田水利、其他科技语文等。傣医药常识在"佛经"、"实用经"和"科幻经"中都有记述，它充分体现了傣族文明的象征。

傣文医药古籍种类丰富，大都由私家收藏，佛教经典则以私人求福气献经形式贡献给佛寺，由佛寺保存。原始宗教文献则为村子里的波摩（兼行巫术和行医者）保存。此外，有关傣族医药内容的古籍文献，除了云南省及有关州、县的博物馆、图书馆、文化馆、文物室和研究机构外，北京图书馆、中国社会科学院民族研究所、中央民族大学、西安药物研究所等处皆有收藏。目前各地收藏的傣文医药书数量很多，不同类型的《档哈雅》就达数百册，还有众多的傣文医学文献在"文革"中焚毁、流失，傣文医学古籍文献因此遭到了严重的损失。

傣医药古籍文献中较著名的代表文献有以下一些。

1.《罗格牙坦》

该书为巴利语音译，傣语称《坦乃罗》，作者和成书年代不清，记述内容包括语音学、文学艺林和医学、药物学、气功三个方面，较集中地阐述了人与自然、季节、气候的相互关系等。书中记述了原始傣族先民在早期生活实践中认识到各种植物的不同，果实味道的差异，食用后给人体带来的不同作用，从而获得了药物学知识，为后世医家深入探索傣医学的起源与发展提供了珍贵的史学价值。

2.《阿皮踏麻基干比》

该书属于佛教经典"论藏"部分，共 7 册，原版本起源时间无法考证，现在流传民间的许多手稿本皆源于这部史籍中。书中零散地记述了人体病理、生理、自然与人、人与疾病的关系等。

3. 《嘎牙桑哈雅》

共分为 5 集,傣族医学理论著作。伪托佛祖所著,实是傣族佛教僧侣按照佛教经典编译阐释而成。1—2 集阐述了人体生理解剖;人体受精与胚胎的形成;人和自然的生存关系,人体五个方面的内容,即"五蕴"(色、受、行、想、识)和人体的"四塔"(风、火、水、土)的平衡与盛衰等。并阐述了人体内 32 类体属及其细胞、脏腑等 1500 种物质成分及其组织结构;寄生虫;人体生命的起源、循环、新陈代谢,等等。用"五蕴"和"四塔"的理论形象地解释了人体的生理现象和病理变化,论述了人的居住环境与病因,并将一年 12 个月分为热季、冷季、雨季三个季节,认识到不同季节的发病和特点,提出了合理的用药方法。3—5 集主要叙述了乌达夏佤、阿杰乌二人到"天边"取经的经过。该书为构皮纸手抄本。其中第 1、2 册各 20 页,第 3 册 16 页,第 4 册 28 页,第 5 册 30 页。页面横宽 25 厘米,高 14 厘米。现存中国社会科学院民族研究所。

4. 《帷苏提玛嘎》

该书是一本讲解傣医人体生理解剖学比较全面的古文献,由南传佛教传入斯里兰卡,公元前 2 世纪由觉音编著为巴利语梵文经典,后为叶均译为《清净道论》。本书从病理生理变化的角度较系统地论述了人体内"土、水、火、风"的动态平衡关系,认为它是促进和构成人体不可缺少的四种物质因素,即"四塔"。该书还专题记述了人类生命的起源和人体的基本结构即形体蕴、心蕴、受觉蕴、知觉蕴、组织蕴等"五蕴"。明确指出了人类生命体的形成是由眼、耳、鼻舌、男根、女根、命根、心所依处、身表、语表、色柔软性以及肝、胆、脾、肺等 89 种物质要素构成的。阐述了心、肝、肺、脾、肾等重要生命脏器的生理机能活动和病理变化,人体内 10 大类、80 个支系的 1500 种虫卵和细胞等。

5. 《档哈雅聋》

该书是傣医药史料中最著名的一部综合性巨著,是 1323 年民间学者帕雅龙真哈(土司的一个武官)转抄的西双版纳傣文音译注释本,原始版本现流失国外。该书记录的内容十分丰富,叙述了人体的肤色与血色,多种疾病变化的治疗原则,病因及处方,人和自然与致病的关系,论"四塔"相生相克与处方,药性与肤色,年龄与药力药味,处方及其他等方面的内容。另外还系统地阐述了近 100 种"风症",介绍了原始宗教时期最早的复方"滚嘎先思"、"雅叫哈顿"、"雅叫帕中补"等数百个方。

6.《巴腊麻他坦》

属实用经部分，全书共 17 册，4—5 册详细分解叙述了体内"塔拎"（机体的 20 种组织器官）、"塔喃"（水的 12 种成分）、"塔菲"（4 把火的生理机能）、"塔拢"（6 股风的作用），土、水、火、风相互之间此消彼长、此盛彼消、此生彼灭的共生关系等。①

7.《档拉雅》

傣文医药学专著，可译作《药典》。内容叙述有关治病的原理，处方的方法，调煎及烤焙的制药方法等。全书有处方数百则，部分处方在书旁有小标题，如"头晕"、"腰疼"、"结核"等。本书最后部分讲驱病避凶的各种咒语及图符，在傣族传统观念中，这些巫术与医药同属一类。本书为手抄本，现存中国社会科学院民族研究所。②

8.《档哈雅》

傣文医药学手稿。内容记录有病名、处方及用法。其中所用药物包括植物药、动物药和矿物药，以植物药用得最多，约 600 种。本书是西双版纳勐罕曼列寨傣族医生波迪应保存的珍本，抄写于傣历 1305 年（1943）。

傣文医药古籍文献众多，除了上述罗列的古籍文献外，还有诸如《档哈雅囡》（经验方）、《解达帕捌答》（心病解剖）、《桑松细典》（医学总论）、《档哈雅勐泐》（勐泐宫廷医书）、《蛾西达敢双》（医学教材）、《罗嘎嘿妮聋》（世间杂病论）、《沙满达嘎拉扎达》（数理诊断医术）、《干比摩录帕雅》（傣医诊断术），等等。

三　藏族

一般说来，随着藏医药学的发展和藏文的创制，藏族医药古籍文献也就产生形成了。

藏族祖先同自然和疾病斗争中积累的原始藏药和医疗经验是藏医药古籍文献产生的萌芽时期。这个时期是藏族民间最早流行的原始医学与原始宗教"苯教"进行结合的原始苯医疗法时期。"苯医"的三种特色疗法即放血疗法、火灸疗法、涂摩疗法至今仍在藏族民间流行。

---

① 陈士奎：《中国传统医药概览》，中国中医药出版社 1997 年版，第 304—306 页。

② 张公瑾：《民族古文献概览》，民族出版社 1997 年版，第 287 页。

随着藏族经济文化的发展，藏医药进入神、药两解时期。公元6世纪，藏族对麻风等传染病有了较深刻的认识，拔眼翳等手术也达到较高水平。特别是文成公主入藏时从内地携带了中原医学著作以及医疗器械，包括"治疗四百零八种病的药物和医方一百种，诊断法五种，医疗器械六件，配药法四部"等，极大地丰富了藏族医药学，同时也促进了藏族医学著作的编辑和流传。这些带入西藏的医学著作最著名的是《汉公主大医典》，是流传于藏族地区最早的书籍。更为重要的是《汉公主大医典》又经汉族医僧圣天和藏族译师达玛郭夏二人译成藏文，取名为《医学大典》，这是已知藏族历史上最早的一部医学著作，有着重要的历史价值，可惜已经散佚。当时还由汉地医生、大食医生和天竺医生三人共同编著长达7卷的医书《无畏武器》。公元8世纪，一部由中原地区和尚、医生和三名藏族翻译的集汉族地区医学，又有藏族本民族医疗卫生经验的综合藏医著作《月王药诊》问世，这是汉藏两族翻译家合作的结晶，也是藏族医学进一步成熟和发展的奠基之作。此外，藏药物方面，《嘉羊本草》、《卓玛本草》也相继问世，前者收录植物药174种，配方139个，比较详细地论述了药物的形态、性味、功能及配制方法，后者收录药物250种，配方365个，它们是迄今发现的最早论述藏药的专著。公元8世纪末，藏族著名医药学家宇妥·元丹贡布在总结本民族丰富医药经验的基础上，不断吸收外地治疗疾病的成果，特别是汉族地区的医药学成就，编写了《四部医典》。《四部医典》全书分四部、156品，从医学理论到临床实践，从病因、病理到诊断诊治，从药物到方剂，从卫生到保健乃至胚胎发育等均有详细论述。《四部医典》的问世，使藏医成为具有独立理论体系、临床各科齐全、经验丰富的一门医学，从此奠定了藏医学基础。这一时期由于佛教兴盛，许多有关藏医学及养生方法的论著随之传入藏区，遍布西南的藏传佛教寺院，既是传播宗教的机构，又是人们求神祛灾疗病的场所。

自公元9世纪以后，藏医药古籍文献的数量逐渐增多。除了对本民族医药经验进行集结整理之外，藏医药学家还致力于国外先进医学典籍的翻译。如藏医学家洛青·仁钦桑波翻译了天竺华布的《八支药方》和喀什米尔达哇翁嘎著的《月光》等许多医学书籍。这些医借以木版刻印传世，为藏医的发展提供了丰富资料。15世纪后，还先后出现了以宇陀·萨玛元丹贡布和班旦措吉为代表的名医和以强巴学派和舒喀巴学派为代表的南北两大医学流派，在活跃的学术氛围下，产生形成了《八支集要如意珍宝论》、《推算日月食难点广论》、《医学本续论》、《体系派历算广论》、《一切知识史·幢顶辉》、《五行调和论》、《解剖明灯》、《医学如意珠或甘露滴》、《口诀黑卷、丹书、花卷》、《接触疾病治法》、《切脉学五章》、《珍宝药物识别》、《药味论》、《制水银论》等多部重要医学著作。这一时期的藏医药学家还根据《四部医典》的内容绘制了许多用于教学的挂图，为后世藏医唐卡的绘制打下了基础。[①]

　　公元 17—20 世纪中叶，随着刻板和印刷技术的大大提高，大批藏医药的重要著作得以大量刻印和广泛传播。如 1573 年刻印了《扎当居悉》是流传在扎当地区的《四部医典》，是最早的正式刻板藏文医学著作；洛追给布的《祖先口述》、《新老宇陀传记》、《四部医典蓝琉璃》、《医学十八支》等许多著作。此外，五世达赖的摄政王第司·桑吉嘉措还根据《四部医典蓝琉璃》的内容绘制了一套包括了完整藏医学内容的彩色挂图"曼汤"，1689 年在西藏首次发行。这些挂图约 1000 张，立意清楚，具有珍贵的科学研究价值，保留至今。这一时期的本草学著作是帝玛·丹增彭措的《晶珠本草》，全书收载各类药物 2294 种，涉及每一种药物的形态、功用、产地、用法等内容，是藏医药史上影响最大的药物学专著。此时的藏医院和藏医学机构如"曼巴扎仓"、"门孜康"相继成立，极大地促进了藏医药文化的系统传播。

　　可见，藏族医药古籍文献的产生形成过程是藏族传统医药文化的积淀和见证过程。最初藏医药文化的积累是在民间形成了丰富的口碑医药史料，以口碑文献的形式存在的。自公元 7 世纪左右，藏族人民创制了藏文，引进佛教，从此，藏族先民大量的医药经验进入了有文字记载时期，同时佛学的"医方明（医药学）"文化和印度医学随着宗教在藏族先民中的传播，大大促进了藏族医药经验的积累总结，使之在历史上产生了浩如烟海的医学古籍文献。藏医学古籍文献形成于吐蕃时期，先为零星，后集大成，主要收藏于各大藏传佛教寺院，也有一些流散于民间的。最早的藏医药学内容主要记录于佛教经卷之中，如《敦煌本藏医残卷》收载 53 个药方 133 味药；古藏文写的《藏医灸法残卷》等；以后的藏族医药学家编著了大量医药学专著如《藏医史》、《藏医医方杂集》等；此外历经

---

　　①　蔡景峰：《中国藏医学》，科技出版社 1995 年版，第 24—26 页。

1300 多年的佛教经典翻译中也形成了为数众多的医药学古籍文献材料，如《藏文大藏经》中的"医方明"。据初步调查了解，目前尚保存完好无损的，有西藏自治区的档案馆、哲蚌寺、色拉寺、萨迦寺等处，其中以档案馆藏书最多，估计有两千多函约十万册，其次哲蚌寺的藏书近万函；萨迦寺藏书近 6000 函（手抄古本居多）；青海省塔尔寺亦以藏书较多而著称，目前尚在整理过程中；甘南藏族自治州的拉卜楞寺的藏书也十分可观，据材料介绍：现存经卷约 6 万部（册），其中医药专著 497 部（册）。四川省甘孜藏族自治州的德格印经院（建于 1726 年，距今已有 250 多年的历史），所藏书版有 217500 块，刻字约有 2.5 亿，书版十分别致，都用细密而坚硬的木料制成，两面雕刻，有一手柄。刻制很有功夫，不论文字、图画还是音符，均刀深而光洁，一点一画，十分清晰。书版分为红版和黑版两种，红版为朱砂印刷的典籍，黑版则是用墨印刷的。德格印经院所藏书版为二百余部，除了保存有数目众多的大藏经外，藏医学著作也十分丰富，如《四部医典》、《水晶蔓医清》、《索玛绕扎医书》、《百万舍利医书》、《口诀附方》、《十八部医清》、《达摩尊者密本》等。[①] 从西藏阿里到四川康区，遍布藏族地区的寺院都有规模不等的印经院，大大小小有几百个，它们为藏医药古籍文献的印制、保存与流传作出了极大的贡献。现存的藏医药古籍文献遗存形式多样，有写本、稿本、手抄本、石刻本、木刻本、图画、贝叶经、实物等，是我国民族医药宝库中的一枝奇葩。

目前发掘整理出的藏文医药古籍数量众多，仅中国藏医药文化博物馆内收藏的藏文医药学代表性典籍就有 1000 多部，还有保存于藏区寺院、藏医院、文化机构的不计其数的藏文医药古籍。这些珍贵的藏文医药古籍的代表作概述如下。

1.《医疗术》

敦煌石室发现的藏文写卷中，保留着吐蕃时期医学书籍的原貌。敦煌藏文写卷中有多种医书，其中有药方、针灸书、针灸图、兽医书等。如《医疗杂方》编号 P. T1057（1）Vol. 56，fol. 57. 成书时间约为八九世纪，是现存最早的藏族医学文献。P. T1057（1）长 450 厘米、宽 26.3 厘米，共 208 行，记录五官、内科、外科、妇科、儿科等常见疾病 40 种药方。Vol. 56，fol. 57 残存 42 行，前 35 行是人体疾病医方，36 行以下为兽医医

---

① 张公瑾：《民族古文献概览》，民族出版社 1997 年版，第 64 页。

方，前者出自府库，显现青藏高原特有的疗法和药物；后者语言接近安多方言，在医理和疗法上受中原医学的影响。现藏于法国。另有《火灸疗法》（P. T. V. 127，P. T. 1044），P. T. V. 127 有 184 行，内容主要是灸疗，灸治范围甚广，对人体内外一百多种疾病的具体症状、灸疗穴位、操作方法以及需要灸治次数，都有详细说明。P. T. 1044 有 58 行，内容与上述医书相近。此外还有藏于国家图书馆的《藏文针灸图》等。①

2.《古代藏医长卷》

敦煌本吐鲁番文献。现存残卷 255 行，57 条医方。全卷内容包括：内科的肝病、胃病、心脏病、疟疾等的治疗方剂；外科的箭伤、矛伤、烧伤、摔跤跌伤四肢筋断、蛇咬蝎蛰中毒等的治疗和处理技术；皮肤科的癫疮、皮癣、黑痣等的治疗技术；有关被狂犬咬、上吊自杀、溺水等的抢救方法；如何止血、如何灌肠、如何催吐、如何检验中毒等治疗方法。原件现藏英国大英博物馆印度事务部图书馆，编号 S. T. 756 号。该藏医文献是当今保存最古老的、字数最多的、内容最全面的古代藏医文献之一，至今尚无人全面整理翻译和公开发行。该文献是研究藏医史的珍贵资料。罗秉芬、黄布凡编注《敦煌本吐蕃医学文献选》（民族出版社，1983 年）可供参考。

3.《四部医典》

藏族医圣宇陀·元丹贡布著，成书于 8 世纪末，是藏医药古籍文献遗存中最伟大的一部经典，至今仍是支撑整个藏医药学的基础。顾名思义，《四部医典》由四部分所组成，分别称为《根本医典》、《论说医典》、《秘诀医典》和《后续医典》。全书内容涉及人体生理解剖、胚胎发育、病因病理、治疗原则、临床各科、方剂药物、诊疗器械和疾病预防等。全书共 156 章，收载药物 1002 种，收载方剂 400 个。第一部分为总则，共 6 章，介绍了人体生理、病理、诊断及治疗的一般知识；第二部分共 31 章，介绍了人体解剖、疾病发生的原因和规律、卫生保健知识、药物性能、诊断方法及治疗原则；第三部分为秘诀本，共 92 章，论述各种疾病的诊断和治疗；第四部分为后疗本，共 28 章，介绍触诊和尿诊，各种配方功效、用途及外治疗法（擦身、按摩、火灸、拔火罐、牛角罐、热敷、冷敷、药水浴、穿刺、放血等），各章都配有彩图。

---

① 史金波、黄润华：《中国历代民族古文字文献探幽》，中华书局 2008 年版，第 52 页。

由此看来，《四部医典》囊括了藏医体系的理论和实践的全部内容，是一部奠基性的作品，是临床本科全书，历代藏医都把《四部医典》视为藏医学的基本课本，对其进行了注释、修订、补充，不断完善，因而也陆续出现了各种注解本，如南北学派代表舒卡·洛追给布的《祖先口述》；五世达赖喇嘛时期的桑吉嘉措的《四部医典·蓝琉璃》，都是最有影响的注释本，至今仍为人们所遵循。

4. 《月王药诊》

藏语名《医法月王论·索马热杂》。1 函。现存最早的藏医药学古典名著。有说是汉地五台山文殊大圣所著，由汉代大乘和尚玛哈亚纳携至西藏，与藏族大译师毗卢遮那共同译成藏文；有说是汉地诸多名医合著而成，由金城公主于唐景龙四年（710）赴吐蕃时携去译成藏文；有说是汉地先传入天竺译成梵文，随后传入吐蕃，赤松德赞（754—797）执政时译成藏文。有三种译文，故有 120 章、115 章、113 章之别。以德格版为据，全书 113 章，印本凡 207 页。第一章至第五章讲述人体生命来源与生理构造；第六章至第十四章讲述病因、疾病诊断、疾病与气候的关系；第十五章至第二十四章讲述麻诊；第二十五章至第五十二章讲述疾病分类，致病原因；第五十三章、第五十四章、第七十九章至一百一十二章讲述药物的性、味、功效以及加工炮制；第一百一十三章讲本书的由来。主要理论有二：一是三大因素论，隆（气），赤巴（火），培根（水和土），三者如失去平衡则产生各种病症；二是五行论，人体脉象随季节时令变化而变化，药物生长，药物的性、味、效均源于五行。在藏医药学发展中起到了开拓和奠基的作用。《四部医典》的理论部分均源于此书。有四川德格木刻藏文版行世。

5. 《晶珠本草》

又名《药物学广论》、《无垢晶串》。藏医学药典。藏药学家杜玛格西·丹增彭措（1644—?）著。他通过近二十年在青海东部、南部、西藏东部和四川西部进行广泛的实地调查研究，并参考历代藏医药学的古典著作一百多种，在 1835 年著成，到 1840 年刻板问世。全书分为上、下两部分，各 13 章。上部为《药物晶珠歌诀》，是总论性质，用偈颂体的文字概括地介绍各门各类药物的治疗效用和所属的药物。下部为《药物晶钏广论》，用叙述文体，分别论述每类中每一种药物的来源、生长环境、质地、入药部位。全书共收载药物 2294 种，分成 13 大类，其中植物药 1006

种，动物药 448 种，矿物药 840 种。第一章珍宝类药 166 种；第二章宝石类药 594 种；第三章土类药 31 种；第四章精华（汁液）类药 150 种；第五章树类药 182 种；第六章湿生草类药 142 种；第七章旱生草类药 266 种；第八章盐碱类药 59 种；第九章动物类药 448 种；第十章作物类药 42 种；第十一章水类药 121 种；第十二章火类药 11 种；第十三章炮制加工类药 82 种。本书是历代藏医药典中收集药物种类最为完全的经典著作，对药物分类方法有较高的科学价值，是我国医学史上重要的科学文献之一。全书 205 页。德格印经院藏有完整的木刻版。

6.《蓝琉璃》

藏语全称《医学广论药师佛意庄严续光明蓝琉璃》。《四部医典》的注释本。第司·桑杰嘉措著。全书印本 906 页，分上下两部。桑杰嘉措论著颇多，尤以藏医学、天文历算学见长。此书撰于始 1687 年，成书于 1688 年。它对《四部医典》作出 1200 多条明细的注释，将药物由 1002 种增至 1400 余种，对药物的"六味、八性、十七效"进一步作了阐述。该书的另一贡献是对《四部医典》的 6 种版本进行了校勘，最后选定流传至今的、最为完整的版本。它是一部既有理论又有实践经验、被历代藏医学家公认的最典范的注释本，并沿用至今，成为培养藏医人才必修的经典著作。

7.《宇妥医书十八支分》

2 卷。藏语称《宇妥十八支》或《宇妥十八部医法》。藏医论著。后宇妥·云丹贡布撰。作者 25—77 岁曾著有重要藏医论著 18 部，后由著名藏医药学家杜马格西·丹增彭措（1644—?）编辑成书，约完成于 17 世纪 60—70 年代。包含有：《医学史·大鹏展翅》，《医学总纲·彩虹》，《相地术·威严牡虎》，《注疏篇·除暗明灯》，《小注十万·明灯》，《回诤消灭灾法轮》，《藏医大纲十一条》（脉，尿，语，识别，寒，传染，毒，伤，支系等）《支分·宝堆》，《零散方剂·宝堆》，《医学面授小集》，《零食须知》，《十八秘方》，《四善妙方》，《三殊奥秘方》，《药物心要》，《医疗法·珠鬘》等 18 部。此书上卷印本 269 页，全书共 518 页。德格印经院藏有全套木刻版。此书在藏医界影响颇深，为后人习医者必读之经典论著。收藏于编者《杜马格西文集》。

8.《知识总纲》

藏文医学史著作。宿喀·洛追杰波（1509—1579）著。作者是藏族名医宿喀·娘尼多吉（1439—1476）嫡孙，毕生致力于医学，对医学讲、辩、著述无所不通，主张"外为释迦佛说，内为天竺论昡，密为西藏著作"之说，奉行前代宿喀宗风，为《四痨辩证·真传藤萝》、《四部医典广注·水晶彩函》、《四部医典问难·银镜》、《大宝生态·药物明鉴》、《药学铁蔓》、《甘露宝库》等书作了大量注疏。曾据宇妥书抄本《四部医典金注》等校订《四部医典》，并劝请囊索赔·雅加巴捐资于札塘寺刻版，为《四部医典》最早木刻版。除医学著作外，尚有《娘尼多吉传》、《诗境之镜》等文学著作。本书对知识科目总轮廓、印度和西藏医药发展经过、《四部医典》的形成及其注释情形有精辟论述。对藏医研究具有很高参考价值。藏版于札塘寺。

9.《医学总纲》

藏语称《医学总纲·仙家盛筵》。藏医各著名学派论著集。第司·桑杰嘉措（1653—1705）汇集各家名著，如《医学总纲·大鹏展翅》、《医学总纲·知识光明》、《医学四续总纲·琉璃之河》等19部，加以详细研究，吸收其精华，阐述医学在印度、西藏的发展概况，评论西藏医学界的绛巴派和宿浓派的医学理论，撰成此书。始撰于1702年5月，完成于1703年7月。全书印本293页，收载于作者文集。拉萨雪印经院保存有完整的木刻本。

10.《长寿珠鬘·母子合璧》

藏语称《长寿珠鬘及其子篇诀窍心宝》，又称《医方明集要·利乐藏》，或简称为《利乐藏》。藏医名著母篇《长寿珠鬘》及其子篇《诀窍心宝》两书之合称。噶玛·额顿丹增赤列饶杰（1770—？）著，始撰于1789年，成书时间不详。书中母篇主要收载实用治病方剂，子篇记录其奥义。母、子篇共15章，尽收各家名医实用制药配方；对各种药物之性、效均作详细介绍。母篇印本264页，子篇印本169页，全书共533页。该书在藏医学界颇为有名，西藏自治区藏医学院将其列为基础课教材之一；藏药制药厂所制350多种成药中不少配方出自该书。拉萨印经院藏有全套木刻版。

11.《八支要略》

藏语称《八支心要集略》。藏译古代印度医学名著。作者马鸣，撰有四大医学论著，此书是其中之一。全书共分6章：第一章医学概论；第二章人体；第三章病因；第四章诊断；第五章医疗术；第六章后续（总论）。藏医理论之渊源与印度医学关系密切，此书为藏医理论提供了重要依据。全书印本 307 页，收载于北京版《藏文大藏经·丹珠尔》313 笈。各大印经院均有木刻版。

12.《八支要略自注本》

藏语称《八支自注》。古代印度医学名著《八支要略》作者自注本之藏文译本。作者马鸣，译者释迦洛卓。全书共分 14 章，重点论述疾病用药与季节时间的关系，疾病与饮食的关系，人体中"隆"、"赤巴"、"培根"之形成与疾病的关系，以及药的性能与如何对症下药等实践问题。全书印本 88 页，收载于北京版《藏文大藏经·丹珠尔》313 笈。各大印经院均有木刻版。

13.《八支要义总集·如意宝珠》

藏文医书。绛巴·囊杰札桑（1395—1476）著。作者是绛巴医学学派创始人。医学著作有《四部医典·后续释难》、《四部医典·难关除暗》、《释论注·甘露河》等。全书 120 品，分为 8 支，即全身病支、中毒支、返老支、壮阳支等，藏版于昂仁寺。

14.《丹书》

藏文医书。用红墨印制，故称《丹书》。16 世纪滚却德勒著。作者是五世达赖阿旺·洛桑嘉措（1617—1682）太医。此著是一部总集西藏一切医药实践、诀窍等的著作。提纲挈领，论述有序，说理透彻，实践性强，备受藏区医学界重视。布达拉宫有木刻本，藏版于拉萨印经院。

15.《工珠笔记》

藏文医书。亦称《工珠医学笔记》。噶玛·阿旺云丹嘉措（1813—1899）著。作者是康区色莫岗绒甲拜巴（位于金沙江畔）人，噶玛派著名学者。自幼出家，精进好学，先后师从止协钦班钦·久美土多朗杰、司都·白玛年切、江央钦孜旺波等 50 多位大师，学藏文、梵文、诗论、医学、历算、新旧显密佛典等。终生在甘孜德格地区行医、讲学、辩论和著述，成为噶玛噶举派著名学者，被尊为"工珠"（意谓低地活佛）。通过讲授梵文、医学、历算、佛教显密经典，培养了一大批著名学者，如第十四世噶玛巴、江央·洛呆旺波、米庞·江央朗杰、扎雅·东珠阿旺·当曲嘉措等大师。作者著作宏富，多达 90 部，医学著作主要有《草药圆满说》、《医学笔记》等，佛学编著有《宝库藏》、《教诫藏、经传密咒藏》、《所知藏》、《不共秘密藏》、《秘密藏》（合称"五大藏"）。此外还为玛尔巴（1012—1097）《佛说阿弥陀经注》、《欢喜金刚注》、《毗奈耶经注》等作疏多种。此医学笔记是他行医实践的总结，书中简明扼要地叙述病理药理、症状、治疗法则以及制药去毒等，在藏族医学界享有盛名。藏版于四川德格八邦寺。①

16.《百万舍利》

藏语称《宿氏诀窍·百万舍利》。藏医学家宿喀·娘尼多杰（1439—1477）的医方要诀汇编。作者自幼温习多种学科，以医学见长。16岁开始行医，为众生除病解难。一生著作甚多，此书乃总结个人医术要诀416种汇编而成。后人因其医方诀窍之多而将其书取名为《百万舍利》。约于作者临终前几年写成，即15世纪七八十年代。全书印本共613页，其中，正文《白万舍利》印本205页；续编《无数零散语教汇编》印本403页；附录《百万舍利目录·智者补遗》印本5页。书之正文是作者行医经验、诀窍之总结；续编是作者行医过程中对弟子们的具体教导，是弟子们记录、整理下来的；补遗篇是其弟子们为此书增加的目录。此书在医学理论和医疗实践上都有很多创见，是后人学习藏医的指南。德格印经院有全套木刻版。

17.《藏医彩色系列挂图》

藏语称《四部医典系列挂图》。藏医传习《四部医典》的大型彩色系列教学挂图。第司·桑吉嘉措（1653—1705）亲自主持，召集全藏名医药学家和画师，以北方派名医伦汀·都孜吉美传授《四部医典》所用之教学挂图为基础，由洛扎·诺布加措起草新图，黑巴格涅主持着色描绘，于1688年完成第一套60幅。不久又依《月王药诊》等医典补充了尿、火灸穴位图，参照各地收集的新鲜药物标本，增绘西藏特产药物图，使整套挂图增至79幅，最后成书于1703年。挂图系统地描绘了藏医药之基本理论，介绍了人体解剖构造及生理功能，疾病成因、病理及症状，疾病诊断方法及治疗方法，药物之种类、性味及用法，饮食、起居之卫生保健知识，行医道德及准则等。其中对各种疾病的症状描绘尤为细腻，对浮肿、肺气肿、脱肛、痔疮、炭疽、雪盲等多种疾病的病因描述也比较科学。图中特别强调望诊，尤其重视舌诊和尿诊。舌诊主要看舌质和舌苔，尿诊主要观察颜色、气味及搅动后泡沫、沉淀物、漂浮物之变化情况。其次也重

---

① 编委会：《中国少数民族古籍集解》，云南教育出版社2006年版，第129页。

视触诊，即脉诊。脉象因病而异，热性病脉象分为散、洪、大、弦、滑、硬等6种，寒性病脉象分为沉、迟、弱、细、浮、虚6种。此外，有穴位图2幅：七十二放血及火灸穴位、七十五补充（人体背面）火灸穴位。挂图系统介绍了医药科学的理论及实践技术，不仅在祖国医药学史上绝无仅有，在世界医药学史上也十分罕见，堪称医药学与艺术相结合之珍品。

18.《百方篇》

藏语称《方剂一百》。古印度论师龙树著。此论著撰成年代待考，译者为藏族大师尼参桑波。该书除前言、后跋外，正文分瘟症治疗、病愈后疗养、眼疾治疗、疼痛抑止法、解痛疗法、驱邪避魔、幼儿疾病、相马术等，最后附有医疗方剂100篇。藏医学界公认该书为医方之经典著作。收载于北京版《藏文大藏经·丹珠尔》313筴。藏区各大寺院均藏有此书，各大印经院存有木刻版。

19.《医疗术》

①敦煌本吐蕃医学文献。现存残卷208行，包括内科、外科、五官科、泌尿科、儿科等方面的40条医疗方剂和疗术。原件现存法国巴黎国立图书馆，刊于该馆印《敦煌吐蕃文书选》Ⅱ辑，编号二 P. T. 1057号。该文献反映了10世纪以前西藏高原藏民族的医疗水平，是研究古代医学史的重要参考文献之一。②敦煌本吐蕃医学文献。现存残卷42行，包括内科、外科、泌尿科、妇科、兽医等方面的20条方剂和疗术。原件现藏英国伦敦大英博物馆印度事务部图书馆，编号为：I. L. 56. 57号。该文献是研究古代医学史的重要参考文献之一。

20.《医马经》

①藏语称《马寿命之吠陀明经》。古代印度兽医名著的藏文译本。古印度著名医师夏希合陀罗著，藏族大译师仁钦桑波（953—1055）译。原书共8章，藏文仅译出第一章概论、第七章医疗马的各种疾病的方剂和疗术、第八章医马秘方及诀窍。对藏族兽医理论及治疗实践有较大影响。全书印本142页，收载于北京版《藏文大藏经·丹珠尔》326筴。藏区各地寺院皆有此书，各大印经院均保存有木刻板。②敦煌本吐蕃兽医文献，全卷110行，载有22条医马病的方剂，包括割刺放水、放血、按摩挤压穴位、燃烧畜粪熏烤、热石熨烙、夹板牵引、灌药鲜毒、湿毡外敷等。原件现存法国巴黎国立图书馆，刊于该馆影印的《敦煌吐蕃文字选》Ⅱ辑，

编号为：1062 号。该文献反映了藏族早期的兽医水平，是研究藏族兽医史的重要文献之一。

21.《医学八支集要》

医书藏文译本。马鸣（约 1—2 世纪人）著。仁钦桑布（958—1055）由梵文译为藏文。作者是古印度大乘佛教著名论师和医学家。中天竺人，原婆罗门教徒，后改信佛教。传说他博通众经，明达内外，受到中天竺国王优待。后在小月氏过行医、讲经说法。著作有《佛所行赞》、《大乘庄严经论》、《入八支论》、《医学八支集要》等。译者自幼好学，13 岁从益西桑布出家。17 岁被阿里古格王意西沃派往克什米尔印度等地留学，在印度居留 10 年，以纳若达巴等为师学习佛教显密经典、因明辩论、写作和翻译。28 岁返回西藏阿里，在古格王意西沃支持下，翻译了大量佛典。陀林寺建成后，他一直在该寺从事佛殿翻译、校订。校订显教佛典 17 部，论典 33 部，密教特洛（经咒）108 部。尤以所译马鸣《医学八支集要》及克什米尔学者达哇嘎瓦《集要广注·词义月光》最为著名，不仅盛传于西藏，而且宋朝皇太后伊吉（音译）命意希华由藏文转译为汉文后，流传于汉地。该书内容分为八支，即：全身病支、儿童病支、妇女病支、魔鬼病支，创伤支、中毒支、返老支、壮阳支。此"八支"分类法为藏医分类所借鉴，对藏族医学理论的发展起到了促进作用。原版藏于西藏阿里陀林寺，后拉萨印经院、拉卜楞寺、德格印经院、塔尔寺印经院有刻板。①

22.《医学本续注·续义清明》

藏文医学注本。13 世纪昌迪·巴登措杰著。作者生于昌迪医学世家，自幼随父及兄长等学习多种医学典籍，同时行医。对《四部医典》理论及其实用方法进行了系统研究，成绩卓著，成为当时的名医师。著作有18 种。本书是《四部医典·本续》注释本，是诸家注本中最详明的一部。藏版于西藏萨迦寺。

23.《诀窍秘籍》

藏文称《达莫医药诀窍大典》。著名藏医大师达莫之秘方、秘术、医疗诀窍大全。达莫门让巴·洛桑却札（1638—?）著，作者是五世达赖之太医，历任药王山藏医学校首席教官，医学理论水平深厚，医术高明，五

---

① 编委会：《中国少数民族古籍集解》，云南教育出版社 2006 年版，第 526 页。

世达赖 59 岁时患眼疾由他开刀治愈。曾于鲁布林卡内解剖尸体 4 具，对人体骨骼 360 节进行了详细分析、研究和鉴别，大大提高了藏医研究骨骼之水平。作者积几十年行医实践经验，将他本人常用而且行之有效的秘方整理成此书，成为习医者必读之经典著作。全书印本 355 页，德格印经院藏有全套印版。

24.《医学耳传·金刚词句》

藏文医书。15 世纪末绛巴·尼玛统瓦顿丹著。作者为西藏人，是绛巴·囊杰札桑（1395—1476）亲传弟子，著名藏医，生平不详。书中详细论述切诊脉搏原理、观察小便断病的法则等，有较强的实用性。藏版于西藏昂仁寺。

25.《医学概论·吠琉璃镜·宴仙喜筵》

藏文医学史。也译作《医学总纲·仙家盛筵》。成书于 1703 年，第司·桑杰嘉措著。参考前人 20 多部藏医史著作撰成。书中对印度和西藏医学发展经过以及西藏名医宇妥·云丹衮波等人事迹有详细介绍，并对绛巴·宿喀等医学派系的医学理论作了阐述，详细介绍了何谓医方明，医学从仙境传至人间，医学在印度、西藏等地发展的历史等。是研究藏医发展史的珍贵资料。藏版于拉萨印经院。[①]

26.《医学释难·正论金饰》

藏文医书。17 世纪时达莫·门让巴·洛桑却札著。作者是六世达赖仓央嘉措（1683—1706）太医。在布达拉宫东阁创办医科学校，兴讲授、辩论及撰述《四部医典》要义之风。著有《秘本》、《老宇妥传》、《新宇妥传》等。本书是《四部医典·诀窍续》的权威性注本。布达拉宫有木刻本。藏版于拉萨印经院。

27.《医学四续疑难旁注·如意宝鉴》

藏文医书注释本。局迷旁·囊杰嘉措（1846—1912）著。作者有"千部论师"之称，著作部分散失，现存《智者八门》、《王道论》等。本书是解析《医学四续》奥义的一部著作。藏版于西藏八邦寺。

28.《甘露库》

藏文医书。又译《甘露宝库》。15 世纪中叶，在宿喀·娘尼多吉（1439—1476）主持下，邀集前藏山南地区涅、洛、甲、塔贡地区阿、尼

① 编委会：《中国少数民族古籍集解》，云南教育出版社 2006 年版，第 527 页。

洋、贡布等处名医共同编著。本书是有关除去药物毒性、增强药力、加速药效等的著作。藏版于西藏夏却恩噶寺。

29. 《四瘠辨证·真传藤萝》

藏文医书。宿喀·娘尼多吉著。作者是 15 世纪西藏医学一代宗师，为西藏医学作出了突出贡献。此书详细讲述由消化不良所致四种瘠病的辨证论治方法。此法为后来《四部医典》修订本所吸收。藏版于夏却恩噶寺。

30. 《后宇妥传》

藏语称《三世佛子慧度金刚持后宇妥·云丹贡布传》。五世达赖之太医达姆门然巴·洛桑曲札（1038—?）著。成书年代不详。书中记载了宇妥生平事迹及其医学贡献等情况。全书印本 17 页，有德格、拉萨、塔尔寺等多种刻版。已根据拉萨木刻版铅印发行。本传记是学习藏医史的必读文献。

31. 《活人精华》

又名《医头术》。医学论著藏译本。11 世纪印度进藏佛学家阿底峡（982—1054）著。阿底峡的著作和译作甚多。《活人精华》是作者在人生与佛教的结合上对修法生人、治病养人、修治结合作了理论说明，并提供了一些药物资料和施治方法。藏版于前藏热振寺。

32. 《实用医学选集·大日光仓》

藏文医药学著作。18 世纪杜玛格西·丹增彭措著。对除去药物毒性、增强药力、加速药效等药材加工方法有详细论述。可供西藏制药工艺研究者参考。原藏版于杜玛寺。印经院、拉卜楞寺等另有刻版。

33. 《诊病二元要诀》

藏语称《诊药厄旺二元》。藏医诊断学"厄"卷与配方学"旺"卷之合称。噶玛·额列丹增（1732—?）著。成书时间不详。"厄"卷详细阐述经典巨著《四部医典》中诊断疾病的诀窍，并分析病因病理；"旺"卷主要汇集《四部医典》中"功德续"及"功业续"之医药配方，并尽其所见所闻详细补遗，故后人称此书为"闻所未闻"之巨著，是学习《四部医典》的重要参考书。上卷"厄"印本 305 页，下卷"旺"印本 533 页，全书共 838 页。四川德格印经院藏有全套印版。

34. 《晶蔓论》

全名《甘露药物名称功能详解·无垢晶蔓》。藏文医药书名。17 世杜玛格西·丹增彭措著。本论对 2294 种药物的性质、功能及其药物异名有详明论述。是新中国成立后所编《西藏药物词典》的主要参考书之一。原藏版于杜玛寺，另有拉萨印经院、拉卜楞寺等刻版。①

35.《正确认药图鉴》

藏医药学家降久多杰著，该书图文并茂，收载药物 580 多种。

除此以外，还有许多藏医药学家所著的重要文献如《解剖明灯》、《药物蓝图》、《藏医史》、《藏医药选编》、《草药鉴别》、《草药性味》、《草药生态》，等等。

四　蒙古族

蒙医学是蒙古族在北方萨满医学基础上发展起来的，已经形成了自己的理论体系，并有独特的诊疗手法，是北方民族医学发展的必然结果。作为北方传统医学组成部分的蒙医学早在十二三世纪以前的漫长历史发展过程中就创造了适合于蒙古民族社会、经济、文化、生活习俗和自然环境特点的疗法，积累了丰富的医药卫生知识。早在元朝时，政府建立了医药管理机构，设置太医院和"惠民司"，大力发展蒙医药学。蒙医药的药物品种、临床经验、治疗方法及医学理论均取得迅速发展。

国内外民族的先进医学理论对蒙医学的发展起了很大的推动作用。13世纪，随着佛教从西藏传到蒙古，蒙古族知识分子逐渐熟悉了《医经八支》和《四部医典》等藏医经典著作，并将其部分或全部翻译成蒙文。《四部医典》传入蒙古以后，许多医学机构都把它作为医学基本教材，蒙古医生们都积极学习和研究《四部医典》。蒙古医学家将《四部医典》中的理论与蒙古的实际情况相结合，极大地促进了蒙医学的发展，特别是对蒙医学的理论化和系统化起了很大的促进作用。蒙医学领域内涌现出许多著名的医学家和医学著作，形成独具民族特色的蒙古医学理论体系。伊希巴拉珠尔被尊为蒙医医圣，他的《四部甘露》创造性地吸收了《四部医典》的精华，并对"六基症"、"十要症"以及"腑病"进行了深刻论述。"六基症"是蒙医学分析疾病性质的总纲领，"十要症就是根据病因

---

① 编委会：《中国少数民族古籍集解》，云南教育出版社 2006 年版，第 204 页。

来认识疾病"。与此同时，蒙医药独特的传统疗法得到了进一步提高，针刺疗法、灸疗法、放血疗法、浸浴疗法、色布斯疗法、震荡疗法、按摩疗法、盐一沙疗法、油疗法、拔罐疗法、巴日胡疗法、挂药疗法、饮食疗法等蒙古民间传统疗法广为应用和流传，其治疗法在实践中得到不断升华。

在医学理论方面，蒙医学形成了以五元学说和寒热学说为基础，以三根、七素、三秽学说为核心，包括脏象学、六因及六因辩证学等为主要内容的独具特色的医学理论体系。留存至今的蒙医药古籍文献，比较全面而客观地记载了蒙医药的理论和治疗方法，对今天的学术研究和临床应用具有较好的指导意义。

1. 《蒙药正典》

蒙药理书。清占布拉道尔吉（？—1885）撰写。作者是内蒙古奈曼旗人，蒙古族，清奈曼旗宝日胡硕第四代活佛，著名的蒙医药学家。该书载入 879 种药物，按其性能分编 8 部 24 类。每味药物名称都用蒙、藏、汉、满四种文字注明对照。其产地、形态、性味、功能、入药部分、收采时节及炮制方法等均有详细说明，并附有药物标本插图 576 幅。书中用图解说明外科术疗的器具式样、用途以及身体各部位划分法、穴位和放血、针灸术。作者纠正了当时在药名中出现的混淆和错误。该书是蒙医史上唯一一部图文并茂的蒙药经典著作，成为后人学习和研究蒙药学的指南和范本，具有很高的学术价值和使用价值。有刻本。巴·吉格木德《蒙医简史》（内蒙古科学技术出版社，1985 年）可供参考。

2. 《蒙医药选编》

蒙医临证书。清罗布桑却佩乐撰写。作者系 19 世纪清达莱王旗人，蒙古族，是一位医学家，对语文和翻译也有研究。成书于清道光年间。分为 121 章。叙述蒙医基础理论、临床各科疗法、药物方剂以及一些特殊疗法。有刻。1973 年由内蒙古医学院中医系蒙医教研室重新用蒙文翻译。巴·吉格木德《蒙医简史》可供参考。

3. 《普济诸病金色珂蕾》

蒙古医书。清阿格旺罗布桑旦毕扎拉仓撰写。作者系内蒙古锡林郭勒人，蒙古族，锡林浩特格根苏木班智达第二代活佛，著名的蒙医学家，在哲学、体育、音乐、佛经方面也颇有成就。成书于 1813 年。全书把各科临诊内容分为 86 个大题。其中有不少蒙医临床的独特知识，如有关难产治疗、刀伤、脑震荡治法以及汉医药理中丸等内容。有手抄本流传在锡林郭勒等地。巴·吉格木德《蒙医简史》可供参考。

4.《普济杂方》

蒙医方剂书。清高世格用蒙文撰写。作者系内蒙古阿拉善人，蒙古族。此书于 19 世纪后期（清同治年间）完成。书中收藏了不少临床各科疾病常用的方剂、单味药方和验方。方药名称都用藏、蒙、汉、满四种文字对照说明。阿拉善东寺有木刻版本保存。巴·吉格木德《蒙医简史》可供参考。

5.《认药白晶药鉴》

蒙古族药理书，清伊希巴拉珠尔（1704—1788）用藏文撰写。此书首先在药名部分，对三子、四凉等药材的简称和单味药物名称分别用藏文、梵文并列对照，然后把 801 种药物分成石类药、珍宝药、草类药等 7 部，逐一论述每味药物的产地、形态、性味、功能，并附有药引子及针灸和放血疗法的穴位。有刻本。18 世纪被译成蒙文，以手抄本流传于蒙古各地。

6.《认药学》

蒙古族药理书。清罗布桑楚勒特木（1740—1810）用藏文撰写。罗氏为内蒙古察哈尔（今锡林部勒盟）人，蒙古族，近代蒙医学学术流派代表人物之一，杰出的药物学家。他在诗歌、翻译、天文、哲学、历史传记等方面颇有研究，以察哈尔格西闻名。此书包括：珠宝、土、石类认药学，木、草地、滋补类认药学，草类认药学，盐、灰、动物产品认药学。把 678 种药物按种类分成 10 篇，逐一描述药物形态、生长环境、性味、功能、质量、种类科目等。全书 148 页。有刻本。北京和察哈尔白山庙有版本保存。巴·吉格木德《蒙医简史》可供参考。

7.《珊瑚验方》

蒙古族医术。清伊希旦金旺吉拉（1854—1907）撰。作者系内蒙古察哈尔镶白旗人，蒙古族，著名的蒙医药学家，杰出的诗人。该书用藏文诗体撰写，结合蒙古人的身体素质、生活习俗和居住地的气候特点，总结了作者和多地蒙医的临床经验，并吸收藏族、汉族、俄罗斯族等民族的医药知识。全书分为内科、五官科、外科、妇科、儿科、传染瘟疫科、皮肤科等。附录方剂 200 多种、术疗 100 多种、炮制法 38 种及土茯苓用法。为广大蒙古医生常用的手册。俄罗斯曾有木刻本发行。

8. 《油剂制法》

蒙医方剂书。清罗布桑楚勒特木（1740—1810）用藏文撰。该书包括奶油药制法、药浴术疗、疟疾和梅毒治疗方法、皮肤病种、鼻药配制法、种牛痘法等各种治疗方法。采录了金丹等汉医验方。北京和察哈尔白山庙有刻本保存。巴·吉格木德《蒙医简史》可供参考。

9. 《方海》

蒙医方剂书。清明如儿占布拉（1789—1838）用藏文撰写。作者卫拉特部人，蒙古族。近代杰出的蒙医学家，青海明如儿诺门汗第四代活佛。他总结自己一生临床经验和研究成果，于1829年在安多拉卜楞寺写成此书。书中把2000多种方剂按类分成76篇，并简明阐述了各种疾病的病因、性质、种类、治法。此书还吸收了《四部医典》和汉医理论经验，丰富了蒙医药方剂学内容。有刻本。巴·吉格木德《蒙医简史》可供参考。①

10. 《雷公炮制书》

蒙文中药制药专著。清内阁翻书房译。约成书于顺治、康熙年间。顺治、康熙年间写本，高31.2厘米，宽19.2厘米，1202页。尚有20世纪30年代晒印本，藏于北京故宫博物院图书馆、国家图书馆。

11. 《观者之喜》

蒙医临证书。清吉格木德旦金扎木苏用藏文撰写。吉格木德旦金扎木苏系内蒙古东苏尼特旗人。蒙古族。成书于20世纪初。全书主要介绍诊断学知识，兼论单味药物的性能、各种疾病临床治法以及常用验方。其中在验方和单味药物章节里载入了316种验方和570多种单味药物，一直为蒙医临床参考手册。1974年由内蒙古人民出版社译成蒙文出版社发行，书名为《蒙医传统验方》。巴·吉格木德《蒙医简史》可供参考。

12. 《医学歌诀一百五十四首》

蒙医医学书。清伊希丹金旺吉勒撰。作者在喀尔喀行医时，应当地医生要求撰写成这部文笔优美、容易背诵的医学歌诀。全书分为导论、理论简解、脉诊、尿诊、三邪（赫依、希日、巴达干）治法、内科病疗法、药物和疗术、妇科病疗法以及治疗原则概要、结尾词等部分。该书以理论为主，以手抄本形式流传于蒙古各地。巴·吉格木德《蒙医简史》可供

① 编委会：《中国少数民族古籍集解》，云南教育出版社2006年版，第111页。

参考。

13.《白露医法从新》

蒙医临证书。清伊希巴拉珠尔（1704—1788）用藏文撰写。作者是著名的蒙医学家。该书主要把临床各科分为内科、传染病科、五官科、脏腑科、伤科、妇科、小儿科等，并阐述每种疾病的病因、条件、性质和治疗方法；还附述了脉诊、尿诊、腹泻诊、涌吐诊、配药须知事项（药物剂量、药物碾面、药物代用、药物增补、药物引子），以及药物炮制法和针灸放血穴位等内容。蒙古人在几百年前已发现鼠疫传染源之一为旱獭，便把它写进此书，为后人研究传染病留下了最早的记载。有刻本。19世纪被译为蒙文，以手抄本形式流传于蒙古地区。

14.《甘露之泉》

蒙医理书。清伊希巴拉珠尔撰写。该书主要从理论上对生理、病理、诊断、治疗原则和方法以及医术、医德等方面作了精辟阐述。书中最早提出"六基症"（赫依病、希拉病、巴达干病、血病、黄水病、"粘"虫症）理论，把蒙医学基础理论系统化。"六基症"理论不仅成为从病因分析疾病性质的根本依据，而且成为临床各科的理论指导。有刻本。19世纪被译成蒙文，以手抄本形式流传于蒙古各地。

15.《甘露点滴》

蒙医临证书。清伊希巴拉珠尔用藏文撰写。该书是一部临证各科和疗术的简明论著。把临证各科按"六基症、十要症、器官病、脏病、腑病……"的分类法分成22章54节编写。重点论述各种疾病的治疗法外。还附加了腹泻剂等7种治法和温泉浴、蒙古正脑术等5种疗术。对在《甘露之泉》中提出的"六基症"理论作了进一步补充，完善了蒙医寒热病理学说。这个学说成为18世纪以来蒙医学分析疾病性质的总纲领。有刻本。19世纪被译成蒙文，以手抄本形式流传于蒙古各地。

16.《甘露汇集》

蒙医临证书。清伊希巴拉珠尔用藏文撰写。该书中作者进一步论述"六基症"治疗经验，并在《十要症》一篇里论述了101种疾病的治疗方法。蒙古医学巨著《四部甘露》就是他的《甘露之泉》、《白露医法从新》、《甘露点滴》、《甘露汇集》四部医书的总称。有刻本。19世纪被译成蒙古文，以手抄本形式流传于蒙古各地。巴·吉格木德《蒙医简史》可供参考。

17. 《药方》

蒙医验方书。清关布扎布（约 1680—约 1750）用蒙文撰写。作者为内蒙古西乌珠穆沁旗人。该书主要介绍蒙药验方，兼收印度、西藏、汉医所使用的药物。把各科主治验方另加各种对症的药引子，治疗各种疾病。有刻本。巴·吉格木德《蒙医简史》、乔吉校点《恒河之流》（内蒙古人民出版社，1980 年）可供参考。

18. 《马经》

满文兽医书。元衡撰。作者生平不详。清佚名译。书分春、夏、秋、冬四卷，共 139 论，插图 112 幅，诗歌 150 首，介绍疗马之法 300 多种。春卷讲 12 论及气脉、血色问答，夏卷讲授 72 大病症，秋卷诊议 8 种病症，冬卷介绍试马、养马之法。是兽医学的重要古籍。有抄本，藏于中国第一历史档案馆。

19. 《马经全书》

别称《类方马经》。8 册，8 卷。满文译本。高 31.3 厘米，宽 20.4 厘米。兽医书。佚名撰。约成书于明代，清佚名译自汉文。此书分相马、养马、诊断、治疗等部分。有插图。是古代兽医学的重要典籍。有抄本及晒印本，藏于北京故宫博物院图书馆、国家图书馆。

五 纳西族

纳西族文字创制前，纳西族文化主要是以口授形式流传的。在东巴文字体系形成之后，纳西族文化史上才出现了严格意义上的文献。纳西族有两种文字，即东巴文（象形表意文字）和哥巴文（音节文字）。早在唐宋前后，纳西族就创造了灿烂的东巴文化，它是东巴教徒用东巴象形文字或用图画文字记录下来纳的西古代文化，其中涉及的东巴医药学则属于东巴文化的重要内容。

东巴经典记述了从原始社会到封建社会的医药文化知识，内容包括了人的起源和发展、病因学、诊断学、药物学和治疗学，成为研究纳西医药学的重要档案文献资料。古老的东巴经中，已出现了"针"、"灸"、"拔"、"药"、"肝"、"心"等象形文字词。另外还有海螺、贝壳、鹿茸等药的功效记载。虽然医药知识和宗教、神鬼思想交织在一起，但东巴经书有关医学的记载已初步具备了古代先民原始的医学理论基础。如《崇

搬图》讲到可用针灸、按摩治疗疾病；对血肿进行放血，对刀伤进行缝
合等方法；《崇仁潘迪找药》记载了纳西族先民发现药物的过程，并通过
观察动物寻找食物和饮水时的动态，从中分析出了药花和毒花、药水和毒
水。从目前翻译掌握的文献资料来说，东巴文文献所记载的药物有动物药
物、植物药物、矿物药物三种，并对它们有专门的记载，如云南社会科学
院东巴文化研究所曾发现《药经》残卷，云南中甸县三坝乡文化站也收
集有有关药物方面的经典。但是大量的药物、药方、医疗方法等则是零零
星星地记载于《为山神主龙王点药经》、《祭贤者点药经》、《为长寿神点
药经》、《为神主点药经》、《求神胆药经》、《为神将点药经》、《长寿药
经》等之中。常见的药物有数百种之多，针、灸、拔火罐、敷、包、服、
切除、点等治疗法频频出现，痢、晕、瘟、疯、惊悸、中风等疾病多所提
及。由于长期处于氏族征伐、部落战争的状态，外伤是医治的主要对象，
故有专门性经典讲述其治疗方法以及所用药物。① 在纳西族的东巴教看
来，大自然及神灵都与人类一样有灵性，有喜怒哀乐，从而也就有疾病，
需要进行药物的、主要是巫术性的治疗。同样，人类致病的原因不仅是出
于肉体机能的紊乱与衰弱，更主要的是由于神灵惩罚或鬼怪作祟。所以，
巫术性的治疗也同样施与人类。纳西先民很早就以草药防病治病并延续至
今，民间多为巫医，巫医跳神治病，首先是占卜、打卦，通过卦的显示，
决定治疗方式。一般驱鬼念经，卦不显示，跳神给药或施术，巫医一般掌
握 20 种药品，以及行施扎针、拔火罐、草药熏鼻、火草点穴、草药外用
等方法。在此过程中就形成了许多具有纳西族民族特色和地域特点的口耳
相传的口碑医药文献。

　　据不完全统计，国内外机构和个人收藏的东巴经古籍文献已达数万
册，内容充实，其中不乏大量关于疾病和医药方面的内容。此外，除了撰
写成文的经籍外，纳西族古籍文献中还有不容忽视的无文字口诵经典，内
容涉及社会生活的方方面面，它们是研究纳西族医药文化的宝贵材料，急
需系统整理和深入挖掘。

　　东巴经内零散地记载了纳西族先民的医药知识，据说在民间尚有一些
东巴医书专著，目前发掘、收集、整理的已有部分古籍文献，其中的
《迟恩松律》、《崇仁潘迪找药》是东巴文医药古籍的代表。现存唯一的古

---

① 张公瑾：《民族古文献概览》，民族出版社 1997 年版，第 150 页。

代纳西族图画象形文字医书《迟恩松律》记载了几十种禽兽、草木、矿物药物种类，记述了中毒、肠疾等几十种人体疾病及其对症治疗方法，有单方和配方，内容比较详尽。《崇仁潘迪找药》记载了针灸、按摩、放血、拔火罐等治疗方法，以及一些药物的性状功能。《考赤绍》记述了纳西先民使用药物战胜疾病，并延年益寿、长生不老的医学思想。《治病医书》是 1990 年在民间发现的独立成篇的东巴医书。该书是从《东巴经·占卜经》中发现的资料，共 18 页，页幅为 9×28 厘米，全部用东巴文记载，该资料已经音译、意译，对其中的方药进行了整理，大约有 50 种病症、60 个处方。书中将疝气分为男、女疝，有红淋、白淋等。在治疗上有单方、复方。患风病可用蜈蚣、羌活等药物，对某些疾病采用综合的内服、外敷、按摩等治疗。

东巴文医药古籍积累、收藏了纳西族人民在长期的生产生活实践中，在与疾病的斗争中总结出的一点一滴的医学经验，成为纳西族人民的民族医药遗产的代表作，世代相传，是纳西族珍贵的民族医药古籍文献资料。

1.《崇仁潘迪找药》

纳西族象形文东巴经。佚名撰。29×9 厘米、两面厚纸竹笔横写本，云南丽江纳西族自治县图书馆等有藏本。主要内容是：崇仁潘迪出去打猎，回到家时父母已去世，内心感到遗憾，遂到西方山中寻找长生不老药，经过仔细辨认和观察，从牛角中盛回宝药水。反映了古代纳西族先民战胜疾病的愿望和生产草药的雏形。有赵静修的《崇仁潘迪找药》（丽江纳西族自治县文化馆石印本，1963）、和志武的《崇仁潘迪彻舒》（载《纳西东巴经选译》，丽江东巴文化研究室，1983 年）等译本。

2.《玉龙本草》

纳西族医药书。以云南省丽江纳西族自治县玉龙山为中心的纳西族地区，约在明代开始吸收汉族中医中药，清代中叶形成《玉龙本草》。但已遗失。1956 年在丽江发现一套《玉龙本草》标本，系纳西族著名中医和筬"绍恒堂"药房所制。据说秦仁昌曾协助整理，于民国三十四年（1945）完成，共有 328 种药物标本，用卡片标号写上汉文药名。这是目前唯一发现的《玉龙本草》资料，是丽江纳西族地区的医药集成，具有重要的文献价值。云南人民出版社于 1959 年出版了曾育麟整理的《玉龙本草·标本投影》一书，前有介绍性短文，照片 95 帧，包括了 328 种药材的植物标本图影，图下记有汉文名称，是研究发掘少数民族医药的重要参考文献，对于植物学和民族文化的研究也有一定参考价值。

六　壮族

　　历史上，壮族先民在长期的生产生活中仿照汉字六书的构字方法创造了古壮字，又称"方块壮字"，特别是唐宋以后随着古壮字的发展成熟，古壮字古籍文献大量产生，运用比较普遍的是讼牒、碑碣、契约、谱牒、信函、记事及民歌创作诸方面。因此，壮族先民的医药经验，有一部分也应该通过古壮字进行了记录、集结而保存。但据目前掌握的资料看，壮族医药的经验，主要还是靠口耳相授的方式在壮族民间流传，另外还有一部分散见于历代汉文史籍，尤其是广西各地的地方史志中。当然，值得一提的是在土司时代（秦汉—民国时期），壮医药得到重视和发展。官方开设有专门的医学署，据不完全统计，明代广西壮族聚居的40多个州府县土司均设有医学署。此外，官方和民间都有一定数量的专职医药人员，由当地少数民族担任医官，或有专人直接从事具体的医疗工作。在民间，土司对民族医药采取一些褒奖措施，并对名医、神医和药王进行崇拜和纪念。在土司制度下，尽管没有形成规范化的壮族文字，但在民间与官方结合的背景下，壮医药文化能够通过口授心传和部分汉文资料得到保存，留下了许多珍贵的反映壮医药内容的文献资料，这不能不认为是与土司制度有一定积极关系的。

　　虽然目前没有发现专门的古壮字医药古籍文献，但在已发掘整理的古壮字文献中，壮药多达二千种，常用药六百种，均有壮语名称，岭南常见病、多发病的诊治，几百个民间验方，都为岭南南亚热带气候条件下防病治病提供了许多宝贵材料，并且在民间继续保持其实用价值。20世纪80年代以来，许多公开出版的诸如《壮族民间用药选编》、《广西民族医验方汇编》、《文山州中草药单方、秘方、验方汇编》（第一辑）、《武鸣县医药古籍汇编》、《壮医药简编》、《壮医药知识汇编》等，都是对古壮字文献资料不同程度发掘整理的成果。"拉静仅"（金果榄）、"又月白"（岩白菜）、"拉课磨歪"（南五味子）、"梅低莫"（救必应）、"美鲁屁"（羊耳菊）、"梅生磨"（苏木）、"麻底"（余甘子）等古壮字药物名称，都进入了药书药典。此外，壮族民间诊、疗之法甚多，著名验方多达数百，皆以古壮字记之，丰富的壮医药经验被编成壮歌，在民间广为传唱。这说明古壮字医药古籍文献历史上存在的事实，应该为后人认可、重视并整理研究。

七　土家族

土家族先民在漫长的社会生产生活中，尝草识药，治验疾病，经历了本能的经验积累、初期医疗活动及巫医影响的过程。自五代以来，民族迁徙定居于土家族地区，土家族民间医疗活动较为活跃。从五代时期到"改土归流"前几百年间，基本还是实践知识的积累阶段，尚未形成比较系统的医药体系。清雍正年间对土家族地区实行"改土归流"后，土家族人中的有识之士，在前人识药治病实践知识积累的基础上，进行了理论上的总结和实践的反复验证，使土家族医药有了进一步的发展。这时期土家族民间出现了许多有关医药的抄本，如湘西有《七十二症》、《三十六疾》、《四惊症》、《草医药案》、《急救良方》、《老祖传秘方》、《草药十三反》、《七十二七》等。鄂西州有：清末名医汪古珊《医学萃精》一套，共16卷，40余万字，此书是集传统中医学与土家族医药于一体，突出地方特色的医药专著。值得一提的是土家族医药专著《秦氏玲珑医鉴》，手抄本，共5册26万字，收录了许多当地民族医药内容。此外，还有《蛮剪书》、《血医珍艾》、《草药汇编》、《外科秘书》、《医学秘授目录》、《医方精选》、《陈为素记》、《临床验证回忆录》、《人畜医方录》、《医学指南》、《眼医珍艾》、《草药三十六反》、《民族药性歌诀》等。以上收集的医籍或抄本，有的书清代以前就流传在民间，有的药物考证可追溯到1000多年以前，有的书中有理、法、方、药的记载。这些医籍历史悠久，内容丰富，包括诊疗、疾病、药物、保健等，且具有较强的民族特色，既不同于中医，也不同于南方其他民族医药。

八　白族

云南白族，在其形成和发展过程中一直与汉族在政治、经济、文化上保持密切的联系，汉语很早就对白族社会、文化的发展产生了很大影响。尽管历史上白族先民创制了"方块白文"，但历代统治阶级都以汉字为官方文字，未对方块白文进行规范和推广，因此白族的绝大多数文献都用汉字写成的。现今有关文化部门收集到的白族汉文古医书 108 种、264 册，都具有很高的医药和版本价值。现略举其中几种：《图注难经》（成书于 1510 年），为明正德时张世贤图注，珍贵的明刻本。《傅氏眼科审视瑶函》（成书于 1644 年），明代眼科医家傅仁宁撰，主要讲述眼科病症，共列 108 症、300 余方，并有图说、歌谣，内容详尽，为明代坊刻本。清道光年间大理太和白族名医李文庭著的《征验秘方》（上、下册）手抄双开本。明代白族医生陈洞天的《洞天秘典注》，从脉理、病因、治疗等方面总结了大理白族地区宝贵的医学经验。白族名医李星炜著的《奇验方书》、《痘疹保婴心法》。陈书"人争购之"，李书则"多发前人未发之旨"，① 皆一时影响之作。清代有鹤庆孙荣福著的《病家十戒医家十戒合刊》，赵子罗著的《救疫奇方》，奚毓崧著的《训蒙医略》、《伤寒逆症赋》、《先哲医案汇编》、《六部脉生病论补遗》、《药方备用论》、《治病必术其本论》、《五脏受病舌苔歌》，李钟浦著的《医学辑要》、《眼科》，剑川赵成榘著的《续千金方》等许多白族汉文医学古籍。然而，这些珍贵的医学古籍似已遗失殆尽，内容已均不知晓，仅地方志存其目，非常可惜，这使我们现在对明清时期白族医学成就的研究变得十分困难。

此外，还有目前可见的两块碑文：

1.《处士王宗墓志》

碑刻原立于大理市挖色乡大成村三峰山下，现存大成村。该碑大理石质，碑上部残损，残高 61 厘米，宽 40 厘米。直行楷书，文 16 行。大理府医学医士杨聪撰文并书丹。此碑记载其王氏一族"行医济世"、"善务医术"、"礼乐相传"的史实，对研究明代白族民间医药卫生史有一定的参考价值。

2.《九气台磺历碑》

碑存洱源县九气台村玄帝阁。碑青石质。高 79 厘米，宽 43 厘米。文 16 行。直行楷书。清光绪三年（1877）张汉鼎等立。碑记述了九气台村名及其温泉所产生磺的由来，以及天生磺被杨玉科的军队作"治瘴疠诸疾，军中染瘴者服之最效"的药物运用的经过，后又恢复古制缘由，可供研究民族民间药物参考。

白族医药学知识丰富，除以上著作外，还有大量资料留存于相关文献

---

① 佟镇：《康熙鹤庆府志》，大理白族自治州文化局 1983 年版。

之中。在大理国时期的经卷《佛说长寿经》上，记有很多解剖学的内容，如其中说："……骨、腰骨、肋骨、脊骨、手骨、头骨各各异处，身、肉、肠、胃、肝、肾、肺为诸虫薮云……"就明确指出了人体各部位有各种骨骼的生理解剖学知识，说明白族先民早在大理国时期就对人体内脏器官有系统的了解。

在云南省图书馆收藏的大理国时期的一份写经残卷上，有针灸知识和"瘘黄之病"的记载，都是当时白族先民具有丰富医药学知识的见证。

在凤仪北汤天发现的大理国时期的经卷中，也记载了当时的很多药物，例如，云南省图书馆藏的一卷题为"吉祥喜乐金刚自受戒议"的写经上，内有药物"五药、槟榔、诃刺勒、黄□、防风、积皮"。"烧香八月、涂香、金香龙脑、郁金、熏陆香、酥合香、青木、甘松、麝香、……肉果及种种妙香，每味各一斤，……甘草、沙塘……各十，……朱砂二十盆，牛黄二裹。"在另一卷《通用启请仪轨》上，也有"朱砂二十盆，……麝香、……此云青绿、黄苓、此云大青……"等记载，这些药物中有的是中药名，有一些是印度药名或是本地药名，为今天考证白族医药的渊源和当时的医疗状况提供了一定参考。[①]　可见，白族文字医药经卷是我们直接了解各民族医药内容的珍贵文献档案，具有很高的医学研究参考价值。

九　满族

满族医学在发展过程中对蒙古族医学、汉族医学和回族医学兼收并蓄，加以创新汇集，成为医学宝库的瑰宝之一。《金史》关于医药内容的记载很多，如内科杂病"疾风"、"中风"、"寒痰"、"喉痹"、"发狂"，外科病"疽发脑"、妇科病"损胎气"等记载，有的医理论述相当精辟。另外满族先民在长期与疾病斗争中，也用自己民族的语言对人体生理、疾病有了一定认识。在治疗上，除了大量采用方药外，还有"金丹"，外用"敷药"及"艾灸"等。满族早期医学缺乏文字记载，医学及医学史的知识几乎是以口碑形式传承于民间，因此，满族医学发展资料显得格外缺乏，有待于进行深入的收集、整理及研究。

---

①　李晓岑：《白族的科学与文明》，云南人民出版社1997年版。

1. 《西洋药书》

医书。满文译本。清佚名译。约成书于清康熙年间。列金鸡纳药、治伤膏药、眼药、巴斯地略等40种药及治疗方法。是研究清代西方医药学的资料。清康熙年间内府袖珍写本，藏北京故宫博物院图书馆。

2. 《王叔和脉诀》

满文译本。满文医学书。高阳生撰。清佚名译。全书分七表、八里、九道等目，阐述医家断脉原理及治疗用药之法，对研究我国古代医脉之学有一定参考价值。有精抄本及晒印本。藏北京故宫博物院图书馆、国家图书馆。

3. 《难经脉诀（满文）》

原称《黄帝八十一难经》。中医理论书。相传战国扁鹊撰。清佚名译。约成书于顺治、康熙年间。开篇简介"三交"、"丹田"等近二十个神经穴位，按序列出81种疑难病症的诊断和治疗方法，逐一辨析，并附图表78幅。该书是医学经典之一，对后世满族中医理论的发展具有深刻影响。顺治、康熙年间抄本，藏国家图书馆。

十　侗族

侗族无本民族文字，其历史、文化、医药等都靠口传心授，或以长歌形式代代相传，有关医药的文字记载很少。在侗族的发展进程中，有不少侗族的有识之士用汉文或者根据中医理论编纂了不少侗族医药手抄本。这些古籍文献流传至今，是侗族医药文化的宝贵遗产，对研究侗族科技历史文化也是极其珍贵的史料。

1. 《民用秘方集》

本书系清末侗医先师林文至、杨进敏、吴显魁、吴绍汤等四代流传的侗医药手抄本。其中载有主治病名382个，药方491方，实用侗药521种，全书166页，开页见方。

2. 《药要须知》

该书系民国二十五年地阳坪茶溪侗医粟云亨接受李大顺的口传而立册之手抄本。书上注有上关祖师杨金明、龙宝堂、陈克邦、韦进通、陈通能、陈孝宗等名侗医药大师。以汉文替代侗语记叙病名、药名，为李大顺、曹江崑、曹政益立笔之作。全书载有药方479个，医治病名371

个，选用侗药名 478 种。开页概述医理，续而举方，末页示图，共计 114 页。

3. 《家用草药集》

该书系龙智忠医生所藏侗医药古籍书，记有侗族民间古代、近代医方 876 个，病名 371 个，传统常用侗药 612 种，开页见方，全书 186 页。

4. 《秘传医方》

该手抄本系播阳龙吉村粟丰厚医生继承的侗医药古籍藏书，源于祖传先师吴田禄（明末清初时期），经吴万年、石金明、粟代保三代传递，全书载有药方 344 个，病名 324 个，常用侗药 411 种，另附医理、药理简要综述，共 142 页。

5. 《药品总簿》

该书系杨志丁丑年手抄《秘传医方》之作，其内容、形式雷同《秘传医方》，记载药方 327 个，病名 307 个，侗药 392 种，全书 112 页，开页见方。

6. 《救世医方集》

该书为吴万清己辰年人口传渡给陈家修之侗医药古籍手抄本，载有药方 337 个，病名 321 个，实用侗药 401 种，开页见方，全书 120 页。

7. 《小儿医方集》

该书为独坡坪寨侗医黄保信以及侗医龚良松均藏存的《侗医小儿科》手抄本，民国三十七年五月复制，传于祖师吴世高、林均师、林能忠、林能美、吴富祥、文才主、吴永祥、林为木等诸师门徒，全书 42 页，集方 107 个，医治杂症 65 种，侗药 155 种，开页见方。1988 年复抄存留。

8. 《灵丹草药》

该书系侗医吴万清于光绪二十八年记录的侗族民间医药验方，计 41 条，27 个病名，用药 112 种，开页见症见方，共 12 页。

9. 《民药传书》

该书系播阳龙吉侗医粟丰厚继承其祖父粟代保的《小儿科》侗医药疾病的治疗验方，计有小儿科病名 88 个，侗药方 110 方，侗药 132 种，计 38 页，开页见症见方。

10. 《幼科铁镜》

该书系贵州卓溪叟夏鼎禹铸氏手著，自清康熙年代流传至今，共六卷，卷一内容有：（1）十三个不可字；（2）十传；（3）治病不可关门杀贼之说；（4）治病不可闭门揖贼之说；（5）汤方内更换药味之说；（6）面部各穴图；（7）掌面水底捞月，引水上天河至洪池图；（8）掌面运八卦，大指正面牌上位次并说及退下六腑，手背正面推上三关，揉五指节图；（9）侧手虎口合谷穴图：（10）脚各穴图，全身正面用灯火图；（11）全身正面肺俞穴各图；（12）卓溪真传口诀；（13）推拿代药赋。此册共60页。

卷二主述：（1）望面色审苗窍；（2）从外知内说；（3）五脏腑各有所司；（4）辨胎寒；（5）辨胎热，胎热毒发丹；（6）辨脐风；（7）辨脾温；（8）辨肺热寒、肺虚；（9）辨心热、实热，热报以寒；（10）辨心热，昏迷似惊。此册共40页。

卷三主述：（1）辟明发惊之由兼详治惊之法；（2）惊痫活症；（3）辨惊有疾，盛风盛热；（4）辨热虚似惊风（伤寒）辨病症，阳虚兼；（5）辨痉病、慢症。此册40页。

卷四主述：辨麻症、伤风寒、夹食伤寒、腹痛、吐、泄、痢、疟疾、阴虚似疟等病，此册36页。

卷五主述：咳嗽、疟后、朱血、中暑热、夜啼、疳积、赤热丹火、淋症、二便病、汉、脓肿、三焦膀胱气病、呆笑、不寐、干瘦、齿病、口疳、重齿、耳痛、重舌、木舌、鹤膝风、遇雷所惊、天疱疮、偏坠、茎肿痛、肾水肿、灸法各症、灸肚大青筋、灸蛇伤、疗疮肿毒伤、膏等病症和药方100方。此册50页。

卷六主述：药性小引60方，150味侗药，计40页。

11.《小儿推拿广义》

该书系独坡侗寨吴庆楷医生《小儿科》手抄本之12卷，又名曰《草药通书》。书曰：夫之所藉，以为生者，阴阳二气也，阴阳顺行，则消长自然，神清气爽；阴阳逆行，则往来失序，百病生焉。而襁褓童稚，尤难调摄，盖其饥饱、寒热不能自知。全待慈母为之鞠育，苟或乳食不节，调理失常，致成寒热，颠倒昏沉，既已受病，而为父母者，不知思所以及病之由却病之，乃疑鬼疑神，师巫祈祷，此义理之其谬者也。幸仙师深悯赤子之夭折，多禄调衔之未良，医治之无术，秘授是书，神动点测，沉离浮坎，而使水火既济，泻实补虚，而使五行无克，诚育婴之秘旨，保赤子之弘功也。……种种杂症，要而言之，只是四症，四症分为八候，八候变为二十四惊，阳掌十六穴，阴掌九穴，筋看三关，功效十二惊，是缓急生死之症，法是捏推拿做之功，先须寻筋推察，次用灯火按穴而行，审疾针灸，症投汤药，无不随手而应，偏已见，无作聪明，因病次节，分别而施。本书附有推坎宫图、推攒竹、运太阳、推五经、黄蜂入洞、苍龙摆尾、猿猴摘果、二龙戏珠、赤风摇头、凤凰展翅、飞经走气、按弦搓摩、水里捞明月、打马过天河14图，易学易懂，全书共82页，开页见叙，歌图并茂。

12.《十二地支所属十二经络33图》

本书摘自清光绪三十二年（丙午年）胡云甫手抄本《十二地支所属十二经络生死正面总图和十二时辰均死门日月开神图》共33图，各图均以穴位指痛处，以简文诗联启情，每页1图，共33页成册。

13.《金鉴外科》

本书系御纂《医宗金鉴》卷六（十七）外科心法要诀的手抄本。主叙中脘疽、哕痛、脐痛、少腹疽、腹皮痈、缓疽、腋疽、黯疔、肋疽、渊疽、内发丹毒、肋痈、五脏六腑诸募穴、肩中痛、腕痈、兑疽、穿身疽、骨蝼疽、蝼蛄串、手发背、掌心毒、虎口痈、病虾、手丫发、调痈、蛇头疗、天蛇毒、蛇眼疗、蛇背疗、蛇腹疗、泥鳅疽、代指、虎螂蛀、狐尿刺、鹅掌风等80个图和方歌、诊治方法，全书共124页。

14.《怪症五十五种》

此书的特色为专叙怪症，系侗族民间疑难病症偶尔遇见的医疗经验总结，仅叙55例，是余细清、余干衔之所藏书，原书立于辛亥年清明二十六日，手抄本共28页。

15.《外科急救方》

本书载有扑打、猝死、跌压、目伤、折伤、夹伤、杖疮等跌打损伤造成之患症及其急救治疗药方220方，使用侗药206种，载有古代人体骨骼解剖图及各骨古名称，对于现今研究民族民间医药历史颇有理论意义和实用价值，全书共107页。

16.《秘诀方歌》

该书收集侗乡各地民间各种医疗临床实践验方或自拟的方剂歌诀50首，汇集成册。由双江杆子侗医杨时权1974年汇编。共9页。

17.《二十四惊风图解》

该书载侗医通晓的传统病名、症候、"惊"病的二十多种形象性命名和治疗经验方法。根据症候的表现形式来区别和掌握各惊症的诊断、治疗，且对各惊症附有形象图和治疗穴位、方法。一图一页，共24 页。

18.《推拿秘诀十三首》

该书系独坡坪寨黄保信医生叩度师传的《救世医书》中的推拿歌诀13 首手抄本，末尾 5 页附推拿法示意图，全册 57 页，开页见师传秘图。

19.《新刻小儿推拿方活婴秘旨全书》

本书载叙承变论、惊风论、诸疳论、吐泻论、童赋、面部脸症歌、脸症不治歌、面部捷径歌、小儿无患歌、夭症歌、面部五色歌、虎口三关察症歌、虎口脉纹五言独步歌、五脏主治病症歌、掌上诸穴拿法歌、掌面推法歌、掌背穴治歌、二十四惊推法歌、二十手法主病赋、验症加减法等医疗经验和方法，全册 63 页。①

十一 其他

1.《突厥医典》

察合台文医书。赛依德·伊禅喀狄尔著。成书于 1909 年。记载突厥人有关质量内科、外科、神经科、骨科、皮肤科、五官科疾病的药物和方法。该书是研究突厥人医学的重要材料。今存石印本，察合台文，高 26 厘米，宽 17 厘米，138 页，每页 13—15 行字，现藏中国社会科学院民族研究所。

2.《滇南本草》

云南地方性药物专著。明兰茂（1397—1476）撰。作者字廷秀，号芷庵，晚年又号悬壶子、和光道人，云南杨林（今属嵩明）人，一生无意仕途，在乡设馆授徒，并遍历滇池流域和云南南部各地采集药物，又向当地彝族、白族、傣族等少数民族访求医疗经验而成此书。该书共载有草药 544 种，多为云南地方性中草药，体例多为正名、别名、性味、归经、功效、主治、应用、用法、附方等，文图并茂，附方中有少数民族处方数千条，并附"医门岚要"（2 卷），扼要阐述各种常见疾病的治疗原则和具体处方。为研究云南地方及各民族古代医学之重要古籍。成书后明清时期多有增改，有 10 种版本，后经汇集重新校订、补图及形态说明，1978

_____

① 肖成纹：《剖析侗族医药民间古籍藏书》，《中国民族民间医药杂志》2003 年第 3 期。

年由云南人民出版社重新出版（3卷）。

第三节　少数民族手工业古籍文献遗存

　　手工业是指依靠手工劳动、使用简单工具的小规模工业生产。在漫长的历史长河中，少数民族的聪明才智在手工业领域也有杰出表现。如竹木漆器的制作、造舟制楫、金属冶炼、造纸纺织等方面有着许多发明创造。

　　少数民族工艺历史悠久，品种繁多，与各族人民生活息息相关，是各族劳动人民在长期生活实践中不断创造发明和发展起来的。可以说，少数民族传统的物质文化创造手段，几乎都是手工制作的。手工艺成为各民族长期以来生存的最重要的文化遗产，通过工艺文献遗存的研究，可以使我们从工艺发展过程中了解各民族各个历史时期的时代特点和民族特点，了解各族人民的生活方式和审美意志的演变，了解社会生产水平和人在自然界中所处地位的变化。

　　少数民族工艺种类繁多，根据不同的标准可以做出不同的分类，如：以物品用途标准可分为生活用品工艺、首饰工艺、面具、厨具等；以材料来源为标准可分为石质工艺、木制、金属、玉制、角制、牙制、草编、竹编等；以加工方法为标准可分为陶瓷、雕刻、纺织、编结、蜡染、刺绣等。

　　竹木漆器方面，早在先秦秦汉时期，散居在中国南方的百越民族就利用当地丰富的林木资源，从事丰富多彩的竹木漆器制作活动。古越人的竹木漆器手工业相当发达，许多编织、制作及装饰精美的竹木漆器广泛运用于日常生活和流通领域，其先进技术通过文献记述和考古发现都能得到印证。在今天，许多少数民族仍旧保留着先进的木器工艺、竹篾制作工艺，其工艺品不仅具有实用价值而且有收藏价值。

　　在纺织印染方面，少数民族先民做出了重要贡献。其中的丝织、棉织、毛织技术，更是出自少数民族之手，后来才被中原地区的华夏民族所掌握。少数民族开发了多种多样的纺织原料，创造了高超的纺织技术，制造出了精美的物品。例如许多少数民族都能织出各种各样的彩锦，其中较为著名的有蜀锦、壮锦、傣锦、苗锦、黎锦、诸葛锦，等等。

　　金属冶炼技术方面，少数民族先民也有着突出贡献。少数民族聚居区有着丰富的金属蕴藏，铸铜技术和冶铁技术等金属冶铸技术自古就十分发达。据史料记载，唐代南诏人使用的兵器，制造十分精湛，为世人称道；南方少数民族制铜业，很早就有一定的规模和较高的冶炼技术，目前发现的大量铜鼓，千姿百态，栩栩如生，可谓少数民族青铜艺术的瑰宝。

造纸术方面，少数民族也有贡献。白族早在南诏时期就开始造纸。云南鹤庆生产出的白族地方特色的白棉纸，质地洁白、细腻，能防虫蛀，是白族造纸史上的一大突破。傣族的手工纸被称为"缅纸"，是用构树皮经过取白皮、晒白皮、浸泡、煮熟、洗净、捣浆、抄纸、晒纸、砑光、揭纸等多道工序制成，纸质薄而柔软，韧性好。傣族手工纸至今仍流传于傣族聚居区，在生产、生活和旅游中大放异彩。

当今时代，文化越来越成为增强民族凝聚力、创造力的重要源泉和提高综合国力、地区竞争实力的重要因素。各民族地区的文化产业在高速发展的潮流中紧随时代的步伐，不断改革创新。其中以手工民族艺术占主导地位，其内容亦相当广泛，包含着傣族织锦、彝族漆木、苗族刺绣、保安族的刀、水族剪纸、布依族蜡染、苗族银饰加工、蒙古族的马奶酒等。一个民族长期形成的工艺，一般都比较独特，在这些创造中，有些后来对少数民族的手工业技术的发展起了推动作用，有些创造还直接在今天的生活中生产、制作和使用，发挥其实用价值。发掘利用少数民族手工业古籍文献，将对我国工业史研究和当地经济发展大有裨益。

一　彝族

在我国的民族文化宝库中，彝族民间工艺以其绚丽多姿的造型艺术而独具特色。漆器、银器、服饰、雕刻、剪纸、彩绘等传统的民族工艺，都保留着彝族鲜明的文化特色。彝族的漆器，历史悠久，使用面极广。有餐具、酒器、兵器、马具、宗教用具等二十余种。而银器种类与漆器等观，造型精美，价值珍贵。其他如服饰、雕刻、剪纸、彩绘等手工艺，风格独特，是彝族文化中的奇葩。

1.《铸铜织绸》

又称《打铜织绸》，亦称《额锝默按》。彝族手工业技术论著。佚名撰。成书年代不详。流传于黔西北彝族地区。该书记述了彝族先民在发展农业、畜牧业的基础上既注重开采冶炼铜、锡，也重视种桑养蚕和纺织绸缎等的情况。还记载道：彝族居住的西南地区，曾经以云南的德纪大城为冶炼青铜的基地，以四川的能沽（今成都）大城为纺织丝绸的基础。展示了彝族农牧业和手工业生产的历史，是研究彝族古代经济发展情况及冶金、纺织技术的重要参考古籍。彝文手抄本，原为贵州赫章县财神区王子国收藏，现存毕节地区彝文翻译组。彝汉文对照的书目以及内容提要载《彝文典籍目录》（四川民族出版社，1994 年）。

2.《酒缸记》

亦称《沽哺特》。彝族故事。佚名撰。成书年代不详。流传于乌蒙山彝族地区。故事叙述录祖录臣（今东川）阿芋斗家，用数年的时间，用上等木料精心制作了四个大酒缸。用它们盛酒，酒香四溢，吸引四方各部，纷纷来他家观赏酒缸、品尝美酒。为此，阿芋斗家举行盛大的开缸典礼，使酒缸的身价倍增。此书是研究彝族古代酿酒规模和酿酒工艺以及各部落交往历史的珍贵资料。彝文手抄本，征集于贵州省威宁，现存毕节地区彝文翻译组。

3.《尼苏夺节》

彝族创世史诗。佚名撰。成书年代不详。流传于云南哀牢山彝族地区。全书由 10 个神话故事组成，叙述了开天辟地、战胜洪水猛兽、栽种五谷、发展生产、婚姻恋爱、民族风情、音乐舞蹈、医院卫生、金属采炼、伦理道德和创造文字。该书是目前所见彝族文献中记载金属冶炼方面最详细的本子。其中涉及金、银、铅、铜、铁、锡、铝、钨、水晶、锰 10 种矿石及其颜色特征和采炼方法。全书为五言诗，共 3000 余行。

彝族在工艺技术类方面的古籍文献还很多，除以上介绍的几本之外，还有《银匠工艺》、《冶铜织帛术》、《裁剪书》、《找铜的故事》、《金属的故事》、《制造器具》等。

二 藏族

新中国成立前，藏族地区生产力低下，农业生产使用铁制或木制耕具，犁地用二牛抬杠，撒播，耕作粗放，产量很低。牧区铁制工具很少，多用牛毛或牛皮为绳索、口袋、木制水桶、驮鞍等。鞣制皮革和取毛都用手工。手工业主要聚集在城镇和大寺院周围，纺织、木、铁、陶、石等手工业匠人使用的工具及操作技术落后。藏族家庭手工业占有重要地位，举凡盖房、制木器、纺线、织氆氇、硝皮、打酥油等均由家庭成员或邻里换工完成。例如藏族的制陶业，至少有 5000 年的历史，种类包括粗砂陶、挂釉陶、紫砂陶、黑陶、彩陶等，成品主要用于宗教活动及生活用品。金属加工业，包括生活用品、装饰用品、宗教用品三大类。它们一般都要经过金属冶炼、锻造、雕刻、镀金、磨光、上红等工序，工艺也十分考究。造纸业，藏族的造纸历史很悠久，根据纸的用途选用不同的多年生草本植物，制成种类繁多的藏纸，其中"达波纸"、"孟噶纸"、"金东纸"及"阿交加交纸"最为著名。"阿交加交纸"具有很强的毒性，可防虫蛀鼠咬，由于原料茎秆绵柔，"阿交加交纸"经久不烂，因而藏寺庙中许多完好无损的经书，就是用这种纸印刷的。氆氇业，用牛、羊毛混纺或专门用羊毛织出的毛料。一般用作衣服和坐垫等材料。竹笔，藏族书法历来使用竹笔。竹笔是将用骨髓或酥油浸润的竹子烘烤、削制而成，一般长 13 厘米、宽 1 厘米，笔尖为鸭嘴状，正中有一蓄墨的细缝。西藏的竹笔，以产于察隅、林芝的"普兰笔"为最多。其贵重与否，不但取决于产地，而且主要取决于笔帽的装饰原料。①

1. 《工巧明须知》

藏语称《工巧明处必需之宝箧》。藏族工艺学名著。康区大学者居·弥旁绛央朗吉嘉措（1846—1912）撰。阐述工艺技巧，如：造纸、制笔及书法，冶炼金、银、紫铜、黄铜，彩绘、彩塑如何着色、罩光，织造毛毯，制药，雕刻牙骨、玉石，陶瓷，制作金、银器皿。漆革制法器，兔粪燃灯，洗涤金、铜佛像等，凡数十种之多。该书对藏族地区手工业发展起到了理论和实践的指导作用。收藏于作者文集。刻板藏于德格八邦寺、竹庆寺以及德格印经院。印本 47.5 × 6 厘米，共 34 页。

2. 《藏族实用工艺宝》

藏族科技志。藏族著名学者居·弥旁绛央朗吉嘉措（1846—1912）撰。介绍藏香、砚墨、书法、绘图、冶炼、缝纫、刺绣、造纸、油漆、颜料、洗染、雕刻、泥塑、木器、石器等的制作和艺术技术，具有独特的理论见解和丰富的实践经验。这些工艺技术至今还广泛运用于房屋建造、家具制造、绘制佛像及工艺品的加工，反映了当时藏族传统工艺的发展水平。该书是研究藏族科学技术史的珍贵资料。原本为藏文长条木刻版，梵

---

① 《藏族的生产技术》（http://minzu.folkw.com/2007 - 10 - 7）。

夹装。整理本为藏文铅印版大 32 开，平装 1 册，85 页，金索南整理，青海民族出版社 1993 年出版。[①]

3. 《彩色工序论》

又称《彩色工序明鉴》。藏族民族彩绘、彩塑工艺程序理论名著。杜玛格西·丹增彭措（1644—?）撰。作者 8 岁起温习五明各科，以医方明、工巧明见长，著作颇多。该书分为 32 章：1—6 章介绍颜色的原料、种类、数量及制作方法；7—10 章论述颜色区分与搭配原则；11—16 章论述何谓专用色、调和色，如何掌握深浅，如何使颜色协调；17—22 章论述如何下笔蘸色、涂色、勾边、上光泽剂、最后修整等技巧；23—29 章论述画像、雕塑时需举行的种种仪轨；30—32 章阐述工巧明发展的历史。全书以诗句韵文体写成，是藏族传统色彩学、彩绘和彩塑工艺技巧方面的经典著作。所见写本 68 页，刻板藏处不详。

4. 《造塔尺度》

藏语称《造塔尺度笺注·精美花鬘》。藏文建造佛塔尺度理论名著。松巴堪钦·也协班觉（1704—1788）著。该书详细叙述了建造佛塔的缘起，介绍各种佛塔的形状、结构以及塔座、塔身、塔顶等各部分的尺度比例，是建造佛塔的重要参考文献。北京版印本 25 页。收载于作者文集。

5. 《十拃手造像量度经》

藏语称《佛像如尼拘卢陀纵广相称量度经》。印度梵语雕塑理论著作藏文译本。相传是大仙人埃哲布所著。主要阐述人体结构及各部位、器官的尺度和比例，以塑像师自身的手拃尺度为计量单位，主张佛身总高度为十拃，即 120 指，佛像、菩萨及诸神像的身高与两臂平伸之长度相等，犹如尼据陀树。此书为藏族塑像师们造像的依据和仪轨，也反映了藏族塑像之技艺。各大印经院均有木刻版。

6. 《十拃手造像量度经疏》

藏语称《造像量度经诠释》。古代印度雕塑理论经典著作《十拃手造像量度经》之藏文注疏。藏族译师札巴坚参译述《造像经》时所作的详细藏文注释。对经文有关人体部位、各器官的尺度、比例、造型技法的论述，一一加以详细说明。全书为散文体，是藏族雕塑师们世纪操作的具体依据，也反映了藏族塑像之技艺。各大印经院均有木刻版。

---

① 编委会：《中国少数民族古籍集解》，云南教育出版社 2006 年版，第 568 页。

7.《造像量度经》

印度古梵语雕塑理论著作藏文译本。全书530句诗，分六章。第一章九拃手身像之量度，讲塑造佛陀、菩萨以下大圣、罗汉、佛母等神祇形象之量度和技法，其纵横均为九拃；第二章八拃身像之量度，讲以威怒为特征的各种护法神形象之尺度和技法，纵横均为八拃；第三章七拃手身像之量度，讲诸天金刚力士等威仪形象的尺度和技法，纵横均为七拃；第四章六拃手身像之量度，讲侏儒诸矮身像的尺度和技法，纵横均为六拃；第五章十拃手身像之量度，讲塑造佛陀、菩萨等身像的尺度和技法，纵横均为十拃；第六章迎送残旧身像之仪轨，讲重新修造、择地迁移等所需的种种仪式。该经对传统的西藏雕塑造型艺术影响很大。全书印本6页，各大印经院均有刻板。

三　白族

商周时代，大理苍山居民已沿山开挖梯田，普遍纺织，制造夹砂土陶器，并制造双孔半月形或长方形石刀作为收割谷物的工具。剑川海门口居民已铜石并用，冶制的青铜器有钺、斧、镰、凿、锥、针、镯等。战国时期，继续生产铜锄、铜铲等生产工具。汉代，大理大展屯东汉墓中出土的陶质水田模型，呈圆盘状，其半部为水田，半部为蓄水塘坝，说明东汉时白族地区已有农田水利设施。据史料记载，至迟到东汉，白族已掌握了农耕技术。唐代"二牛三夫"、"二牛抬杠"的牛耕技术已载入唐代《蛮书》和《南诏中兴二年画卷》。

1.《改机碑记》

该碑1984年发现于巍山县贸易公司加工厂，现移存蒙阳公园碑林。大理石质。碑高110厘米，宽68厘米。碑头刻"改机碑"，直行楷书。文21行。清光绪六年（1880）立。碑文提供了清代巍山地区纺织业发展的史料，价值珍贵。

2.《文安开国铜镜》

宋代大理国文安年间所铸之铜镜。文安，大理国主段正淳（1096—1108年在位）的年号之一，时在北宋崇宁四年（1105）至大观二年（1108）。铜镜直径约14厘米，背镌龙凤形，有柄长约13.2厘米，上镌"文安开国"四个篆字。段正淳铸。段正淳，大理国首府（今云南洱海地区）人，白族，大理国封建领主白族杨氏作乱，段氏王室借助领主白族高氏的势力才得以平息。于是王室势力削弱，高氏势力大增，高昇泰曾于大理国天佑末年（北宋绍圣元年，1094）篡段氏位为国主，翌年改号"大中国"，改元"上治"。只因王室势力尚存，其他领主不服，一年后高昇泰临终遗命其子高泰明还政于段氏，由段正淳为大理国主。此后，大理国又称"后理国"。段正淳在位时有"天授"、"开明"、"天正"、"文安"四个年号，曾称"文安皇帝"。此镜为文安年间所铸。在后理国时期高氏大都为"相国"，政令咸出其门，高氏家族实际上为该地方政权的统治者，但段正淳此镜寓意重新开国，自命建立新朝，实际上其境内建制和设区也确实与南诏至大理国前期不同。因有关大理国的记载极少，故为研究以白族为主体的大理国社会历史及炼铜工艺之参考实物。原物已佚。清陆曾祥《八琼室金石补正》卷一百二十九有著录，并有跋。方国瑜《云南史料目录该说——文安开国铜镜》（中华书局，1984年）可供参考。

四　纳西族

据有关史籍记载，丽江一带的纳西族早在元代时就已经有了造纸业，纳西族的古老东巴经书多是以自制的土纸书写的。丽江一带自明朝天启年间（1621—1627）开始有了规模较大的造纸业，有的村寨因全村大部分人家都从事手工造纸而被称为"造纸村"。除手工制造土纸等技艺之外，纳西族还在纺织业、皮毛革业、铜器及铁器的加工制造业等方面具备了较高的技艺。早在明代，丽江县就有一些村寨就已成为远近闻名的"皮匠村"，其产品远销各地。

《饮食的来历》

纳西族象形文东巴经。佚名撰。28×9厘米，约10页，两面厚纸竹笔横写本，丽江纳西族自治县图书馆等有藏本。东巴在开丧、超荐、祭祖仪式的献饭时念诵，是劳动颂歌。该书记载了古代纳西族用牛开荒、耙田、种麦、收割、打场，以及制碓、舂麦、做糅、打铜锅修甑、烧瓮、煮酒的详细过程，还记载了引水种稻、做扁米、煮稀饭、打猎找野味等内容。是研究纳西族科技文化的珍贵史料。

五　苗族

苗族传统手工技术包括纺纱、织布、刺绣、蜡染制作、铁器制造、鸟笼编制、银饰制造、土法造纸等。在传统的苗族社会，纺织是以家庭为单位进行的，由家庭中的女子承担。苗族女孩从 6 岁开始跟随母亲或姐姐学习纺线、织布、刺绣。苗族服饰不仅能御寒，还能起到族徽的作用，甚至可以根据服饰的不同色彩、不同图案、不同的制作方法来区别不同的宗支。苗族服饰是苗家人一代又一代的创造成果。它具有深沉的民族文化意蕴："迁徙历史和狩猎农耕文化的再现"、"巫术—宗教观念的体现"、"各种审美心理的包容"等，苗族服饰正是以内容的博大精深和造型的优美独特精巧别致而享誉世界的。苗族男子的传统手工业是竹篾编制，成品有鸟笼、马席、背篓、箩筐等生产和生活用具；苗族的铁匠主要打造镰刀、锄头、菜刀等。

1. 《苗蛮图册》

西南少数民族人物生活绘画。清佚名绘。绘有保伶（今彝族）、仲家（今布依族）、龙家、红苗、白苗、青苗、黑苗（以上皆苗族）、侬苗（指壮族或布依族）、木佬（仡佬族）、仡僮（壮族）、僰人（彝族）、峒人（侗族）、蔺苗、罗汉苗、克孟古羊苗、伶家苗、侗家苗、水家苗（水族）六额苗、冉家苗（土家族）、九名九姓苗、爷头苗、洞崽苗、清江苗、里民子、白儿子、鸦崔苗、葫芦苗、生苗、郎家苗、六洞夷人等。每种绘有十余幅至 82 幅不等。有谓系清陈浩所绘。曾有版刻，已失传，无从考。贵州省图书馆、中国社会科学院苗族研究所图书馆等有藏书。此外，也流传到国外，英国博物馆有 6 种，德国有多种，日本有两种。德文译本（1837）79 幅，英文译本（1845）41 幅。外国私人及教会图书馆也有收藏。该图册对研究西南各少数民族的住房、饮食、物产、器物、服饰、头饰等科技文化有着重要的参考价值。

2. 《苗蛮图集》

西南及中东南地区少数民族图画集。清佚名绘制。内有《苗蛮图册》82 幅、《黔苗图说》80 篇、《黔苗图说补》7 幅、《苗蛮图》134 幅（82幅有图无文字说明）、《番苗图册》16 幅、《溪夷图说》48 幅、《琼黎图说》18 幅、《台番图说》17 幅、《龙胜五种图》5 幅（有图无说）等。国内有关图书馆有藏。已流传到日本、英国、德国的有《黔苗图说》、《苗图》等。该图册对研究西南及中东南各少数民族的住房、饮食、物产、器物、服饰、头饰等科技文化有着重要的参考价值。

3.《苗民考》

西南少数民族志书。清龚柴撰。作者为浙江宁波人。此书所说"苗民",系西南许多少数民族之通称。约成书于清末。首叙"苗民"名称,有夷、罗罗、蛮、苗、瑶、僮、僚、仲家、仡佬与仡僚、仡偻、莫徭等;次叙诸苗风俗习惯,如住房、饮食、物产、器用、服饰、头饰、婚嫁、丧葬、节日、耕作、蜡染、迷信等。为研究西南少数民族风俗习惯的参考古籍。

4.《黔苗图说》

贵州民族画册,并附说明词。清陈浩撰文,李宗昉绘图。画册为彩绘图谱,共计 82 幅,每幅长 25.5 厘米,宽 18.5 厘米。画面以写生为主,形象地反映了苗族、彝族、布依族、仡佬族、侗族、水族、壮族等民族的住房、田园、社会环境及人物、衣饰等。每图附说明,详细介绍各民族的生产、生活和社会习俗。系现存清代贵州少数民族最为完备的图文并茂的画册,为研究贵州少数民族的科技文化的重要参考古籍。今藏中国社会科学院民族研究所。另有抄本,1859 年英译本。

5.《百蛮图赞》

清代云南少数民族生产、生活之图藏。清伊里布、刘士珍等绘撰。此书系刘士珍等受伊里布之嘱,为进呈于道光皇帝,于道光中期绘撰而成。共收图 108 幅,即将云南少数民族分为 108 个,均系彩绘。内容有当时云南各少数民族(或其支系等)的耕种与渔猎,也有衣、食、住、行和歌舞,以及婚丧、嫁娶、节日、宗教活动等。每幅图以青山绿水、花草树木、家禽野兽为背景陪衬,并附有简单的文字说明。该书是研究清代云南少数民族的生产、生活状况之参考古籍。稿本今藏中国社会科学院历史研究所图书馆,题《百蛮图》。

六 傣族

傣族的手工业技术历史悠久且水平较高,有纺织业、酿酒业、造纸业、剪纸、竹木陶业等十余种。《腾越州志》记载了傣族丝织品的精美:

"干崖锦，摆夷妇女有手巧者，能为花卉鸟兽之形，织成锦缎，有极致者。"竹器制作在傣族生活中占有重要地位，其应用的普遍和制作的精巧，是特有的民族手工艺技术，历史上不少著作都谈到傣族用竹和藤制作用具的情况。制陶业也是傣族富于特色的手工业之一，《百夷传》说："民间器皿，甌、盆之类，惟陶冶之。"还有流传于傣族民间的古老的手工艺傣族剪纸，密切联系了当地的自然环境、经济形态、原始宗教，具有浓郁的佛教特色和深层的民俗内涵，并广泛应用于宗教祭祀、赕佛、丧葬、喜庆及居家装饰等方面。

《曼塔都拉》

西双版纳傣文佛经。叙述有关各种火器高升、爆竹、火炮等的起源和传说。曼塔都拉是这些火器的制造者。为构皮纸手抄本。全书 38 页，页面横宽 28 厘米，高 32.5 厘米。1958 年收集于西双版纳景洪曼菲弄存佛寺，现存中国社会科学院民族研究所。

七　其他

1. 《云南铜志》

云南铜业史。清戴瑞徽纂。全书包括"厂地"（2 卷）、"京运"（1卷）、"路运"（1 卷）、"局铸"（2 卷）、"采买"（1 卷）、"志余"（1卷）等部分，主要记云南当时铜矿的分布、土法开采、历代产铜史及一些时期的产量。云南产铜之地多为少数民族地区，历代铜业与各族人民关系颇密，且渊源甚早，故此书为研究云南民族地区与铜业关系史之参考古籍。原稿未刊，抄本今藏云南省图书馆。

2. 《滇南矿厂图略》

清云南巡抚吴其濬撰，插图为云南东川知府徐金生绘辑。道光二十四年（1844）刻本。本书分上、下两卷。上卷题《云南矿厂工器图略》，分为：引、硐、硐之器、矿、炉、炉之器、罩、用、丁、役、规、禁、患、语忌、物异、祭等 16 篇。卷首载工器图 20 面。卷末附宋应星《天工开物》（节录"五金"部分）、王崧《矿厂采炼篇》、倪慎枢《采铜炼铜记》、王昶《铜政全书·咨询各厂对》。上卷记述了康熙、雍正、乾隆、嘉庆四朝云南南部开采的铜、锡、金、银、铁、铅金属矿产分布，矿冶技术，管理制度等。下卷题《滇南矿厂舆程图略》，分为：铜厂、银厂、金锡铅铁厂（附白铜）、帑、惠（附户部则例）、考、运、程（附王昶《铜政全书·筹改寻甸运道移于剥隘议》）、舟、耗、节、铸、采（附王大岳《论铜政利病状》）等 13 篇。卷首载全省图 1 幅，府、州、厅图 20 幅。

3. 《白盐井志》

清代刘邦瑞纂修。清雍正八年抄本。云南的井盐生产有着悠久的历史。关于云南井盐的记载，最早见于《汉书·地理志》。汉武帝时实行盐铁专卖，在产盐多的州县设置盐官。当时益州郡的连然（今云南安宁）也有盐官。这说明，西汉武帝时代，云南的井盐生产已经具有相当的规模。云南井盐资源丰富，历代虽有开发，但是到明代以后，才有较大的发展。据记载，明代云南井盐已开发 14 区（乾隆《云南通志》卷 11）。清初，云南初定，人口稀少，顺治、康熙年间仅开盐井九区。这九区是：黑盐井、白盐井、琅盐井、云龙井、安宁井、阿陋猴井、景东井、弥沙井和只旧、草溪井。九井位置及子井名称有详细记载。云南九井的生产都以井卤为原料，从汲取卤水到盐的制成，大致经过汲卤、煎盐、成盐三道工序。每道工序都有比较细致的分工。

第四节　少数民族农业古籍文献遗存

中国传统农业历史悠久，几千年来劳动人民在辛勤的农业劳动中创造了丰富的物质基础，积累了丰富的农业生产技术经验，据考古遗存证明，早在新石器时代，许多少数民族聚居区已开始了农业生产。特别自汉代以来，水稻栽培技术，农具、牛耕技术从内地引入南部少数民族地区，极大地推进了少数民族的农业生产技术。犁耕技术、梯田技术、象耕技术等在少数民族地区普遍推广运用，对农业有很大的推动作用。唐代，生活在南方的少数民族采用授田制，其种植的农作物有稻、麦、粟、黍、稷等，品种齐全。记录这些农业生产经验的古籍文献丰富多彩，现今已成为中华民族珍贵的农业文化遗产。这些科技古籍文献记载了少数民族历史上的农业生产状况。如，清嘉庆《临安府志·土司志》记述了哈尼族的梯田耕作情景；刘慰之《滇南志略》中较全面地反映了云南少数民族的农田类型；樊绰《云南志》卷四记载了云南德宏傣族养象用于耕田的习俗；白族地区的《十大真诠收圆鉴》中记述了近代白族大量的农业知识；《蛮书》记载了南方各少数民族治理水田的先进经验，等等。反映少数民族农业生产经验的古籍文献种类繁多，有专著、综合性文献和大量流传民间的歌谣、民谚，它们都生动反映了各地少数民族在不同时期对农业发展的认识、生产力发展水平、农业生产技术经验等方面，为中国深厚的农业文化奠定了坚实的基础。收集、整理和利用少数民族农业古籍文献，有助于充实和完善我国农业文化史，更有利于因地制宜地发展各少数民族地区的富于特色的农业生产，为其农业生产服务。

一　傣族

在云南各民族的农业技术中，傣族的稻作种植尤有特色，有一整套完整的制度，如稻稻连作制、稻油轮作制、稻麦轮作制、稻豆轮作制、土地轮歇制等。傣族有一首专门反映农事活动的歌谣："一月鱼儿急，二月鱼儿干，三月橄榄熟，四月姑娘们在织布，五月野花开崖头，六月流水响，七月小鸭顺水漂，八月秧子黄，九月秧苗旺，十月谷抽穗，十一月小雀嗑谷子，十二月小雀看着满坎的谷子碎。"① 这首歌谣虽简，却精彩描绘出傣族人民一年的农事情况，特别从八月开始，勾勒的都是稻田的景象，表现出傣族地区稻作生产的重要性及其文化意蕴。

1. 《旦兰麻约南法赛利分列干尚》（自然与生产技术经书）

傣族农村流传的专门讲述农业生产技术知识的傣文书，是一部广泛流传于傣族民间的用于讲解自然常识和生产技术的经书，书中介绍了怎样利用大自然的有利因素，掌握好热、雨、冷三个季节，抓住节令，及时地进行农业生产，并根据不同的季节、气候和土质特点，栽种不同的庄稼，这样才能得到好的收获。如"菠萝栽在坡上蜜更甜，南瓜栽在洼地果更圆，黄土施肥变黑土，种下庄稼谷穗沉甸甸"等农业生产知识，对傣族地区农业生产的发展起了较好的促进作用。

2. 《纳细西双》（四季歌）

云南德宏傣族地区流传的关于农业生产知识的傣文书，据考证创作于距今100多年前。该书采用傣族文学中最为广泛的诗歌形式和手法，主要描写傣族地区一年三季（德宏使用的傣历一年只分三季，即热季、雨季、

---

① 尹绍亭、唐立：《中国云南德宏傣文古籍编目》，云南民族出版社2002年版，第71页。

冷季）十二个月中，傣民族所从事的农业生产活动，包括种植的节令、方法、技巧等，其间还对傣族的佛寺活动、节日、男女老少的行为方式、心理活动、傣乡的山水风貌等进行生动、形象的描写和叙述，并主要教育告诫人们：从事农业生产必须按节令，通过勤劳、辛苦的劳作，才会获得丰收。书中的语言生动形象、情节合理、结构紧凑，读来朗朗上口。对十二个月中每个月的描写、叙述，勾画出傣乡田园牧歌式的幸福安宁生活和生产图景，令人神往。从书中还可看出傣民族先进、发达的农业稻作文化，了解到当时傣族地区的物质文明和精神文明程度。书中还对那些游手好闲、生产不按节令等有害于稻作农业生产的行为进行了鞭挞和讽刺。该书从内容上来看，也可译为《十二节气歌》。该书由方肃林搜集整理，1981 年由云南民族出版社发行。

农业生产方面的傣文书发掘到的还有《甘哈西双楞》（十二月歌）、《栽树歌》、《从贺勐到景兰水利分配及保管手册》、《景洪地界水沟册》等古籍文献。

此外，除了稻作生产经验的总结外，傣族也是我国最早利用茶叶的少数民族之一，有着先进的茶叶生产技术和深厚的茶文化，许多古籍文献对此都有大量载述。最早记载傣族产茶的是唐代樊绰的《蛮书》："茶出银生城界诸山，散收无采造法。蒙舍蛮以椒、姜、桂和烹而饮之。"明代的钱古训、李思聪在《百夷传》中记述了云南德宏傣族地区饮茶习俗："沽茶者，山中茶叶，春夏间采煮之，实于竹筒内，封于竹箸，过三岁取食之，味极佳，然不可用水煎饮。"傣族地区所产的茶叶种类繁多，名重一时，在《滇略》、《滇南新语》、《滇南见闻录》、《道光普洱府志》、《滇海虞衡志》中多有记载，其独特的加工制茶技术，集食用、药用、饮用于一体，对中国茶叶生产技术的发展发挥了别有特色的作用。

二 彝族

彝族作为我国西南地区具有悠久历史的民族之一，在民族繁衍过程中农业同样发挥着巨大作用。在长期的社会实践中，彝族形成了独具特色的农耕文化，彝族古籍、传说、神话等丰富多彩的彝族文献记载和反映了彝族先民有关农业起源、农作知识、农作物的产生、农具的产生等方面的农业知识，对研究彝族农业史、西南农业起源乃至中国农业文明的历史都具有重要的参考价值和启发意义。

1. 《物始纪略》

又称《绝透数》。彝族传说、典故汇编。佚名撰。成书年代不详。由天地初成开始，叙述自然界和人类社会的众多现象，包括风、雾、季节的起源，以及养蚕、释鹤名、释杜鹃名、玄鸟给日献药、兔给月献药、老鹰覆天脊、地上虎、龙形象记、奇獐记、鹿子生根根角、九叉角地龙、种子的根源、农事的根源、茶的由来、人类的产生、野人的根源、女权的根源、知识传授、人死由来等。对研究彝族人文科学和自然科学有参考价值。全书多为五言句，共 2700 余行。原书为彝文手抄本，由贵州赫章县的王兴友收藏。如《物始纪略·茶的由来》记载："茶的根由，说来有头绪，高大的树，荫深枝叶相结合，异味的苦叶，遮天蔽日，君喝后施令，臣喝后断事，师喝后祭祖。盛名东方传，宝树生西方，汇集到彝地。""有一对男女，到深山箐林，伐奇木异树，采珍奇木叶，葱郁郁、绿油油，这种奇树叶，蜂采后心明，兽吃后眼亮，这一对男女，攀折下一枝，回到家中后，用银锅来煨，用金杯来盛。""这样以后，这一对男女，在一起商议，精心栽培茶，栽在园子中，栽培出茶叶。"《物始纪略·工匠的根源》记述早期的开拓者，先是使用石器，"在那个时候，打石来做物，剐兽皮做裙，羊皮做衣裳"。①

2. 《梅葛》②

彝族史诗。佚名著。成书年代不详。流传于云南楚雄的大姚、姚安等彝族地区。史诗分创世、造物、婚事和恋歌、丧葬四部分，反映彝族先民在远古时代对事物的丰富想象，记录彝族先民的生产和生活变化过程，概括了彝族先民生活历史发展的轮廓。《梅葛·农事》篇中，记述了原始农业的生产知识。首先，是对不同农作物生长环境的认识。书中记载"坎上种包谷，坎下种荞子，水冬瓜树下的荞子好，板栗树下的荞子好，有松树的坡地，甜荞长得好"。书中还记述了农业的生长过程："山坡杂树多，根多不好盘庄稼，人类拿刀子，要把树砍完……人来砍杂树，先把刀磨好，拿刀来砍树，凡刀遍砍倒！地王就决定，人类盘庄稼……五月…到九

---

① 毕节地区民族事务委员会、毕节地区彝文翻译组：《物始纪略》第二集，四川民族出版社 1991 年版，第 41—49 页。

② 编委会：《中国少数民族古籍集解》，云南教育出版社 2006 年版，第 272 页。

月来……杂树全都砍光了……十月……到腊月尾，过了旧历年，正月初一那一天，房前屋后雀鸟叫，梁下雀鸟来做窝，节令分出来了，要忙庄稼活路了。二月二十七，布谷鸟叫起来，石蚌叫起来，要放火烧荞地了……选在属鼠日，老鼠会打洞，不会被火烧。从此火着了，荞地烧起来……三月二十日，开始撒荞子。属龙日来撒，庄稼像龙一样旺，属虎日来撒，庄稼像虎一样好。……三十七天后，薅草节令到，翻草节令到……到了九月土黄天，庄稼盘好了……人来盘庄稼，要按节令盘。把年月日分出来，把四季分出来，才好盘庄稼……一年十二个月，月月要生产。正月去背粪，二月砍荞把，三月撒荞子，四月割大麦，五月忙栽秧，六月去薅秧，七月割苦荞，八月割了谷子瓣包谷，九月割了甜荞撒大麦，十月粮食装进仓，冬月撒小麦，腊月砍柴忙过年。"

3. 《狩猎祭祀经》

彝族古彝文《狩猎祭祀经》，全书 14000 余个古彝文单字，为五言体，近 3000 行。系彝族磨布支系于清代改土归流前上溯 66 世呗耄始祖布托欧揉所著，是彝族现存最早的重要古彝文经典文献之一，相当于汉族的先秦文献。现存的抄本古彝文《狩猎祭祀经》，对彝族古代先民的狩猎活动作了较为详尽的记载。彝族古代先民是一个狩猎的民族。所谓狩猎祭祀，就是狩猎前要进行一次盛大而隆重的祭祀活动，将前人的狩猎活动再现一次，以示狩猎前的演习。即如何使用工具，如何设伏圈，是狩猎的经验、技术和方法，是彝族古代狩猎社会的专门技术。狩猎后的祭祀，是记录将猎物祭祀后的分配情况。在狩猎过程中，除详细记录了野生动物的习性、生活规律及狩猎季节外，还详细记录了狩猎过程中的男女分工。同时经中还详细描述了狩猎工具——猎狗。该古籍是彝族动物典籍中很有代表性的一本。

4. 《马经》

对于彝族的古代先民来说，马是他们乘坐、交通运输和征战不可缺少的主要工具。他们不但善于骑术，而且善于养马、驯马、相马。《马经》详细地记录了陀尼武米、仇娄阿摩、佐络纪、阿德果、乌撒、乌蒙、阿哲等各氏族部落的要员们如何养马、驯马、相马的经验、技术和方法，他们以马的不同毛色、身高、体短、脚现筋脉蹄圆、头昂尾翘、口鼻湿润、眼大有神、耳立灵活等特征，评定马的优劣与用途。该古籍是彝族动物典籍中的代表作之一。

三　壮族

壮族是一个种植水稻的农业民族，其他作物及农林牧副渔都围绕水稻运转。在历史上，生产经验的总结、积累，生产知识的传授，都通过壮歌来进行，在这个过程中产生了大量的生产歌，比较稳定的都用古壮字予以记录或创作，从而留下了大量的文献。这些文献有反映耕地、插秧、收割、采茶、打鱼、放牛、驯养等生产内容的生产歌，如《农事歌》、《十字坡歌》、《看牛歌》、《采茶歌》、《花歌》、《果歌》、《瓜果菜歌》、《打鱼歌》等，这些科技古籍对各种农事活动进行了归纳：有反映生产工具门类、特点及用途的《生产工具歌》，在歌圩对唱的盘歌部分，经常有大量的盘问生产工具特征及性能的歌；还有传授某项生产窍门的歌谣，如《鸟兽歌》里教人们如何对付猛兽，如何防止毒蛇侵害。这些歌在生产尚不发达的自然经济时代，曾经起过重要的作用，对我们今天研究农业生产发展史也是不可或缺的材料，具有一定的参考利用价值。

《垦田之利可兴》

该文是一篇建议在广西壮族地区开垦农田之文。明魏濬撰。作者在游历广西浔（今桂平）、横（今横县）、邕（今南宁）、宾（今宾阳）、柳（今柳州）等州时，见到广阔、肥沃、水源丰富的土地，因此撰文，阐述在此土地上开垦农田必大收鱼米之利的观点。明代浔、横、邕、宾、柳诸州多为壮族聚居区，故此文为研究明代壮族农业发展史的参考文献。

四　水族

水族具有悠久的历史和灿烂的文化。孕育于百越母体中的稻作农业文明，在水族形成单一民族之后，也一直为水族人民所传承与发展，形成了今天水族独具特色的山区梯田稻作农耕文化。水族的稻田耕作制度以一年一熟制为主，在长期的实践活动中，水族先民因地制宜积累了丰富的耕作经验，如选种技术、施肥技术、中耕技术等。在水族生活的地区，其地方性水稻品种多达70多种，小广谷、八月白、冷水红等都是水族很有特色的稻作品种。

《农事》

水族记载农事之书。作者及成书年代不详。抄写于清代。内容记播种和收获的时节及其他耕作事项，如"庚午年丁巳日播种，吉"等。对研究水族农业生产有参考价值。此书以竹签作笔蘸墨书写于白厚绵纸上，自右至左竖书，页右侧线装。页面宽 18 厘米，高 26 厘米。全书 11 页。原件现存国家图书馆。

五　其他

1. 《农部琐录》

清代云南禄劝地方志。清檀萃（1742—1801）纂修。此书因作者曾任禄劝知县，于乾隆四十三年（1778）取当地古名"洪农禄券部"之义纂修而成。内容分天文、地舆、风土、建置、食货、学校、选举、祠祀、秩官、人物、杂异、种人、土司、彝语等门。材料多采自清李廷宰修、高攀云等纂《［康熙］禄劝州志》和清王清贤修、陈淳纂《［康熙］武定府志》，并补康熙以后事于各门之后，故又名《［乾隆］续禄劝县志》。因禄劝多有彝族及苗族、壮族、哈尼族、傣族、傈僳族、回族等民族，故诸门中均有程度不等的有关这些少数民族的资料，尤以种人志、土司志、彝语志等为多，土司志中有"武定凤氏本末"一篇，为研究清初以前禄劝等地方和彝族等民族社会历史之重要古籍。有乾隆四十五年（1780）刻本。今仅存卷八至卷十四。残本藏云南文史研究馆。云南省图书馆有残本的抄本。

2. 《农说》

明代农学著作。明马一龙（1499—1571）撰。作者字负图，号玉华子、孟河，回族，江苏溧阳人。嘉靖二十六年（1547）举进士。曾任南京国子监司业。后辞官归田讲学著述。此书序称：农不知道，知道者又不明农，故天下不务此业，而他图贾人之利，闾阎之间力倍而功不半，十室九空，知道者之所深忧，故作书以逐条自为之注。全书以哲学论农事，为古代农书所罕见，文字颇简略。有《广川学海》本、《宝颜堂秘笈》本、《说郛》本、《廿二子全书》本、《丛书集成》本等。

3. 《旱晴歌》

亦称《大旱大晴歌》。毛南族抒情长歌。产生于清代光绪年间。流传于广西环江的上南、中南、下南。歌长 240 行。毛南族久居大石山区，历来"十年九旱七无收"，光绪二十一年（1895）也为大旱之年。内容从立春唱到立冬，以节气为序，记叙农家四季耕耘播种，要想获得丰收全靠风调雨顺。然而，自立春至谷雨、芒种、夏至，滴雨不下，仍劝慰自己立秋后白露再种也来得及，直等到寒露、重阳过后落叶纷纷、河干水断，最后颗粒无收，只得寄希望于明春。此歌以"旱晴"为题材，通过求雨而表现企盼丰收的急切心情。此歌在毛南族文学史上占有重要地位，可供研究封建社会毛南族农耕经济参考。袁凤辰根据毛南族歌手覃启仁、谭杰、谭海深等提供的手抄歌本翻译整理，最早刊于《民间文学》1981 年第 8 期，后收入袁凤辰、过伟等编的《毛南族民歌选》（广西民族出版社，1987年）。内容评介可参阅《毛南族文学史》（广西人民出版社，1992 年）。

4. 《嘹歌·三月歌》

古壮字长篇风俗歌。佚名撰。此歌为《嘹歌》的一部，内容包括《春歌》、《季节歌》和《节气歌》三部分。此歌以一对情侣的对唱为引线，反映右江地区壮乡的自然风光、季节时令、农事活动和节气风俗；对每个节令的主要农事活动及相关风俗也作了较详细的描绘，具有较高的研究价值。

5. 《嘹歌·散歌》

古壮字长篇风俗歌。佚名撰。此歌为《嘹歌》的重要组成部分，是《十年天旱歌》、《丰年歌》、《二十四节气歌》、《十二时辰歌》的总称。此歌较自由地反映了壮族人民的现实生活、农事活动和相关风俗，具有较高的研究价值。

6. 《驯马经》

敦煌本吐蕃时期藏族民间驯马技术文献。全卷 102 行。所载调教马匹的技术和方法十分详细，如：一匹生马需调教 40 天以上，每天步度（马行走时快步和慢步的比例）为 6—7 次，根据马的体力强弱、肌肉紧张度、出汗多少、排粪次数、服训与否等情况随时调整步度。调教过程中如何喂料、饮水也十分严格。调教期间，如出现额毛竖起、双耳松弛、腹泻、马步不稳等不能继续调教时，则以清水洗马眉、鬃毛、尾部乃至全身，或大声吆喝，令马极度受惊，月夜调训直至跌倒为止。如出现胸部及生殖器颠摆、肉颤、肩颤、肉肿、四肢僵直不能触地，便知是练步受伤，则应调整步度，待气喘平息、汗水落干后，以鲜草喂之。原件现藏法国巴黎国立图书馆。该文献反映了 10 世纪以前藏族人民驯马技术的高超水平，至今还有许多细则为人们使用，很有研究价值。收入王尧、陈践编著的《敦煌吐蕃文书论文集》（四川民族出版社，1988 年）。

7. 《马的来历》

纳西族象形东巴经。佚名撰。28×9 厘米，10 多页，两面厚纸竹笔横写本，丽江纳西族自治县图书馆有藏本。该书记述了东子阿来吉精心养马、找马、用马之过程，反映古代纳西先民驯养马、骡、牦之历史。

8. 《南方草木状》

南方草木志。晋嵇含（262—306）撰。成书于永兴元年（304）。渊源古老，内容丰富、翔实。主要记述岭南地区的土特产及其开发利用，是中国第一部记述南方植物的著作，也是世界上现存最早的地方植物志。该书共分三卷，其中上卷记草木类，有甘蕉、耶悉茗、茉莉花、豆蔻花、鹤草、水莲、菖蒲、留求子等 29 种；中卷记木类，有榕、枫香、益智子、桂、桃榔、水松等 28 种；下卷记果类和竹类，果类有荔枝、椰、橘、柑等 17 种，竹类有云丘竹、石林竹、思摩竹等 6 种。全书共记述植物有 80 种。其中大多数是亚热带植物。虽然所记述的植物种类与种类繁多的南方植物相比还差得很远，但所记载的植物如茉莉花、甘蔗、龙眼、椰树等，都反映出了南方植物的特色。书中所记当地民族利用蚂蚁来防治柑橘害虫，至今仍为园艺学中一大学问。书中所记录的各种植物，除少数名称无法考订外，大多数都和现在所知的植物相符，这说明当时人们对植物的观察和认识已经达到相当的水平。

9. 《农桑衣食撮要》

元代月令类农书。作者鲁明善，名铁柱，维吾尔族人，曾任靖州路（治今湖南靖县）、安丰路（治今安徽寿县）达鲁花赤。延祐元年（1314），出任安丰肃政廉访使，兼劝农事。

《农桑衣食撮要》以月令体裁写成，分为十二个月，月下条列农事并讲解做法。全书分为上、下两卷，共 11000 多字，但农事却有 208 条，内容极为丰富。如气象物候，农田水利，作物、蔬菜、瓜类、果树、竹木、桑栽培，蚕饲养，家畜家禽养殖与医疗、役用，养蜂采蜜，粮食和种子保管，副食品加工，衣物保管等。

书中首先反映鲁明善重农的思想，他说："务农桑，则衣食足；衣食足，则民可教以礼义；民可教以礼义，则国家天下可久安长治也。"其次以深耕细作、增加地力、提高单产为发展农业的指导思想。三是在农业经营思想上，提倡农林畜副多种经营，强调综合利用，讲求经济实效。四是提倡勤俭，注意备荒。正如他在自序所说："凡天时地利之宜，种植敛藏之法，纤悉无遗，具在是书。"在当时的条件下，这是一部庄稼人很实用的农业小百科全书，具有明确的实践性，语言简明易懂，态度循循善诱，可以看出鲁明善是一位关心民生的地方官。作为维吾尔农学家的鲁明善，不仅总结了汉族劳动人民的生产经验加以传播，同时也把西北地区兄弟民族的生产经验进行总结、加以传播，为祖国的农学书籍增添了新的内容。

10.《祭谷畜神经》

纳西族象形文东巴经。佚名撰。在纳西族祖房神堂中有专门的谷畜神笭，内装神石、松球（象征羊群）、粮架、粮柳、划盘等神器，祭祀谷神"窝美恒那拖色""鹿美阿刚汝"等18尊神灵。该书阐述了祭祀谷畜神的缘由、除秽生献、人类迁徙颂、熟献、喊谷堆、叫羊群等，反映了古代纳西族从畜牧业到与农业相结合历史进程中的民俗。该书为28×9厘米、29页，两面厚纸竹笔横写本，和志武于1954年收集于长水。①

第五节　少数民族地学古籍文献遗存

人类最早进行的科技活动就是"察地观天"。甚至在文字发明之前，人类就有了地理与天文方面的记录。如许多民族在没有文字之前，就有了地图。中国古代的地学文献，包括地图文献、地质文献、气象文献、水文地理文献、人文地理文献，等等。②

生活在各地的少数民族先民，在长期的生产生活实践中积累了丰富的地学知识，产生形成了内容丰富、数量不菲的地学文献，内容涉及各民族生活区域及周边国家、地区的历史、山川、气候、物产、风俗、宗教等情况。如明代白族杨士云编撰的《苍洱图说》、《议开金沙江》，李元阳的嘉靖《大理府志·地理志》、万历《云南通志·地理志》，刘文征的天启

---

① 编委会：《中国少数民族古籍集解》，云南教育出版社2006年版，第183页。

② 丁海斌：《中国古代科技档案遗存及其科技文化价值研究》，科学出版社2011年版，第4页。

《滇志》等。其中山记多以描述风景、古迹、寺观为主；水道记大都记载了水道的来龙去脉，反映了明代云南的自然面貌，有一定的科学价值，对于了解古今水道的改变情况提供了可靠依据。传说中的中国古地图起源较早，4000 年前就已经在使用了。西周时，地图已广泛地应用于生产、军事、城市建设及墓葬规划等方面；从春秋战国到秦汉，各诸侯国之间争战不断，对地图精度要求越来越高，使地图编制水平有了明显的进步；经过两汉的发展，到晋代，地图不仅在制图工艺上有较大提高，制图理论上也有较大突破。在这个过程中，一些致力于科学探索的古人发挥了重要的作用。自古以来，我国少数民族在地图学方面也做出了许多贡献，在历史上产生形成了较多的地图，总结来看，这些地图上绘有山川、城郭、驿舍、夷险等要素。其中，对于山脉逶迤、峰峦起伏等要素的表现都以测量为基础，有些精度很高，说明当时的少数民族先民测绘技术已达较高水平。现存南诏时期的《南诏中兴二年画卷》，其背景就是一个大理地区的地形图，它是众多少数民族地图中的代表之一。但由于历史原因，传世的少数民族绘制的地图已不多见，留存至今的地图对研究少数民族地图学具有非常珍贵的史料价值。

我国少数民族的地学知识与我国地学文明史的发展是相适应的。由于古代的历史学和地理学相互渗透，彼此内涵十分丰富。古代地理撰述，以地志和图籍为主，游记和方志更不可胜数。这些古籍文献中有许多既介绍观察了本民族生活地区的山川、物产、风土、人情，其中也包括一些可贵的地理观察和分析推理。这二者往往是融为一体、很难分开的。如方志、笔记、游记等。同时，也出现了一些专门讨论地理现象成因与发展规律的理论性较强的著作。研究和利用这些地理学遗产，可资了解在漫长的历史发展长河中我国少数民族人民的地理视野，补充并探索祖国地理学的前进踪迹，以及为当前现代化建设中利用和改造自然环境提供历史依据。以下列举各民族具有代表性的历史地理名著，附以简单的介绍。

一 藏族

藏族早在 5 世纪左右，就对雪域高原的山水做过考察记录。噶举派僧人米拉热巴（1040—1123）曾在喜马拉雅山山洞中修行了 9 年，在《米拉热巴道歌》和成书于元明之际的藏文史籍《莲花遗教》中对珠穆朗玛地区作了具体形象的记载，并记载了五座山的排列位置。此后藏族地理学家们撰写了许多有关雪域藏疆地理测绘的著作，其中最有影响的是坚白却吉丹增赤论（1789—1838）撰写的《南瞻部洲广说》，这是一部地理名著。自公元 1709 年之后，汉地官员、学者和外国人士，为了种种目的，来藏与当地藏民共同进行测绘，先后绘制了上百幅地图，这些地图有全藏的也有局部的。

除了对藏区的地理认识之外，藏族人民对地震认识很早，在藏区发生的地震在藏汉史籍中均有丰富的记载。其中藏文档案历史资料是藏文地震史料的主要来源，收录地震资料近 60 万字，记录了公元 642 年以来西藏、四川等地的 101 次地震，共有 600 余条（件）。主要有西藏、青海、四川等地的寺庙和西藏噶厦、宗府等地方官府的地震文书，其中包括寺庙、宗府、贵族和百姓有关地震灾情、救灾、重建工程、减免租赋、禳灾、占卜、佛事活动等方面的呈文、咨文、禀帖、报告、饬令、布告、批复、函件、图件、誓约、账目、收据、经文等。另外还有税卡、关卡、海关等处有关地震的历史档案资料。藏文历史文献中的地震记载，无论大区域或小范围的有关地震灾害、异常现象、救灾方案措施的呈文、报告、禀帖、信函、图件等，其时间、地点、内容都非常具体翔实，有的就是实地调查的记录。其中的人员伤亡和传承损失，有宗府、寺庙、居民点的综合统计；有寺院、贵族、兵营、关卡、家庭的一人一畜、一房一檩、一灯一烛、一碗一筷的具体数目，有的还附以图形，可谓最详尽的地震和灾害记录。藏文地震史料的整理，填补了严重缺失的空白，对于判断百余次地震事件的时间、地点、强度发挥了决定性作用；对于研究中国西部地区，特别是西藏、青海、四川、云南等地区地震的孕震过程、成因机制、前兆异常、活动周期与迁移规律、地震地质、力学特性、地震区域与条带划分和地震强度区划，总结借鉴防震救灾、震区重建和恢复的经验等，提供了大量翔实的历史资料和科学依据。

现将有关藏文地震史料举要如下：

1. 《西藏噶厦档案·祈祷禳灾经文》

记述藏历第十二绕回阳铁龙年（清康熙三十九年，1700）西藏塔波等地地震前兆与变异的现象："铁龙年之凶兆：出现冰桥；藏历年初二之夜，天降尘雾；二月二十七日午后，日月泛红；三月六日暴风；四月乃东空布山哭泣；五月十日，彭波地啸；塔波和鸟郁林嘎尔等地发生地震，发出响声、火焰闪动等奇异现象……"

2.《宁日喇嘛因打箭炉地震为第巴·桑结嘉措所作免灾诵经仪轨登记》

记述藏历第十二绕回阳铁龙年（清康熙三十九年，1700）四川打箭炉地震的情况："尤其危害西藏政教经济之士兔年之旱兆；在香南木格佩哇山向大威德神所献，朵马滴出甘露；六月二十五日噶孜寺东南墙，石头动摇脱出；哲古湖干枯；岗底斯山拉昂湖雁群骚动；新年除夕晚闪电；天、地、中三界普遍出现恶兆……"

3.《为阳水马年，阴水羊年西藏地震作白伞盖度母禳解经偈文》

该文是1702年西藏地震噶厦档案，记有："诸如从不定方向发生震响，山啸岩崩，地震，动物生怪胎等天上、空中、地下种种不祥之兆。此外，有的声音也分不清是山啸还是雷鸣……山顶路侧之'玛尼堆'也已破裂；六月十五日猫头鹰飞落多罗灶房中；七月六日夜同错挂巾幡之旗杆倒；望果节拉萨下雨。"

4.《佛金刚持洛桑格桑·嘉措略传》

记述1751年西藏林周热振地震"六月，热振地大震，向布达拉念经祈祷之际，出现白虹。是月七日晚，自热振长泉至拉让房顶出现一道白虹。虽值秋末，但热振漫山遍野之树木花草复萌新芽，并出现许多奇异之兆"。这一地震史料，非常详尽地记述了地震前后的冰、雾、风、雨、水、旱、声、光、雷电、鸟兽等奇异现象，并归结为发生于天上、空中、地下之立体空间。并有"动、涌、震、击、吼、爆"六种地动和"西涌东没、东涌西没、北涌南没、南涌北没、中涌边没、边涌中没"六种震动之说。其记述之详、种类之多、涉猎之广，实属难能可贵。

5.《驻藏邦办大臣奎焕致摄政王德米·阵米绕结文书》
记述1893年8月29日四川乾宁县地震的震情。

6.《图如台吉因俄硕督等地地震官员百姓露宿野地呈达颜汗禀帖》
记述藏历第十一绕回阳木马年至阳土猴年（清顺治十一年至康熙七年，1654—1668）西藏硕督地震，言"九月二十七日早膳后，发生强烈地震，硕督亦然，宗府大部毁坏，宗堆迁至柳林暂居"。这是西藏噶厦档案中最早的震灾禀帖。

7.《噶厦档案·达巴宗堆为修复震坏寺庙呈噶厦文》
记述藏历第十三绕回阳水猴年（清乾隆十七年，1752）西藏达巴宗的地震震况。文中详述达巴宗达巴寺、卡尔宗等寺庙和官府地方灾情及修复情况。并言震后"门尼提地方发生天花病"等情况。此后有关寺庙和官府地方灾情阶段禀帖、呈文等，日益详尽，包括官府、寺庙、贵族、民居等建筑物的倒塌破坏、人畜伤亡、财物损失、山崩滑坡、地裂水患、病害疫情、交通阻隔、生产停顿和次生灾害等，应有尽有。

8.《噶厦档案·绒辖地震公文目录》

保存有 1934 年绒辖宗地区地震的大量文书，计有税卡房屋、差房、曲瓦卓偏岭寺等倒塌情形巡视报告一件；绒辖地方幸存贫苦百姓公禀一件；绒辖陈塘地方卓德上方税卡和所属百姓房屋原貌图样一件；曲瓦卓偏岭寺及寺属差民住房、僧舍等原貌图样一件；新建绒辖税卡图样及其修建计划各一件。各种形式的地震文书，反映了震灾上报、救灾、重建等一系列活动，并且图文并茂，由此可见噶厦档案中地震史料的一斑。

在地震发生后，有关救灾部署、计划方案，赈灾安排、标准；减免租赋、徭役，官府、寺庙修复工程，恢复经济、安定社会的步骤；禳灾、占卜超度死者、佛事活动、祭祀供奉物品，惩恶扬善、物尽其用等方面的禀帖、呈文、咨文、函件、批复等地震文书，噶厦档案中均有收录。在 1915 年 12 月 3 日下拉加里、沃卡宗、穷结宗、乃东宗等地发生强烈地震，噶厦档案中就有以下 26 件地震文书：

温溪堆强钦巴等关于拉加里地震情形之禀帖；
沃卡宗堆为震灾事呈噶厦文；
噶厦批复沃卡宗堆文；
温溪堆等官员巡察沃卡宗地震后呈噶厦文；
山南总管为震后禳灾呈噶厦文；
噶厦对山南总管因地震请求禳灾之批文；
肖苏·益西土登呈噶厦文；
山南总管就维修弥勒寺大佛塔呈文；
噶厦就震后修复事宜对温溪堆僧俗官员呈文之批复稿；
温溪强钦巴等联合禀报震灾善后诸事文；
强钦巴复噶厦知宾和秘书便函；
噶厦就震后重建沃卡宗府寺院事呈达赖文；
拉加里所属五寺执事重修寺庙具结书；

噶厦对桑鸢宗秦普寺属溪卡百姓呈文之批示稿；

噶厦关于救济拉加里地震灾害文；

强钦巴、噶须巴等为扎地、拉布震后救济事宜禀复诸噶伦文；

修缮沃卡仁岗等工程僧俗管事呈噶厦文；

噶厦复修建沃卡仁岗寺僧俗管事令文稿；

噶厦给山南总管指令；

噶厦为修复秦普寺饬令桑鸢堪穷和宗本文；

噶厦复山南总管文稿；

噶厦对沃卡宗呈文之批示稿；

噶厦因沃卡宗搬迁事饬仁岗寺工程管事令文稿；

噶厦饬温溪曲顶拉章管家文；

噶厦批复沃卡仁岗寺主管文稿；

噶厦饬僧官吉村克却文稿。①

9.《西藏地震史料》

地震突如其来，对社会经济造成严重影响，极易引起人们的注意。记载藏文地震史料的历史文献很广泛，除以上专门记录地震的档案文书之外，还有史籍、佛教经典、传记、文集、石刻、绘画等，现择其要者简述如下：达隆巴·阿旺郎杰《宗教史》；蔡巴·贡嘎多吉《红史》；白若杂纳《佛教史》；松巴堪钦《佛教史》；阿旺·洛桑嘉措《西藏王臣记》、《祈祷词》、《洛赛嘉措札巴坚赞传解说》、《班觉伦珠传》、《云丹嘉措传》；第巴·桑结嘉措《六世达赖仓央嘉措传》；江嘉茹白多吉《赤青·阿旺曲登文集》、《洛桑格桑嘉措传》、《七世达赖格桑嘉措传》；索郎仁青多吉《西藏法王史话》；霞扎·旺曲杰布《桑鸢寺目录》；惹·益西森格《益西森格译师传》；阿旺郎杰《达隆白教传》；开巴嘎夏《仁布世系史》；查尔青·罗赛嘉措《达钦罗卓白桑布传记》、《白登喇嘛当巴尊者传》；普布觉强巴措陈《十三世达赖传》；噶玛·才旺旦配《噶玛噶举宗教史》；札巴《第十五四世台阿旺曲等传》；土观·曲吉尼玛《阿旺·曲吉嘉措传》。上述藏文史籍、佛教经典，记载了自唐代初年以来多次地震

---

① 齐书勤：《藏文地震史料刍议》，见《第二届中国少数民族科技史国际学术讨论会论文集》，社会科学文献出版社 1996 年版，第 210—211 页。

及有关异常现象的大量资料。

10.《地相文汇编》

藏族地相学文集。佚名撰。具有广泛群众基础和悠久历史传承的藏族地相学，是一门融宗教自然崇拜与地理、地貌、物候、景观、历史、神话与一体的独特学科，一般由藏传佛教各派僧侣掌握。本书收集了《地相珠宝聚》、《地相宝藏》、《地相宝瓶》、《地相蒙姆指示》等15篇藏族地相学文献和图表，集中地反映了藏族地相学的古老性、权威性、奇特性以及文献的认识价值。该书是研究藏族地相学的珍贵历史文献。原本为藏文手抄本。

11.《西藏诸水编》

清代西藏地理志。清齐召南著。作者对地理及水道很有研究，该书记西藏雅鲁藏布江、冈布藏布河、朋出藏布河、冈噶江四水的正流及其支流，为研究清初西藏水道之参考古籍。有《小方壶斋舆地丛钞》本。

12.《西康图经》

任乃强（1894—1989）编著。著者从1933年起陆续撰成《西康图经》"境域"、"民俗"和"地文"诸篇。此书发表后在国内外引起广泛重视，推动了全国的藏学研究，被誉为"边地最良之新志"、"开康藏研究之先河"。该书是根据作者1929年在西康的考察札记编写的，计划出版11册，即境域篇、地文篇、民俗篇、产业篇、民族篇、宗教篇、酋长篇、吏治篇、外患篇、史鉴篇、关于康藏图书篇经。实际完成前面三篇。其中《西康图经·境域篇》出版的最早，系"新亚细亚学会边疆丛书"第12种。[①] 全篇共10项：部分（即部落）、辨名、疆域、省会、界务（上、中、下）、县界问题、境域篇后记、境域篇补记。每项又各分若干节。所谓"部分"，即叙述康藏过去之版图与划分；"辨名"，系对于戎、氏、土伯特、唐古特、乌斯藏、西藏及西康等名词之正当诠释。"界务"中分为清代之康藏界划、近世中藏界交涉及新省划界问题三方面。全书80余节，共十余万言，插图40余幅。书首有图片和地图40余幅，并附有目录。据本书前言云："本书根据史籍与档卷，将康藏问题历史的、自然的、拟议的、现实的，种种界限之成立的原因、变革的状况，与其相关之一切质素，分条剖析，绘图说明。"可见本书特别注意此项之研究乃康

---

① 任乃强：《西康图经·境域篇》，南京新亚细亚学会1933年版，第250页。

藏界务，即西藏问题之症结所在。本书与下列"民俗"、"地文"两篇均
为研究康事之要籍。

《西康图经·民俗篇》系"新亚细亚学会边疆丛书"第 14 种，共分
上、下两编：上编"番族"，述其人种、职业、居住、饮食、衣服、性
格、礼俗、岁时、娱乐、语文、同化问题等项。每项又各分小节，共 163
节。① 下编"汉族与其他各族"，包括客民来访、客民小传、移民问题、
傈猓、滇边诸族、后记。"移民问题"中，罗列移民办法与前人事实。
"滇边诸族"所举有麽些、古宗、民家、粟粟、怒子与狄夷等族，大多取
材于清余庆远《维西见闻记》。书中有地图和插图 40 余幅。

《西康图经·地文篇》系"新亚细亚学会边疆丛书"第 15 种。② 全书
共分四部分：一、地形；二、地质；三、山脉；四、正译。第一部分地
形，以图文兼备的形式介绍了西康高原的地形概貌，前面四节分别从西康
高原、西康高原之峡谷、西康高原之躯干、西康高原之地形分类等方面来
对西康整体地形情况进行简介提要，而后依次从雪岭与山口、高原牧场、
高原农地、高原之浅谷与深谷、河源八种、腹原与肩原、绝壁各态、巴塘
平原等不同特殊地形予以详细记录描述，最后"地形与建置"一节分析
了西康地形因素与西康建省之利害关系并提出自己的见解。第二部分记述
了中外人士对西康地区的探险活动及地质考察经过，并对该地区的地质结
构、地文、水文、地震带等有较详细的论述。第三部分先分 16 节记述 16
条山脉，后分 10 节记述西康地区的经纬度、地势、气象。第四部分论述
了西康地区的地名汉译、地名类别问题，并立专节对古代及西方的一些地
理概念提出异议。书后有后记，书中有插图多幅。该书的贡献在于：一、
过去的边疆地理研究一向乏合于科学之记载，而本书一律用现代科学方法
描绘地形、地质、气象、测绘诸章，便于传播和理解；二、历来康藏著
述，地名译名歧误百出，而本书为之树立了标准；三、历来言康藏界务
者，谬误相袭，直往不返，本书对于所用史料均要甄别其真伪后撷化而
用，以利正名。

---

① 任乃强：《西康图经·地文篇》，南京新亚细亚学会 1935 年版，第 334 页。
② 同上书，第 208 页。

二　彝族

1. 《凉山地震碑林》

也称"西昌泸山光福寺地震碑林"。明清时期四川凉山西昌彝族地区记有地震资料之碑林。共 70 余通。大体上可分为两类：一类因地震建筑物被毁，为重建而立之碑。绝大多数为汉族所立，间有回族建立的。碑最早为明嘉靖十五年（1536）（2 通）所立，次为清雍正十年（1732）（3通）所立，其余均为道光三十年（1850）及以后所立。内容在记述建筑物被毁或墓主死亡缘由时，皆涉及凉山西昌等地历史上三次强地震之情况：一为嘉靖十五年二月二十八日（3 月 19 日），二为雍正十年正月初三（1 月 29 日），三为道光三十年八月初七（9 月 12 日）。凉山地处安宁河、则木河断裂带，是四川境内三条主要断裂带之一，也是境内三个地震带之一，历史上地震不断，当地又为彝族地区，故为研究古代四川凉山彝族地区地震状况之重要实物。中华人民共和国成立以后，尤其在 1976 年以后，共在凉山西昌等地收集到涉及地震的碑刻百余通，1979 年将其中的 70 余通集中于四川凉山西昌之泸山光福寺，在国内首创建立地震碑林，供参观研究。

2. 《彝族古地名志》

彝文历史地理著作。佚名撰。成书于明末清初。流传于云南双柏彝族地区。记载古时哀牢山彝族居住地区的地名、物产及风土人情等。对研究古代彝族的生存环境和地理状况有重要参考价值。

3. 《彝族六祖地理分布》

彝族地理书。佚名撰。成书年代不详。流传于滇东北彝族地区。全书由彝汉城名记、追溯十二宗亲史、六祖魂光等三部分组成。内含我国西南彝族地区各重要地名的彝语和汉语对照、彝族十二宗亲地理分布情况。是研究彝族古代地理分布和分支繁衍历史的重要古籍。对地名学和我国古代民族的分布情况的研究也有一定参考价值。有朱琚元等汉文译本。

彝族地理类古籍文献还有：《地理》、《六祖分布概论》、《彝汉城池志》、《水西地理城池考》、《地理书》、《地震纪录》、《名山经》、《念地理山水书》等。

三 白族

1.《大理图志》

记宋代大理国地理之书。宋大理国佚名撰。应成书于大理国后期。原书元初尚存，后佚，但从据以撰成之元初任中顺《云南图志》、元初李京《云南志略》、佚名《混一方舆胜览》、明宋濂等《元史·地理志》等有关云南地理部分研究，内容主要记以白族为主体民族建立的大理国之政区沿革。该书虽已佚，仍可得知以后诸有关之书涉及大理国时期地理部分之渊源及其史料价值。

2.《大地震惨状碑》

碑嵌于大理市沙栗木庄本主庙北山墙上。大理石质。碑高 48 厘米，宽 102 厘米，厚 5 厘米。直行楷书。文 26 行。民国十五年（1926）赵绍周撰文，村长赵佐盈等立。碑文实录了 1925 年大理地区遭受强烈地震的情况，对研究大理地区地震灾害的历史有一定的价值。

此外，白族著名学者杨士云（1477—1554），系明代学者。字从龙，号弘山，云南大理喜洲人。杨士云在"乾乾斋"小屋里潜心钻研经史，著述诗文，并潜心研究天文地理，对文学、史学、经学、天文学都有很深的研究。撰有《苍洱图说》、《议开金沙江》等地理学著作。

李元阳（1497—1580），字仁甫，号中溪，白族，云南大理人。撰有嘉靖《大理府志》，该本流传至今的只有目录及正文卷一、卷二。由于明代云南的府、州、县方志多数没有付梓刊刻，而刊刻印行的后又流失散佚，流传保存至今的只有寥寥数种。因而该志虽仅存卷一、卷二，其保存的有关明代大理地区的山川、形势、物产及大事、沿革方面的资料，却显得弥足珍贵，深得后世赞许。由他所撰的万历《云南通志》是第一部由云南少数民族本土学者编纂的省志，以编纂年代顺序，为现存第三部完整的云南省志。万历《云南通志》共 17 卷，分地理、建设、赋役、兵食、学校、官师、人物、祠祀、寺观、艺文、羁縻、杂志 12 志，下又分为 58目。该志吸收历代地方志的优点，以独具匠心的编排、类列分明的条目、旁征博引的资料、独到的见解而为后世所瞩目。其中《赋役》、《兵食》、《羁縻》、《学校》诸志系李元阳首创，亦为后代云南省志所承袭。

由以上白族学者所撰的著作，都具有一定的地理学研究价值。其中，山记多以描述风景、古迹、寺观为主；水道记大都记载了水道的来龙去脉，反映了明代云南的自然面貌，对了解古今水道的改变情况提供了可靠的依据。

四　土家族、苗族

1.《苗防备览》

湘西等地苗族史料汇考。清严如煜撰。著者乾隆六十年（1795）曾任湖南巡抚姜晟之幕客，后官至陕西巡抚。此书据档案、史书、方志兼调查采访，于嘉庆年间编纂而成。所收资料上自盘古传说，下到嘉庆初年。地域包括湘西、黔东北及川东南的秀山等苗族地区。分舆地考、村寨考、险要考、道路考、风俗考、师旅考、营汛考、城堡考、屯防、述往录、要略、传略、艺文志、杂识14篇，内容收集苗族社会、政治、军事、经济、文化等，也涉及当地的土家族、汉族及仡佬族、瑶族等，还附有舆图13幅详细标明苗族的分布状况，对研究湘黔川交界地区民族的地理内容有着重要的参考。有嘉庆刻本、道光重刻本等。

2.《苗疆道路考》

考述清中期湘西等苗族地区道路之书。清严如煜撰。此书于嘉庆年间撰成。是《苗防备览》之一篇。内容主要考述嘉庆年间湖南西部及与其接壤的黔、川苗族地区诸道路之途程和位置，涉及湘西凤凰、乾州、永顺、麻阳等厅县，以及贵州松桃、思州和四川秀山等府、厅、县彼此之间的众多道路。当地除苗族外，尚有土家族、仡佬族等少数民族，为研究清代中期湘西等苗族地区道路之重要古籍。

3.《苗疆险要考》

考述清中期湘西及黔、川苗族地区险要之书。清严如煜撰。此书于嘉庆年间撰成。是《苗防备览》之一篇。内容主要考述嘉庆年间湖南西部及与其接壤的黔、川苗族地区诸险要名称和位置，涉及湘西凤凰、乾州、沅陵、泸溪、麻阳、永顺，以及贵州铜仁、松桃、思州、镇远和四川秀山府、州、县之许多险要。当地除苗族外，尚有土家族、仡佬族等少数民族。为研究清代中期湘西等苗族地区险要之重要古籍。

4.《辰州风土记》

湘西风物志书。南宋田渭撰。作者字伯清，缙云（今浙江）人。绍兴进士，曾入辰州（今湖南沅州）教授多年，推诚教育，史称"五溪人向学者，自渭始也"。后任浙东提举常平。此书作于隆兴二年（1164），记述湘西少数民族地区之山川、物产及少数民族的风俗习惯等，为研究湘西土家族、苗族社会历史的重要古籍。原本已佚，辑本收于清陈运溶《麓山精舍丛书》第一集和清王谟《重订汉唐地理书钞》之末。①

五　其他

1. 《方舆胜览》

南宋地理总志。南宋祝穆撰。作者初名丙，字和甫（一作文），建阳（今属福建）人，曾受学于著名哲学家、教育家朱熹，酷爱地理。历任迪功郎、兴化军涵江书院山长。于嘉兴三年（1239）撰成此书。内容按南宋 17 路行政区划，分记所辖府、州（军），略标为建置、沿革、疆域、道里、田赋、户口、关塞、险要等 12 门。博采经史子集、稗官小说、金石、郡志、图经；所记较略，而于名胜古迹一门，备悉古今诗赋、记序及俪语，以记风物之胜，在当时地理类著作中颇具特色。有不少涉及当时少数民族地区的府、州，其中征引石刻及诗文也有涉及少数民族社会历史者，为研究南宋少数民族建置及其社会历史之重要参考古籍。有南宋咸淳三年（1267）刊本，后又重刊，国家图书馆藏有两部，但虫蛀已甚；又有台湾文海出版社影印本（3 册）。②

2. 《元一统志》

元初地理总志。该志书是我国古代第一部由官方主持编纂的大型全国地理总志，也是当时世界上规模最大、卷帙最多的一部地理学著作。元札马刺丁、虞应龙、岳铉先后主编，至元三十一年（1294）初编成 750 卷，大德七年（1303）全书编成，并有彩绘地图。内容沿袭唐宋旧志的体例，按中书省、行中书省和所辖各路的当时政区分编，以府、州为记叙单位，分建置沿革、坊郭乡镇、里至、山川、土产、风俗形势、古迹、宦迹等目。多取材于前朝与当朝地方志，亦为明清地理总志之蓝本。现存残篇中有不少少数民族地区的资料，为研究元初少数民族地区建置及社会历史的

---

① 编委会：《中国少数民族古籍集解》，云南教育出版社 2006 年版，第 49 页。
② 同上书，第 111 页。

重要古籍。《元一统志》的绘制知识与方法，对元、明两代中国制图学产生了深远的影响。在编纂过程中，吸收了阿拉伯伊斯兰地理学的科学成就，第一次将先进的经纬线方法和球形世界的知识介绍到中国，大大促进了我国地理学的发展。由于此书保存了宋、金、元旧志中的许多材料，不但具有重要的政治、军事意义，并以其学术价值成为我国地理学史上的重要著作，对于我们研究地质、地理、考古都是不可多得的材料。

3. 《寰宇通志》

明初地理总志。明陈循等撰。陈循，字德遵，江西泰和人，永乐状元，历官翰林院修撰、户部右侍郎、华盖殿大学士，明英宗复位后被贬。明洪武初期、永乐年间曾先后敕编地理总志，此书即在此基础上与景泰七年（1456）撰成。内容先列两京，次序十三布政使司，其下以府分题，各有建置沿革、郡名、山川、形胜、风俗、土产等 38 门。其中，边远布政司多有少数民族资料，尤以南方周边布政司为多，为研究明初少数民族地区之参考古籍。有《玄览堂丛书续集》本。还有国立中央图书馆 1947 年据景泰本影音的版本。

4. 《大清一统志》

清代地理总志。从康熙二十五年（1686）开始，前后 3 次编辑。初成于乾隆八年（1743），342 卷；次成书于乾隆四十九年（1784），500 卷；后成书于道光二十二年（1842），560 卷。因始于嘉庆年间，材料迄于嘉庆二十五年（1820），故名《嘉庆重修一统志》。乾隆时由陈德华等奉敕撰，嘉庆时由穆彰阿等补撰。内容首为京师，次分直隶、盛京等 22 统部和青海、西藏地区，先有图、表，继以总叙，再以府、直隶厅、州分卷，列有疆域、分野、建置沿革、形势、风俗、城池、学校、户口、田赋、山川、古迹、关隘、津梁、堤堰、陵墓、寺观、名宦、人物、流寓、列女、仙释、土产 22 目。其中所载的甘肃、四川、广西、云南、贵州、新疆、乌里雅苏台、蒙古、青海、西藏等，多有少数民族资料，内容丰富，考订精详，为研究清前期少数民族地区建置与社会历史之重要古籍。有乾隆八年刊本（342 卷，附录 14 卷）、《四库全书》本和竹简斋石印本（均为 500 卷）及光绪二十八年（1902）上海宝扇斋石印本（424 卷）、1934 年影印内府钞本、《四部丛刊续编》本、上海涵芬楼影印本。

5. 《滇南山水纲目》

总述云南山水之书。清赵元祚撰。作者字葭湄，云南昆明人，康熙举人，曾任浙江金华知县。因久居云南，平日留意当地山川，并得清廷聘外国传教士用新法测绘之《清皇舆全图》（《内府舆图》），约于康熙末年撰成此书。上卷为"滇山纲目"，下卷为"滇水纲目"。内容即将云南的山岳和河流做总的描述。山以主要山脉为纲，各地山均分别隶属；水以几条主要河流为纲，其分支和湖泊亦分别隶属。云南向为多民族地区，故为研究清初云南地方和民族地区地理之参考古籍。初刻于宣统元年（1909），并有1912复刻本，亦收入《云南丛书初编》。复刻本收有周钟狱复刻此书之序，举证三事，可资参考。又清檀萃撰《滇南山水纲目考》（2卷），惜未刊而稿佚。

6.《云南三迤舆地图说》

清代云南地理著作。清佚名约于道光年间绘撰而成。有彩图22幅。首冠云南总图和总说，概述全省历史、建置、山川、形胜及驻防，以下分绘所属21府图，也都有说明。除行政区划和山川形势外，还详细绘有金、银、铜、铅等矿址。此书为研究清代前期云南地方和民族历史、地理及经济状况之参考古籍。稿存中国社会科学院历史研究所图书馆。

7.《云南水道考》

清代云南地理著作。清李诚撰。此书于道光十五年纂成。对当时云南境内较大河流，逐一叙其始终。以府、纲等为纲，对于沟洫只介绍大的，对较大的河流有精详的记载，对水系脉络也有明晰记录。此书为研究云南水道的参考古籍。

8.《入滇江路考》

考证古代入云南水道之文。清师范（1751—1811）撰。此文系作者晚年之作，考证自秦汉以来进入云南诸水道河流。云南自古为多民族地区，此书虽为考证入滇之诸水道，但多涉及民族地区，故为研究古代云南民族地区及其与外界水路通道之参考古籍。

9.《云南山川志》

山水志。明杨慎撰。杨慎谪戍云南40年，对云南山水颇有考究，广搜旧志纂为是编。嘉靖年间成书，12000字。以玉案山、金马山、碧鸡山、太华山、滇池、澜沧江等27山水为条目，记述云南之山川方位、源委、支脉支流、传说、古迹、险势等。该志是研究云南山川史料的重要参考文献。

10.《云南初勘缅界记》

边疆地理著作。清姚文栋撰。凡 15000 余字。正文有论大金沙江形势、老蛮暮为中国必争之地论、野人山说、八关非滇缅之界辨、潞江下游以东皆中国属地考等 14 篇考论。金沙江形势三论指出蛮暮、孟拱、孟养、瑞始、两葫芦口地势险要，是大西南之屏障门户。潞江下游以东皆属中国属地考中，以充分史实考证英人所称之掸人即中国土地孟艮。其所陈界务方略及边界考证，多有根据，颇为翔实。该书为研究西南边疆地理、边界的重要参考文献。

11.《云南地略》

地理考证著作。清马冠群撰。该书以地名为目，凡 200 余条。记述汉建伶县、元官渡县。麻州等 80 余州县，多为已废之旧县，载其方位、建置始末。记扶邪城、大甫城、杨光城等 50 余座故城，载兴废沿革、方位、故实等。记全马山、磨盘山、点仓山、定西岭等 30 余山；滇池、西洱河、澜沧江等 20 余水；兰谷、白水、阿赫等十余关；贺谜、大匦等十余寨；白盐井、沙坝、八百土司等数十地。该书以地系史，以史证地。该书是研究云南地理沿革之参考文献。

12.《云南三迤舆地图说》

地理图说。清佚名绘撰。是图为呈报朝廷所绘，约成于道光年间。三迤，系指清代在云南所置迤东、迤西、迤南三道之合称。此编有图 23 幅及图说。首载云南省总图和图说，次记云南、大理、楚雄等 31 府图及图说。图均为彩绘，画有州县区划、山川、城地、金银铜铅等矿厂地点。图说很详细地记述了省、府之山川、历史沿革、疆域、民族、驻防、矿产、物产等。它是考究我国西南边陲国界、边防建设、矿藏资源的重要史料。

13.《岭外代答》

宋代地理名著。周去非撰。周去非（生卒年不详）字直夫，浙东路永嘉（今浙江温州）人。南宋孝宗淳熙（1174—1189）初，周去非曾"试尉桂林，分教宁越"，在静江府（今广西桂林）任小官，东归后于淳熙五年撰此书。共录存 294 条，用以答客问，故名曰"代答"。书分地理、边帅、外国、风土、法制、财计等共 20 门，"今有标题者十九门，一门存其子目而佚其总纲"。它记载了宋代岭南地区（今两广一带）的社会经济、少数民族的生活风俗，以及物产资源、山川、古迹等情况。所记条分缕析，较以前记载岭南情况各书叙述为详，参考价值甚高，是研究岭南社会历史地理的重要文献。原本已佚，今本从《永乐大典》中辑出。①

14.《广西郡邑建置沿革表》

广西历史地理志。清黄诚沅（1863—1963）撰。作者著有《滇南界务陈牍》、《寄蜗庐文撮》。此外还整理、编辑了其父未完的《武缘县图经》等。此书约成于清末或民国初年，内容考辨广西历史上县以上的行政区划名称及其当时所在地以及历代沿革变迁等。为研究广西壮族、瑶族、侗族、仡佬族、毛南族等民族历史、地理的参考古籍。有民国初年印行本。

15.《古州杂记》

民族地理著作。清林溥撰。全书约 3600 字。古州在贵州省，今名榕江。该书共载有关当地民族民俗、物产资源、历史沿革等资料 30 余条。述其地理位置、江河源流。在幅员 1000 余里内，计有苗民 454 寨，27000 余户。详述其风俗习惯、衣食住行以及农耕娱乐等情况。古州榕树最多，大者数围，故又名榕城。谷果记有小麦、包谷、桃、李、栗、柚等当地物产 40 余种，其中佛手柑尤为著称。该书对研究当地民族地理、风俗、物产有较高参考价值。

16.《永顺小志》

民族地理著作。清张天如撰。全书 2000 余字，除记载该地形势、气候、物产种类外，还记述苗族、土家族的衣食住行、农耕、纺织、婚丧、祭祀、娱乐等风俗。该书是研究苗族、土家族地理、风俗的重要资料。

17.《西藏图考》

清代西藏地理志。清黄沛翘辑。辑者字寿菩，于光绪十年（1884）入藏。成书于光绪十二年（1886）。此书据《皇朝一统志寰宇记四夷考》、新旧《唐书·吐蕃传》、《明史西域乌斯藏传》、《西藏志》、《西招图略》、《西域闻见录》、《卫藏图识》等书，绘制西藏地理图，并附注说明。卷首有序、例言、宸章。卷一为西藏全图、沿边图、西招原图、乍丫图，均附说明；卷二为西藏源流考、续审隘篇等；卷三为西藏程站考，附诗；卷四为诸路程站，附考；卷五为城池、山川、公署、庙宇、古迹、土产汇考等；卷六为藏事续考；卷七至卷八为文艺考，附奏议、外夷考，附录喀木西南解说辨异。包括了西藏历史、地理、政治、经济、文化、风俗、语言

---

① 编委会：《中国少数民族古籍集解》，云南教育出版社 2006 年版，第 246 页。

等内容。为研究藏族史的重要古籍。有光绪十二年刻本、1983 年西藏人民出版社铅印《西招图略、西藏图考》合刊本。

18.《西域水道记》

历史、地理专著。徐松（1781—1848）撰。此书是作者参照古代地理名著《水经注》之体例，经查阅文献和实地调查，历经 10 年，于道光元年（1821）纂成。全书以罗布泊、巴里坤湖、赛里木湖、巴尔喀什湖、斋桑湖、伊塞克湖等 11 个湖泊为纲，对注入这些湖的水系及流域的交通、物产、人文、古迹、城邑兴废、民族分布以及重要历史事件等，作翔实介绍。每卷末附有详图，并加以注释。对研究新疆史地，尤其是新疆水利史颇有参考价值。

19.《肇域志》

地理著作。明末清初顾炎武（1613—1682）撰。此书始撰于明崇祯十二年（1639），据二十一史、明实录、方志及历朝奏疏文集，将有关各地水利、贡赋等长篇资料录入《天下郡国利病书》，而有关各地沿革、建置、山川、名胜等资料归入此书。该书保留了大量南方民族地区的资料，是研究明末清初少数民族社会历史地理的参考古籍。清初以来有抄本流传。云南省图书馆藏有同治年间抄本 40 册。[①]

20.《甘肃至新疆路程》

清代新疆民族地区旅行交通指南。佚名撰。全书分由甘肃省城的兰泉驿起至新疆路程、自哈密起分路向西行至叶尔羌路程、自叶尔羌起至喀什噶尔路程、自阿克苏至喀什噶尔捷径、叶尔羌至和田路程、哈密至库车路程等数节。每节按驿站顺序依次排列，并注明里程。部分以维吾尔语或蒙古语等当地民族语言命名的驿站均加注有常用汉语站名，部分驿站还注有所属州县或食宿条件等。对当时内地人初赴新疆，尤其是前往维吾尔族聚居的南疆地区有一定的指导作用。堪称介绍清代由河西走廊至新疆天山以南维吾尔族地区的旅行交通指南专著。有抄本、吴丰培校刊本（收入中央民族学院图书馆编《甘新游踪汇编》）。

21.《西夏图集》

西夏王朝舆图专集。清佚名撰。成书年代不详。据苏联西夏学者介绍，该图集依据《范仲淹文集》所附西夏地图绘成，并提供了 3 张地图

---

①　编委会：《中国少数民族古籍集解》，云南教育出版社 2006 年版，第 575 页。

影本，即《西夏疆域总图》，每方400里；《夏东北与契丹接界图》，每方百里；《夏东与宋五路接界图》，每方200里。是研究西夏王朝地理、疆域、行政区划与夏辽、夏宋关系的重要参考古籍。图集写本藏于苏联列宁图书馆。

第六节　少数民族工程技术古籍文献遗存

我国是世界文明古国，历史悠久，地域辽阔，少数民族众多，民族工程技术也蔚然大观，类型众多，风格各异。历史上著名的大型工程，许多都是由少数民族建设完成的。例如四川的都江堰工程，当时大约是以羌人为主要队伍修成的。灵渠是在壮族先民聚居区开凿的。此外还有很多工程，如泉州的开元寺，云南大理的三塔，青海的塔尔寺，西藏的布达拉宫，新疆的吐虎鲁克玛札，山西大同的云冈，甘肃敦煌的石窟……多数是少数民族的作品。最能生动直观地呈现少数民族文化多样性特征的工程，则是少数民族建筑。有人把少数民族建筑的丰富多彩比作是"建筑艺术的博物馆"。在少数民族生活的各个地方，由于自然环境的不同，可以看到各个历史时期、各种形态、各种风格的建筑形式。以民居为例，有傣族等民族的干栏式建筑，白族的三坊一照壁式建筑，藏族的平顶雕式建筑，彝族的七掌房平楼，普米族等民族的井干式楞房，等等。总体而言，少数民族的建筑类型可以分为村寨布局、民居建筑、宗教建筑、城市建筑、园林建筑、水源、道路、园艺、田地和牲畜饲养场等，它们是一定民族文化系统的产物，对反映一定地区该民族的宗教信仰、社会观念、政治模式、历史传统、风土人情具有一定功能。此外，少数民族的交通工程也是丰富多彩，各具特色。少数民族古代交通的类型主要有陆路、水路、桥梁三种。陆路是古代少数民族交通主要的道路类型，主要用于族群的迁移、交往与生产活动，以及用于官方传达政令、递送官方文书等管理与统治，它们共同编织起古代交通网络体系。水路是古代交通的道路类型之一，各少数民族修建的水路，除江河水路外，还有湖泊水道。受少数民族生活的自然环境影响，桥梁是其道路交通的重要组成部分。它主要包括溜索和索桥。如在天启《滇志》中就记载了明代云南少数民族聚居区的重要桥梁370余座。桥的类型有索桥、铁桥、木桥、竹桥、藤桥、独木桥、天生桥、海门桥、石拱桥等，记述了各类桥梁建筑的特点及技术，既保存了各民族先民高超的建筑技术，也揭示了各民族历史上道路交通积淀下的众多文化事象和深厚文化内涵，如茶文化、马帮文化等。在此基础上产生形成的古籍文献，种类繁多，包括建筑工程类、水利工程类、土木工程类等古籍文献。目前留存下来的工程技术古籍文献形式主要包括：考古出土和文博部门保存的碑刻原件、工程技术著作、档案和图书部门收藏的工程技术档案、古今学者整理的科技古籍文献汇编以及大量的地面遗存工程技术实物等。本章对各少数民族的工程技术古籍文献进行系统地整理、阐述，旨在厘清各少数民族工程技术古籍文献的概貌。

一 傣族

傣族的稻作文化丰富多彩，因此水利灌溉对于以农业生产活动为主的傣族人民来说尤为重要。作为东方农业基础的水利灌溉事业，傣族在这方面有着卓越的成就，不论西双版纳、德宏和其他傣族地区，对于利用天然河流和人工开挖河道灌溉田亩，自古以来就有一套传统经验和相当科学的知识，并且对于管理水利事业，也都有完善的组织制度，并设有专门管理水利的人员，傣族先民具有悠久的经营水利事业的历史，记载傣族农田水利的古籍文献也很丰富，有文书、专著和方志等，现举要如下。

1. 《景洪的水利分配》

本书记载傣历826年（1464）时景洪的水利灌溉情况。当时景洪坝共有8条水渠，名为：闷郎甬、闷郎新、闷郎端、闷接来、闷会罕、闷凡纳哈、闷邦范、闷范滇。书中记录了每条水渠灌溉的田名及田亩数。傣族地区原来每一块田都有专门的名称并记载其面积大小，本书皆记载得非常详细具体。书存中国历史博物馆（今国家博物馆）。

2. 《议事庭长修水利令》

西双版纳傣文文书。此文书颁布于傣历1140年（1778），为整修水渠的命令。土制麻质单页，用蕨笔沾墨书写而成，页面高56.7厘米。宽49.5厘米。单面书写，折叠后在背面题名。两处盖齐纹印章，文末盖一长方形汉字印，一圆形图案印。命令中对经营水利的目的和意义、水利管理的制度、分配用水的原则及各村寨、各农户应尽的义务等都有规定。是研究傣族历史上的农村公社制度和水利发展史的珍贵资料。原件 1962 年时存景洪县历史文物室。①

二　白族

据史料记载，白族先民很早已普遍引用山泉水灌溉农田，在大理坝子修筑"横渠道"，使大理城东南郊田园得到灌溉后流入洱海，称为"锦浪江"。又在苍山玉局峰顶修筑"高河"水利工程，并引导十八溪水灌田数万顷。还有邓川罗时江的分洪工程，既向沙石争得了部分耕地，又起到了防洪的作用。至元明清时，出现了"地龙"水利工程，即将蓄水的鱼鳞坑相互连接起来以备旱时灌溉。李元阳《云南通志》卷三记载，大理府就有穿城三渠、御患堤、水缺、麻黄涧、城北渠堤等 32 座水利工程，鹤庆军民府有龙宝堤、南供渠、大水潭等 14 座工程。农民还使用筒车提水、水车车水技术。无论是史料记载还是实物遗存，都充分说明了白族先民先进的水利技术。由于历史原因，反映白族水利技术、建筑工程等状况的史料，目前尚存合订本碑刻文献。例如：

1. 《洪武宣德年间大理府卫关里十八溪共三十五处军民分定水例碑文》

该碑原在大理市境内，现已毁。据大理图书馆藏 1944 年拓片录文，碑高 90 厘米，宽 40 厘米，为两部分。第一部分为序文，文 6 行，行字不等；第二部分分三节，文、行不等，均直行，楷书。明宣德年间立。碑文记录了当时大理卫指挥使司为解决军民争水问题所定下的军民分定水例的规定，并重申了洪武年间的规定。这是研究大理地区军屯问题、水利问题及历史地名问题的重要碑刻，标题里列出 35 处，而实际只列出 32 处。

2. 《赵州城记》

碑存大理市凤仪镇文庙。青石质。碑高 180 厘米，宽 100 厘米。碑阳正文直行楷书，文 24 行，行 4—49 字。碑剥蚀严重，字迹不清，碑阴书地方官名。张志淳撰文，奚顼书丹。明弘治三年（1490）立。该碑着重记述了修筑赵州城的缘起、经过、形制、规模、功能，今赵州城已毁，唯留古碑以存史。

① 编委会：《中国少数民族古籍集解》，云南教育出版社 2006 年版，第 530 页。

3.《新开黑龙潭记》

碑存鹤庆县金墩乡和邑村迎邑三家村屋后。青石质。额半圆形，有云纹，中留一方如印，篆文不能辨认。高 130 厘米，宽 92 厘米，厚 23 厘米。两侧有花纹，碑座龟头已损。直行楷书。文 24 行，行 6—39 字。陆栋撰文，陆经篆额，朱珮书丹。明正德十三年（1518）立。为鹤庆县现存关于水利方面最早的碑刻。

4.《大观堂修造记》

碑原立于大理市大理古城西弘圣寺。碑高 178 厘米，宽 83 厘米。直行楷书，文 21 行。李元阳撰文并书丹。明嘉靖二十五年（1546）大理府经历刘琳等立。碑文记述大理郡守蔡公等在弘圣寺塔后修造大观堂的缘由及经过，并记载了弘圣寺塔铜盖被盗，"后捕盗而还其盖，伐木而补其骨"的史实。该碑可供研究白族古建筑史者参考。

5.《鹤庆军民府城碑》

碑原立于明鹤庆府城东寺，因火灾被砸成碎块，移嵌于仓河北文昌宫正殿。后殿圮碑毁。据鹤庆县文化馆所藏拓片录文，并以《康熙鹤庆府志》、《鹤庆县志》校补。青石质。碑高 189 厘米，宽 106 厘米。直行楷书。文 24 行。李元阳撰文，杨士云书，杨慎篆额。明嘉靖二十六年（1547）立。碑文叙述明嘉靖年间鹤庆府始建城垣的原因、经过，城的形制、规模等，为研究地方古城建设的重要史料。

6.《重修崇圣寺碑记》

碑嵌于大理市崇圣寺三塔之北塔。碑高 44 厘米，宽 60 厘米。直行行书。李元阳撰文并书。碑文简述明嘉靖年间重修崇圣寺三塔的原因及经过，是研究大理古建筑史的重要资料。

7.《重修佛图塔记》

碑嵌于大理市斜阳峰麓佛图寺塔上。大理石质。碑高 98 厘米，宽 69 厘米，直行楷书，文 20 行。赵纯一撰文。明万历三年（1575）立。佛图寺塔是大理地区著名的南诏时期建造的古塔之一。此碑记了该塔万历年间重修的始末，为维修古塔的重要历史资料。

8.《重修普贤寺记》

碑原立于大理市大理古城普贤寺内。碑高 53 厘米，宽 100 厘米。直行楷书，文 33 行。王诤臣撰文，张觐宸书丹。明万历十三年（1585）立。碑文记述了普贤寺的历史与明嘉靖万历年间重修的经过及规模，是研究大理佛教及其建筑的珍贵资料。

9. 《本州批允水例碑记》

碑存宾川县力角乡圆觉寺。大理石质。碑长155厘米，宽72厘米，厚13厘米。碑头刻"本州批允水例碑记"八字。直行楷书，文20行。清康熙三十一年（1692）立。碑文记载了明洪武年间起军屯官兵用水与当地人民用水之争，以及清康熙年间的裁决。记录了历史上宾川军屯与民田用水例规情况，是研究白族历史上水利情况的重要资料。

10. 《重建圣元寺并常住碑记》

碑存大理市圣元寺观音阁。大理石质。碑高165厘米，宽64厘米。直行楷书，文21行。杨道亨撰文，何汉杰篆额。清康熙三十八年（1699）主持海鹤等立。碑文叙述了大理名刹圣元寺的历史，并在康熙年间重修的详情。是研究其历史及建筑、佛像雕塑等的珍贵资料。

11. 《新建飞龙桥碑记》

碑在云龙县飞龙桥畔。碑高120厘米，宽60厘米。直行楷书，文22行。李玉树撰文。上元甲子即公元1864年杜文秀起义时。碑文叙述了杜文秀元帅任命的总镇云龙大翼长李玉树率领军民士绅新建飞龙桥，以解决澜沧江两岸交通阻隔之困难的起因及经过，是研究地方桥梁建筑的宝贵资料。

12. 《周城阁村重修银相寺功德碑叙》

碑存大理市周城村。碑高105厘米，宽73厘米。直行楷书，文22行。清光绪二十一年（1895）立。碑文叙述银相寺的历史及清光绪乙酉重修的经过，是研究地方民族古建筑资料的珍贵史料。

13. 《重修鹤庆文庙碑记》

碑存鹤庆县，额高37厘米，宽90厘米。碑身高150厘米，宽90厘米，直行楷书。文24行。杨金鉴撰文，赵鹤龄书。清光绪二十三年（1897）立。碑文叙述了重修县文庙缘由、经过及形制、规模等，可作为研究当时古建筑修缮的资料。

14. 《鸡足山楞严塔碑铭》

碑存宾川县鸡足山金顶地楞严塔塔身第一级西面。大理石质。碑高163厘米，宽85厘米，直行楷书。文21行。周钟岳撰，著名书法家陈荣昌书，民国二十二年（1933）立。鸡足山是我国佛教名山，在东南亚有一定影响，此塔是其重要的文物，而碑铭记载了鸡足山的历史及修建楞严塔的经过及相关情况，对研究古建筑具有珍贵的史料价值。

15.《鹤庆重开水洞等碑记》

清代云南鹤庆白族地区有关水利问题的碑记。共有三个碑记，即《重开水洞记》《开漾弓新河记》《羊龙潭水利碑记》。碑高、宽均不详。前二记分别为鹤庆知府孟以火旬和当地文人杨金和撰文，后一记为羊龙潭附近村人共立，分别立于乾隆五十六年（1791）、光绪二十六年（1900）与二十七年（1901）。内容主要记鹤庆白族地区漾弓江的水源开发和利用及其水利设施，以及漾弓江支流羊龙潭水利的产权等事。鹤庆白族地区漾弓江纵贯南北，清泉溪流遍布，古称"泽国"，故此碑记为研究清代白族水利建设之参考实物。均立于云南鹤庆水洞寺等处，今犹存。清王宝仪修，杨金和、杨金铠纂光绪《鹤庆州志》卷十二"水利"载有《开漾弓新河记》之摘要，题《南新河记》。近人田怀清、张锡禄整理，李朝真审定《大理白族古代碑刻和墓志选辑·重开水峒记、开漾弓新河记、羊龙潭水利碑记》［载中国少数民族社会历史调查资料丛刊云南省编辑组《白族社会历史调查（四）》，云南人民出版社，1991年］录有此三碑碑文。[①]

三　满族

清代为了进一步发展农业生产，兴修水利成为当时的重要任务之一，并且涌现出一批水利专家。康熙对于治理黄淮、兴修水利十分重视，给予极大的关注。他把兴修水利作为解决政务的最重要任务之一。他曾六次南巡亲监黄河，详勘地势，提出治理办法。如《清圣祖实录》中就记载了康熙五十年（1711）用测量仪测定并计算挖河筑坝工程的具体情况。康熙的治河思想和策略于雍正七年（1729）编纂成书，名为《治河方略》。清代还涌现出大批人才，他们兴修水利，治理河道，如麟庆曾著有《黄河器具图说》《黄、运河口古今图说》，为后人留下了宝贵的治河科学资料。另外，靳辅的《靳文襄公奏疏》中有关治理河工的奏折，也是著名的水利学文献。他们在实践中发明和总结的科学方法，为世人沿用，对发展农业生产、促进水上交通运输发展和推动城市及工商业发展与繁荣，都

---

① 编委会：《中国少数民族古籍集解》，云南教育出版社 2006 年版，第 158 页。

起到了积极作用。

1. 《治河方略》

满文水利工程书。清圣祖玄烨撰。成书于康熙后期。辑康熙中期关于治理水患及运河的诏令和大型水患事件记事，以及治理工程、防范措施与河道官员铨选等。编年体。是清代重要水利资料，有一定的参考价值。康熙抄本，框长 30.1 厘米，高 22.8 厘米，藏国家图书馆。

2. 《风水》

满文、汉文合集陵址相度记录。系清礼部大臣奉旨率知县薛泰飏、守备尤三省、武进士方履成、风水先生丁毅、相度官蔡九旌，以及翁德新、张可复、王振域等人，相度红螺山、五龙山时的发言记录。成书于康熙十三年（1674）。皆为阴宅山势、水脉之说。是研究阴宅之学和清景陵陵基选择的原始材料。康熙十三年抄本，高 24.3 厘米，宽 19.2 厘米，30 页，满汉文共约 8000 字，藏国家图书馆。①

四 壮族

壮族先民在历史上修建了不少水利工程，极大地促进了生产、交通和经济方面的发展。在广西地区，唐代时开凿了相思埭运河和天威遥运河，这些是历史上重大的工程项目。相思埭运河是柳江支流洛清江上游的相思水上筑埭（水坝）堤，截河水，开凿水渠，分水进入漓江，从而沟通了漓江与洛清江、柳江。天威遥运河底宽 6.4 米，顶宽 25.6 米，深 9.6 米，长 4000 米，位于广西防城江山半岛上。它不仅使船只免遭风暴袭击，而且船程缩短 41 公里。这些工程与当地壮族有十分密切的关系。

1. 《桂州重修灵渠记》

广西水利工程碑记。唐鱼孟威撰。作者系唐末时人，咸通年间为郴州（今湖南郴县）刺史。咸通九年（868），作者以防御使身份主持重修桂州灵渠工程，经 10 年竣工，乃作此记。原碑刻已佚。内容首叙桂州灵渠修建之历史：自秦始皇南并百越，使越人降将史禄率越兵及越人民兵创建灵渠，但因长年失修，严重影响交通、水利，故有复修之议。同时还详述此次修复之工程及其在交通、水利事业上的重要作用。桂州灵渠位于今广西

---

① 编委会：《中国少数民族古籍集解》，云南教育出版社 2006 年版，第 113 页。

兴安县城附近，自秦至唐向为百越民族或其后裔居地。故此篇为研究广西百越民族史及其交通、水利事业发展史的重要参考文献。其文载于清钱元昌、陆纶等纂《［雍正］广西通志》卷一百七，《［乾隆］兴安县志》卷六《艺文志》，清董诰、阮元等辑《全唐文》卷三百七十七。

2. 《重修灵渠记》

广西水利建设记事。明孔镛撰。作者字昭文，长洲（今江苏吴县）人。景泰进士，历任广东高州知府、广西按察使、贵州巡抚、工部右侍郎。记文撰于成化二十三年（1487）广西按察使任内，首述灵渠所处地理位置，再叙修浚灵渠的历史及此次重修的工程及其作用等。可供研究广西土著民族农田、交通、水利建设历史参考。载于清汪森辑《粤西文载》卷二十。

3. 《嘹歌·建房歌》

古壮字长篇风俗歌。佚名撰。为《嘹歌》的一部，是贺新居的礼俗歌。详细描述了建造干栏的全过程以及相关的风俗。分商量、伐木、做瓦、开凿、安础、上梁、布置、保家八部分，每部分又分成若干小节。该文献描写建房的艰辛，末尾部分记叙新房建成后，人们用歌声祈祷吉祥兴旺，表达对幸福生活的憧憬，对研究壮族民居风俗有参考利用价值。

五　布依族

《重修盘江铁桥碑记》

布依族地区名胜古迹碑记。清卞三元撰文。作者字月华，一字桂林，汉军镶红旗人。崇德举人，康熙间累官至云贵总督，寻解任，卒谥恪敏。乾隆间因其生前曾附吴三桂而被夺谥。碑记明天启年间朱家明创建盘江铁索桥的原因、结构及清楚重修之始末。为研究此地聚居布依族地区交通建设史的重要文献。原碑存否不详，全文载于咸丰《安顺府志》卷四十七。[①]

六　彝族

《重修十桥碑》

亦称《龙源桥碑》。明代贵州彝族水西安氏土司之再建桥碑。水西土

---

① 编委会：《中国少数民族古籍集解》，云南教育出版社 2006 年版，第 55 页。

司即贵州宣慰司，大部分在贵州乌江上游鸭池河以西。碑高约 180 厘米，
宽约 70 厘米。文 18 行，行约 50 字，左行，正书。明安国亨建桥，李某
等人撰文。安国亨，贵州水西人，彝族，任贵州宣慰使。李某为进士，翰
林院庶吉士；董某进士，翰林院编修；许某进士，云南按察使司副使。碑
立于万历二十一年（1593）。彝族水西土司安氏为进一步发展水西地区社
会经济，在原十座桥基础上又建筑了十多座桥梁。碑文内容即记水西土司
安国亨于万历十九年（1591）至二十一年间，在前任水西土司所建桥基
础上，又在水西诸水道要处口建桥十余座，曰龙源、曰乌庆、曰乌西、曰
大渡、曰西溪等，其中龙源一桥尤当咽喉，工甚不易，并盛称其德。该碑
为研究明代贵州彝族水西安氏土司及当地经济之参考实物，也可为研究彝
族的路桥建筑提供参考。立于贵州文城西三潮水蜈蚣坡下，今犹存。所建
之桥今尚存大渡河桥一座。刘显士和吴鼎昌修、任可澄和杨恩元纂（民
国）《贵州通志》，以及陈嘉言修、顾枞纂（民国）《修文县志》等均有
其碑记。

七　苗族

1.《苗疆城堡考》

考述清中期湘西等民族地区城堡之书。清严如煜撰。此书于嘉庆年间
撰成。内容主要考述嘉庆年间湖南西部苗族地区诸城堡名称及建筑经过，
涉及泸溪、麻阳、乾州、凤凰、永绥诸厅、县所属之众多城堡。当地除苗
族外，尚有土家族等少数民族。是研究清代中期湘西苗族等地区城堡之重
要古籍。

2.《苗疆村寨考》

考述清中期湘西等苗族地区村寨之书。清严如煜撰。此书于嘉庆年间
撰成。内容主要考述嘉庆年间湖南西部苗族地区诸村寨之名称及位置，涉
及凤凰、永绥、乾州三厅及永顺、保靖县、府所属之众多村寨，亦载乾
州、永绥、沅陵、泸溪、麻阳等地之汉族村寨，泸溪之仡佬族村寨也附
有。为研究清代中期湘西苗族等地区村寨之重要古籍。①

---

① 编委会：《中国少数民族古籍集解》，云南教育出版社 2006 年版，第 286 页。

八 其他

《机汲记》

南方少数民族使用"机汲"的记述文章。唐刘禹锡（772—842）撰。作者因参与王叔文集团反对宦官专权和藩镇割据势力失败，于元和初年被贬为连州刺史，居该地约十年之久。此篇撰于元和元年（806）连州刺史任内。内记其见闻当地"蛮僚"人用竹子做成巨轮，将之架于高达数尺的河岸，利用河中的水流力量推动巨轮自行转动，并先在巨轮周边安装若干竹筒，将河水引上岸来。这种引水方法，时人就称为"机汲"，疑为今南方山区各族农民仍使用的"水转筒车"。可供研究南方少数民族水利史参考。载于《刘禹锡集》卷九。

第三章

少数民族科技古籍文献的间接遗存

少数民族科技古籍文献的间接遗存是指科技古籍文献与其他内容（如政治、经济、军事、宗教等或者作者的观点、议论等）混杂在一起，经过作者的加工、使用，原始记录与作者的创作融为一体。这些少数民族科技古籍文献以各种官修著作为主，兼及各种私人科技著述。其种类包括：一是由于历史原因，古代科技古籍文献的原件并没有完整地保存下来，原件已经佚失无存，但是因为这些科技古籍文献在当时、当地产生了重要的作用，所以被官府或学者进行过各种利用，反映到各类著作包括正史、方志、政书、官修及个人著述中都或多或少地留下了科技方面的内容。在原件遗失的情况下，这些散存于各类古籍文献中的少数民族科技内容依然发挥着重要的科技文化作用。① 而另一类的著述虽是原件，但内容较综合，除了科技内容外还记述了大量包括政治、经济、社会、军事、宗教等多方面的内容，这些古籍文献的间接遗存同样对研究少数民族科技文化具有重要的研究价值。这类少数民族科技古籍文献又可分为：

第一节　史志、政书等著作对少数民族科技的记录

一　官修史书中对少数民族科技的记录文献

中国是一个重视史学的国度，中华民族有着悠久的历史，而在这段悠

---

① 丁海斌：《中国古代科技档案遗存及其科技文化价值研究》，科学出版社 2011 年版，第 20—21 页。

悠历史长河中，为后人留下了无数的精神财富，让我们可以看到前人走过的印记。为了留下那些丰功伟绩，史书的编纂就显得尤为重要。在中国的封建社会时期，官修史书始于唐朝。唐朝设立了专门的史馆来为统治者修史，而以后的朝代也都保留了这一制度，使官修史学得到了迅猛的发展。在众多史书中，官修史书的优点表现为：一是史料充足。官修史书毕竟是倾一个国家的力量去网罗史料，这就可以有许多私密的史料来源，又或者是一些相关的档案，这都是十分珍贵的史料来源，而我们的正史往往也为私人修史提供了大量的史料。二是史家史学修养较高。对于史书而言，史家的史学修养尤为重要。而官修史学的史家可以说是集中了全国的佼佼者，虽不排除个别素质相对低下的，但总体而言，整个史家团队的素养是相当高的，这就为史书编纂的正确性提供了一种保证。因此，官修史书有着它自己独特的魅力，优劣并存，为后世留下了许多宝贵的可靠材料。官修史书（正史）对少数民族的记录始于司马迁《史记·西南夷列传》，该书专载云南地方民族史事以来，前、后《汉书》及此后的历史书籍都对各地的地方史事和各民族的风俗习惯、礼仪制度做了或简或详的记录，形成诸多专书，或者分散载录于各"传"、"志"中。在中国古代的官修史志中，多数包含天文志、历法志、地理志、水利志、食货志、五行志、灾异志及涉及部分科技内容的经籍志等，它们为我们研究少数民族当时社会整体科技发展状况提供了不可多得的原始信息。

1. 《西夏书事》

该书是纲目体西夏编年史，共 42 卷。清吴广成编撰。作者在嘉庆、道光间，以西夏割据西北数百年而史书记载阙略，乃悉心搜采唐以下各种有关文献资料，历十年编成此书。该书在西夏科技方面的技术颇为详细。如，记载了西夏人民对太阳和月亮运行中出现的异常天象，记载了五大行星、彗星和其他星体的运行情况以及二十四节气，它们是西夏古代天文学家的重要发现和创造。该书的相关记载表明，西夏天文学既是党项羌本民族的认识，也融合了中国古代先民对宇宙的看法和部分佛教经典的观点。由此可考证西夏天文学产生与发展的渊源关系。

2. 《北史·僚传》

西南古代民族传记。唐李延寿撰。记述汉中、邛等地"僚"人的文化特征，即居"干栏"房屋，击铜鼓为欢，俗尚鼻饮及"猎首"祭谷等。因其地在北，故亦称"北僚"，然其文化特征与黔湘两广的"南僚"大致相同。学者认为"僚"人乃百越民族后裔，与今壮侗语族诸民族及仡佬族有密切关系。为研究壮侗语族诸民族及仡佬族科技史的重要古籍。

3.《北史·蛮传》

长江中游流域及其以南古代民族传记。唐李延寿撰。内容主要记载"蛮人"和"僚人"之事。认为"蛮之种类，盖盘瓠之后"，最早居住在江、淮之间，后发展到东连寿春（今安徽寿县），西通巴、蜀（今四川东部），北接汝、颍二河交界处（今河南境内），其民多樊、向、田、冉等姓，与今土家族、苗族、瑶族有密切联系；僚有北僚、南僚之分，谓之南平僚、俚僚、乌浒僚等，其民居"干栏"，击铜鼓，信"鸡卜"，分布于长江中游流域及其以南各州、县，与今壮侗语族诸民族有密切关系。是研究南方少数民族古代科技史的重要参考史料。

4.《泐史》

又名《车里宣慰使司地方志》，亦译《仂史》，傣文音译《囊丝本勐仂》。云南西双版纳傣文编年史书。为历代宣慰司议事庭陆续编撰而成，始于南宋淳熙七年（1180），不同抄本终迄时间不一。一般不写记述者姓名。唯有一种本子注明最后写定者为叭龙雅纳翁怀朗曼轰（汉名刀学林）。此人为宣慰使司议事庭的书记官，编写当代大事记为此官员之职责，此书当为历代任此职者写成。分三卷：上、中两卷为编年体，记述当地统治者召片领的各代世系和地方政事；下卷杂记体，记录庄园、负担、疆域、关隘等资料。该书是研究傣族史的珍贵资料，对研究古代傣族地区的建设也有一定参考价值。1947年云南大学刊印李佛一汉文译本，名《泐史》。该本只记至清同治三年（1864），且内多短缺。新中国成立以后有数种起迄年代和详略程度皆不相同的原著译本，其中有补译本《西双版纳近百年大事记——续泐史》，译载清道光二十二年（1842）后的百余年史事。研究著作有朱德普的《泐史研究》（云南人民出版社，1993年）等。

5.《满文档案》

清代中央政府和地方各级机关在办理政务过程中所形成的以满文书写的各种官方文书。中国第一历史档案馆藏满文档案200余万件，分属十余个全宗。其中最重要的有：内阁满文档案、军机处满文档案、宫中满文档案、内务府满文档案、宗人府满文档案、黑龙江将军衙门满文档案、宁古塔副都统衙门满文档案等。此外，我国辽宁省、吉林省、黑龙江省、西藏自治区、台湾省也有收藏，内蒙古自治区的海拉尔市和莫力达瓦地区还藏有民国时期的满文档案。这些档案内容极为丰富，包罗了清代政治、经济、军事、外交、民族、宗教、地理、水利、医学、气象、矿产等各个方面。是研究清代历史的第一手材料。经过我国满文工作者的多年努力，一些重要的满文档案已被译为汉文，如《满文老档》、《国史院档》等。国外满学家也翻译了一些珍贵的满文档案，日本出版过《满文老档》、《雍乾两朝镶红旗档》等日文译本。任世铎撰《满文与满文档案》（载中国第一历史档案馆编《明清档案论文选编》，档案出版社，1985 年）、吴元丰撰《中国第一历史档案馆藏满文档案》（载《历史档案》1988 年第 3 期）可供参考。

6.《满文老档》

清军入关前用满文书写的最早的一部官撰编年体史书。由清初著名文臣库尔缠、希福、达海、尼堪、布尔善、艾巴礼、准泰等人辑录。记载了努尔哈赤、皇太极时代的经济、政治、军事、民族关系、外交、天文、地理等各个方面的史实。时间自清天命九年（1607，明万历三十五年）至清崇德元年（1636，明崇祯九年）。中间有残缺。1632 年以前，用无圈点老满文记述，字体不统一，文字辨识困难，句子结构简单，多用口语。崇德年间档案主要是用加圈点满文记述，但仍用旧体字，新旧并用。档内很多史实为官修史书和私家著述所不载。是研究清初满族社会性质、满族历史、东北历史地理、满足语言文字的第一手资料。清初编修《满洲实录》、《清太祖实录》、《清太宗实录》等史书，均利用过此档。

二　方志中对少数民族科技的记录文献

方志文化源远流长，灿烂辉煌，是中国传统文化的一个重要组成部分。它以自身特有的方式，传承文明，服务社会。留存下来的方志种类和内容都十分丰富，它是地域文化的宝库，凝聚着各地区各民族在生产方式、生活习俗、风土人情、文化传承等诸多方面绚丽多彩的地域文化，被誉为记载一定地域的"博物之书"。方志按其记述内容，可分为：通志，是指志书所记载的内容，基本总括了一地的自然与社会诸方面的历史与现状。举凡一地的疆域、沿革、山川、厄塞、田亩、物产、财赋、人口、灾异、风俗、丁役、胜迹、人物、艺文等无所不载，而且所载内容在涉及的时间跨度上统合古今。一般的省、府、州、县、乡镇等志都是通志。专志，即专门记载某一特定区域内某项或某方面专门内容的志书。主要种类有：山志、水志、风土志、宅第志、方物志、寺观志、盐井志、农业志、科技志、交通志等。杂志，即记述一地的舆地、政治、经济、文化等现象，没有通志那样完备、系统。一般来说，方志对于某一个地区的民族在生产、生活方面的状况有着较为详细的记述。同时，为了便于考察该地区政治、经济、文化等多方面发展变化情况，方志一经修成，一般都会持续不断地修纂下去，因此方志对于记载著述少数民族科技文化的内容不仅广泛，而且数量多，对于少数民族的经济、文化、科技建设和学术研究等方面都有着重要的参考作用。

可见，方志内容上至天文，下至地理，涉及社会的各个方面，其中间接留存了大量科技内容，有不少是在正史或其他书籍中所无法见到的资料，如在山川、水利、物产、人物、祥异、天文、地理、生物、水利工程以及科技人物生平等方面的记载都相当丰富，可以大大补充少数民族科技古籍文献专著的不足。现举要如下。

1. 《［光绪］古丈坪厅志》

土家族苗族地方志。清董鸿勋纂修。此志分舆地、建置、民族、物产、灾祥、人物、艺文等 7 门 275 目。其中民族门详细记载境内民（指汉族）、土（指土家族）、客、章、苗（指苗族）五种族人的姓氏、寨堡、岁时、俗尚、名言、性情、嗜好等。因古丈坪厅独此一志，而且其地向来都是土家族和苗族的聚居区，故为研究土家族、苗族的重要参考资料。有光绪三十三年（1907）铅印本、1981 年复印本。

2. 《［光绪］黎平府志》

侗族苗族地方志。清俞渭修，陈瑜撰。撰者光绪进士，官至津海关道。光绪十八年（1892）受时任黎平府知府、志之修者所委托而纂成此志。分 8 纲 40 目。其中风俗纲所载的"苗蛮目"为前志所无，详载境内侗族、苗族等少数民族的习俗、特点；农纲记当地"水转筒车"，其大者有 60 幅，高约 10 米，筒多至 24 个，水利灌溉较前大有改进。为研究侗族苗族历史参考资料。有光绪十八年刻本。

3. 《［光绪］丽江府志》

清代云南丽江地方志。清陈宗海修，李福宝纂。此书受时任丽江知府陈宗海之嘱，于光绪二十一年（1895）纂成。内容除图像外，分建置、山川、财用、官师、学校、祠祀、武备、选举、人物、礼俗、艺文 11 志。材料多采用清管学宣修、万咸燕纂〔乾隆〕《丽江府志略》，并补乾隆以后事于各志之后。因丽江地区为纳西族聚居之地，又有藏族、傈僳族、怒族、独龙族、普米族、彝族、白族等民族，故此书为研究清末以前丽江地区和纳西族等民族社会历史之参考古籍。原稿藏丽江纳西族自治县图书馆，并有抄本。

4.《〔光绪〕蒙化乡土志》

清代云南蒙化地方志。蒙化为今巍山及其附近地区。清末民初梁友檍纂修。此书因作者世居蒙化，于光绪末年纂修而成。内容分历史、政绩、兵事、耆旧四录及人类、户口、氏族、宗教、实业、地理、山川、道路、物产、商务等 15 目。因蒙化地方多有彝族和回族，又为唐代南诏王室"乌蛮"蒙氏发祥之地，故诸录、目中均有程度不等的有关这些少数民族的资料，为研究清末以前蒙化地方和有关民族社会历史之参考古籍。有宣统年间铅印本和抄本。

5.《〔光绪〕普洱府志稿》

清代云南普洱地方志。清陈宗海等修，陈度等纂。此书因陈度受普洱知府陈宗海之嘱，于光绪二十六年（1900）纂成。内容分天文、地理、建置、食货、学校、祠祀、武备、秩官、人物、南蛮、艺文、杂志 12 纲。因普洱地区多有傣族、哈尼族、布朗族、彝族、基诺族等民族，故诸纲中均有不等的有关这些少数民族的资料，尤以"南蛮"纲为多，为研究清末以前普洱地区社会历史之参考古籍。有光绪二十六年刻本。

6.《〔光绪〕新修中甸厅志书》

清代云南中甸地方志。清吴自修修，董良弼、张翼夔纂。此书因董良弼等受中甸同知吴自修之嘱，于光绪十年（1884）纂成。内容分天文、地理、疆域、风俗、沿革、天赋、物产、寺观、戎事、土司、边裔等 44 目，但其中有数目无文。因中甸为藏族聚居之地，又有纳西族、傈僳族等民族，故诸目中均有程度不等的有关这些少数民族的资料，尤以"土司"、"边裔"为多。为研究清末以前中甸地方和藏族等民族社会历史之参考古籍。原稿未刊，今藏云南省图书馆，并有抄本。[①]

---

①　编委会：《中国少数民族古籍集解》，云南教育出版社 2006 年版，第 140 页。

7. 《华阳国志》①

又名《华阳国记》，是一部专门记述古代中国西南地区地方历史、地理、人物等的地方志著作，由东晋常璩撰写于晋穆帝永和四年至永和十一年（348—355）。全书分为巴志、汉中志、蜀志、南中志、公孙述、刘二牧志、刘先主志、刘后主志、大同志、李特、李雄、李期、李寿、李势志、先贤士女总赞、后贤志、序志并士女目录等，共 12 卷，约 11 万字。记录了从远古到东晋永和三年的巴蜀史事，记录了这些地方的出产和历史人物。洪亮吉认为，此书与《越绝书》是中国现存最早的地方志。全书内容，大体由三部分组成：一卷至四卷主要记载巴、蜀、汉中、南中各郡的历史、地理，其中也记载了这一地区的政治史、民族史、军事史等，但以记地理为主，类似于"正史"中的地理志；五卷至九卷以编年体的形式记述了西汉末年到东晋初年割据巴蜀的公孙述、刘焉刘璋父子、刘备刘禅父子和李氏成汉四个割据政权以及西晋统一时期的历史，这一部分略似"正史"中的本纪；十卷至十二卷记载了梁、益、宁三州从西汉到东晋初年的"贤士列女"，这部分相当于"正史"中的列传。刘琳在《华阳国志校注·前言》里指出："从内容来说，是历史、地理、人物三结合；从体裁来说，是地理志、编年史、人物传三结合。"常璩将历史、地理、政治、人物、民族、经济、人文等综合在一部书中，这点无论是从体例上还是内容上，都具备了方志的性质，但又明显区别于传统方志只偏重于记载某一地区的特点，这种区别，正是常璩之《华阳国志》在中国方志史上的一个伟大创举，也是《华阳国志》千百年来能挺拔于方志之林并成为方志鼻祖的主要原因之一。该书是研究西南少数民族科技史的重要参考文献。

8. 《云南志》

亦称《蛮书》，又称《云南记》、《云南史记》、《南夷志》、《南蛮志》、《南蛮记》等。唐代云南地方志和南诏社会历史专著。唐樊绰撰。作者为应付南诏之侵扰，给中央和有关地方机构在处理南诏问题提供可靠依据，于留居安南期间撰成此书。全书 10 篇："云南界内途程"、"山川江源"、"六诏"、"名类"、"六赕"、"云南城镇"、"云南管内物产"、"蛮夷风俗"、"蛮夷教条"、"南蛮疆界接连诸番夷国名"。每篇 1 卷。正

---

① 编委会：《中国少数民族古籍集解》，云南教育出版社 2006 年版，第 167 页。

文后有附录。撰于咸通五年（864）。该书记述了南诏时期云南的自然地理面貌。如卷五记载蒙舍川和阳瓜州的情况是："肥沃宜禾稻。又有大池，周回数十里，多鱼及菱芡之属。"反映了当时蒙化一带农业开发和经济作物种植的经济地理情况。卷八记载了南诏的一整套度量衡知识："一尺，汉一尺三寸也。一千六百尺为一里。汉秤一分三分之一。帛曰幂，汉四尺五村也。田曰双，汉五亩也。"卷七详细记载南诏民族的采金方法："生金，出金山及长榜诸山，藤充北金宝山。土人取法，春冬间先于山上掘坑，深丈余，阔数十步。夏月水潦降时，添其泥土入坑，即于添土之所砂石中披拣。有得片块，大者重一斤，或至二斤，小者三两五两，价贵于麸金数倍。"可见，《云南志》的记述对查考云南各少数民族科技文化知识有着极其重要的价值。

9.《云南志略》

元成宗大德五年（1301）撰成。河间人李京奉命宣慰乌蛮，由于"措办军诸事"，两年间于乌蛮、六诏、金齿、百夷之间来往奔走，对山川、地理、土产、风俗颇得其详，始悟前人记载之失，盖道听途说，乃悉其见闻为《云南志略》四卷。此书除了作者本人身历目睹的一些情况外，还"参考众说"，如已纂修的地方志《僰古通》等。书中"诸夷风俗"部分，从某种意义上讲可视为李氏的"旅滇笔记"，特别记录了当时云南少数民族的经济、文化及生活状况，是研究云南古代民族史的重要资料。李京著书时曾获见大理国图籍及元初云南政事的档案文书，后来这些文献已佚亡无存，故《混一方舆胜览》关于云南的建置沿革、景致、山川很可能是依据李京的《云南志略》，李京原书虽已早佚，尚有片段留存于陶中仪纂辑的《说郛》及陈梦雷、蒋延锡编修的《古今图书集成·方舆典》中，其所载"白人"、"罗罗"、"金齿"、"百夷"、"麽些"、"土僚"、"斡泥"、"蒲蛮"等，均系有学术价值的资料。[①]

10.《云南图志》

元成宗元贞二年（1296），云南行省开始编写地理图志之书，任中顺"秉志勤苦，通晓文学"且"久任云南习知风土"，乃主其事。所编图志以路、府、州分册，各记其建置、沿革、坊郭、四至、八到、山川、土产、形势、古迹、人称等类。"甚是可取"，据说当时为"进三书"之一

---

① 编委会：《中国少数民族古籍集解》，云南教育出版社 2006 年版，第 563 页。

种。《云南图志》早无传本，今存《大元一统志》有云南丽江路佚文十余条，是研究云南部分地区建置沿革、山川地理的珍贵资料。

11. 《滇略》

明代云南地方志。明谢肇淛纂。作者为万历进士，曾任云南右参政、广西按察使等。于天启元年（1621）作者离滇赴桂之时纂成此书。内容分十略：版略、胜略、产略、俗略、绩略、献略、事略、文略、夷略、杂略，也即分别志疆、志山川、志物产、志民风、志名宦、志乡贤、志故实、志艺文、志民族、志琐闻。上溯远古，下逮天启以前。体例概括方志分目录，材料多采自明邹应龙修、李元阳纂万历《云南通志》，又增益新知，记述颇具特色，非徒掇拾资料可比。云南为多民族地区，诸略中均有程度不等的各少数民族资料，尤以"夷略"为多。为研究明末以前云南地区和民族社会历史之参考古籍。有明刻本、《四库全书》本及传抄明刻本、抄本。①

12. 《滇黔志略》

清代谢圣纶著。所见有两种本子，一是刻本，一是抄本，均产生于清乾隆时期。据《中国地方志联合目录》记载，北京中国科学院图书馆、上海复旦大学图书馆藏有乾隆二十八年（1763）刻本，云南省图书馆有抄本，贵州省图书馆有 1966 年油印本。此外，国家图书馆藏有刻本复印件。全书约 33 万字，问世于乾隆二十八年（1763）；前 16 卷为《滇志》，后 14 卷为《黔志》，各自为篇。书首有乾隆癸未（1763）秋仲李俊序，序中言谢氏"前后官滇、黔，足迹之所游涉，耳目之所闻见，风土之所流传，随时札记，遂成《滇黔志略》一书"；认为该书在沿革的考订旁稽、人物的阐幽搜访、山川的甄综标举、物产的掇拾参证、歌诗的因物即事等方面，分别兼采了南朝裴松之《三国志》注、晋皇甫士安《高士传》、晋王子年《名山拾遗记》、唐段公路《北户录》、明高青邱《姑苏杂咏》等众书之美，而与明末清初顾祖禹的《方舆纪要》相比，"则各据其胜，不得轩彼而轻此也"，对该书的特点和成就进行了精要分析和点评。其次为谢圣纶所作凡例，从体例方面概述了该书在类目的安排、材料的取舍上与一般省志存在的异同及其原因。再次分列有全书的总目和各卷细目：总目中上半部为云南、贵州各卷标题，云南部分为卷一"沿革建

① 编委会：《中国少数民族古籍集解》，云南教育出版社 2006 年版，第 89 页。

置附"、卷二"山"、卷三"水"、卷四"气候"、卷五"名宦使命武功附"、卷六"学校选举附"、卷七"风俗"、卷八"人物"、卷九"列女"、卷十"物产"、卷十一"古迹"、卷十二"流寓"、卷十三"轶事"、卷十四"土司外徼附"、卷十五"种人"、卷十六"杂记",贵州部分则"气候"附于"水"后,"土司"卷中无"外徼","种人"改为"苗蛮",其余相同,因而总体上比云南少一卷;卷目后为谢氏于癸未年中冬所作"再识",交代了该书的撰辑宗旨及有关概况。总目下半部为各卷细目,结合正文内容详列了书中所叙人物、事件等各有关史实标题名称,为读者查阅提供了便利。

13.《楚南苗志》

清朝段汝霖撰。汝霖字时斋,号梅亭,汉阳人。由举人历官建宁府知府。是书乃汝霖为湖南永绥同知时所作。前五卷皆载苗人种类、风俗、物产、言语、衣服及历朝控御抚治之法。末一卷附载猺人、土人及粤西六寨蛮,而六寨蛮尤为简略。以非楚所治故也。体例冗杂,叙述亦不甚雅驯。而得诸见闻,事皆质实。唯前载星野,与苗蛮土人皆无所涉。未免沿地志之陋格耳。

14.《夷俗记》

明萧大亨撰。是书专纪蒙古族风俗,分"匹配"、"生育"、"分家"、"治奸"、"治盗"、"听讼"、"葬埋"、"崇佛"、"待宾"、"尊师"、"耕猎"、"食用"、"帽衣"、"敬上"、"禁忌"、"牧养"、"习尚"、"教战"、"战阵"、"贡市"20类。该书材料来自元明文献和所见所闻,内容翔实可靠,足补他史缺失。例如顺义王互市之地,《明史》载大同于左卫北威远堡边外,宣府于万全右卫张家口边外,山西于水泉营。而此书载大同互市有三堡:一曰守口堡,二曰得胜堡,三曰新平堡,则大亨所亲见,较史为详云。因此,该书是研究明代蒙古族科技文化的重要古籍。

15.《四川土夷考》

明谭希思撰。是书乃希思在蜀时命布政使官属取全蜀土司、土府绘图立说,裒为一编。刻于万历二十六年(1598)。内容首载四川少数民族土司土府全图,次载各少数民族土司土府分图,均有图说。图各有说,凡78篇。其中所列,多沿边城堡守御名目,而于土司境壤、山川形势,概未之及,盖专为防守之策而设。虽名为《土夷考》,其实乃险隘图也。所附之说，仅据州县申册，简略颇甚，亦不足以备考核。该书是研究明代四川少数民族地区地理之参考古籍。

16.《新纂云南通志》

龙云、卢汉监修，周钟岳、赵式铭总纂。该志编纂历时十余年，于民国三十三年定稿为两编：上编为云南文化初开，至清宣统三年止，即《新纂云南通志》266 卷，民国三十八年刊印；下编至民国初元迄二十二年，定名为《新纂云南通志长编》81 卷，1984 年云南省地方志办公室整理、印行。《新纂云南通志》分记、图、表、传五部分，殿以附录。记：卷一至卷六，大事记。图：卷七至卷九，有云南所见恒星、历代沿革等 9 图。表卷十至卷十六，有历代建置沿革、历代职官等 5 表。考：卷十七至一百七十七，有天文、地理、交通、物产等 25 考。传：卷一百七十八至卷二百六十二，有名宦、儒林等 16 传。附录：卷二百六十三至卷二百六十六。该志不仅记载了清末出现的邮政、电报、省道公路、个旧锡务公司和从昆明起经蒙自、河口至越南海防的滇越铁路等诸多新生事物，还以现代科学观点撰写了"天文考"、"地理考"和"气象考"。对农业、蚕桑及少数民族状况，都有翔实资料。特别值得一提的是，志中所记除汉族外，还记述了白子（今白族）、爨、罗罗（今彝族）、摆夷（今傣族）、保黑（今拉祜族）、力些（今傈僳族）、侬（今壮族）、卡瓦（今佤族）、雅尼（今哈尼族）、载瓦（今景颇族）等少数民族的文化、历史、科技等资料，价值弥足珍贵。

17.《西南夷风土记》

明代朱孟震撰。该书记述了包括老挝、缅甸等西南地区的地理物产、风俗民情等的丰富内容，对研究民族史、中外关系史等有所裨益。此书有《学海类编》本、《丛书集成初编》本。该书记述了西南地区的气候、地理、山川、动植物、五谷、风俗、建筑、器具、宗教、物产、城郭等资料。如西南少数民族的饮食文化"饮食，蒸、煮、炙、煿，多与中国同，亦精洁可食。酒则烧酒，茶则谷茶，饭则糯〈米襄〉。不用匙箸，以手搏而啗之。所啖不多，筋力脆弱。自孟密而下，所食皆树酒。若棕树，叶与果房，皆有浆可湑，取饮不尽。煎以为饴，比蔗糖尤佳。又有树类枇杷，结实颇大，取其浆煮之，气味亦如烧酒，饮之尤醉人。又以竹笋为醋，味颇香美。惟腌酢臭恶，不堪食矣。"又如西南少数民族的建筑艺术："所居皆竹楼。人处楼上，畜产居下，苫盖皆茅茨。缅甸及摆古城中，咸偕盖殿宇，以树皮代陶瓦，饰以金，谓之金殿。炎荒酷热，百夷家多临水。每日清晨，男女群浴于野水中，不如此则生热病。惟阿昌枕山栖谷，以便刀耕火种也。"该书是研究西南各少数民族风土人情、科技文化不可多得的珍贵史料。

18.《鹤庆县志》

成书于民国十一年，杨金铠编纂。据《鹤庆县志》记载，早在明朝，云南大理新华村的村民们就开始加工民族首饰等工艺品。在代代相传的进程中，心灵手巧的白族村民不断改进加工技艺，创造出绝妙精美的手工艺品。

19.《西藏见闻录》

清代西藏地方志。清萧腾麟著。康熙武举，乾隆统领川兵驻镇察木多督理西藏台站，前后6年，熟悉西藏民情风俗。据本书见闻和档册记载时间推算，成书时间是乾隆八年（1743）前后。卷首有7篇序文，下分事迹、疆域、山川、贡赋、时节、物产、居室、经营、兵戎、刑法、服制、饮食、宴会、嫁娶、医卜、丧葬、梵刹、喇嘛、方语、程途20目。为研究清初西藏和藏族社会习俗的参考古籍。其中的"疆域"、"山川"、"时节"、"居室"、"服制"、"饮食"、"医卜"等目，对研究藏族科技史有重要参考价值。有乾隆年间赐砚堂刻本和1978年中央民族学院图书馆油印本。①

20.《广南府志》

清代云南广南地方志。广南府即今天的云南广南。清李熙龄纂修。作者于道光中期纂修成《广南府志稿》（2卷，未刊，仅有抄本），后在此志稿的基础上于道光二十八年（1848）纂修成《广南府志》。内容分图说、星野、山川、建置、疆域、城池、学校、风俗、民户、田赋、祭祀、兵防、邮旅、秩官、选举、名宦、人物、古迹、物产、艺文20目。嘉庆二十年（1815）以前事悉录清何愚纂修嘉庆《广南府志》，并补以后事于各目之后。因广南地区多有壮族、苗族、瑶族等民族，故诸目中均有程度不等的这些少数民族的科技资料，为研究清中叶以前广南地区和壮族、苗族、瑶族等民族社会科技历史之参考古籍。有道光二十八年刻本、光绪三十一年（1905）补刻本，以及晒印、传抄光绪本。

---

① 编委会：《中国少数民族古籍集解》，云南教育出版社2006年版，第484页。

21.《鹤峰州志》

土家族地方志。清吉钟颖修，洪先焘、邵生榕纂。该书于道光二年（1822）成书。在乾隆州志基础上，编为史事、沿革、山川、地利、赋税、风俗、学校、兵房、物产、人物、秩官、祠宇、艺文等 14 门。每门材料比前志更加丰富，卷首有舆图、星野、气候。为研究鄂西土家族历史的重要资料。有道光二年（1822）刻本。

22.《［道光］开化府志》

清代云南开化地方志。开化府是今天的云南文山县。清何怀道、周炳修，万重赟纂。此书因重赟受开化后知府何怀道、周炳修之嘱，于道光九年（1829）纂成。内容分图像、建置、山川、田赋、官师、学校、人物、兵房、风俗、艺文十目。乾隆二十三年（1758）以前事悉录清汤大宾修、赵震等纂［乾隆］《开化府志》，并补以后事于各目之后。因开化地区多有壮族、苗族、瑶族等民族，故诸目中均有程度不等的这些少数民族资料。为研究清中叶以前开化地区和壮族、苗族、瑶族等民族社会科技历史之参考古籍。有道光九年刻本和抄本。

23.《［道光］拉萨厅志》

清代西藏地方志。清李梦皋纂。成书于道光二十五年（1845）。著者在序中说："凡邑皆有志，拉萨者未有志也，盖缺典。余在拉萨数十年矣，阅西番地方颇知撰志之难也。"上卷记述疆域图、附城池一幅、沿革、疆域、城市、山川、寺庙、物产、风俗、道里等。下卷记述艺文、著述、杂记等项。各类目所述内容较简。为研究清代西藏拉萨地区科技史的参考古籍。有原稿本，今藏民族文化宫图书馆。又有抄本，以及中国书店1959 年油印本、吴丰培藏抄本传世。

24.《［道光］黎平府志》

贵州地方志。清刘宇昌修，唐本洪纂。成书于清道光二十四年（1884）。内容含天文、地理、营建、食货、学校、秩序、典礼、人物、武备、艺文等。黎平府位于贵州省东南部，明永乐十一年（1413）置。治所在开泰（今黎平）。辖境屡有变动，大抵当今贵州清水江以南、榕江县以东地区的榕江、从江、黎平等县。各篇均程度不同地涉及侗族、苗族社会、政治、经济、文化、习俗资料。"营建志"中的"楼塔"、"亭台"等篇为侗族地区特有的"鼓楼"、"风雨桥"、"风雨亭"建筑艺术的专志。为研究贵州地方史及侗族、苗族的社会历史的重要古籍。有道光二十五年（1845）刻本。

25.《［道光］连山绥瑶厅志》

清代广东连山绥瑶地方志。连山绥瑶治所在今连山。清姚柬之纂。此书于道光十七年（1837）纂成。内容分八目：总志、食货、物产、风俗、瑶防、人物、名宦、杂记；最后附舆图。连山地方多有瑶族，故诸目中均有程度不等的有关瑶族的资料，如"总志第一"记明初以来瑶族反抗斗争和当时瑶族与汉族的关系，"风俗第四"记有关瑶族的习惯法，"瑶族第五"记有瑶族、千长、瑶长、瑶练的设置与作用，"杂记第八"记有排瑶之道里、户口及语言。为研究清末以前连山地方和瑶族社会历史之参考古籍。有道光十七年、二十八年（1848）《且看山人文集》本，又有光绪三年（1877）刻本，并收入《岭海异闻录》从书中。

26.《［道光］茂州志》

四川茂州地方志。茂州今茂县。清杨迦怪等修，此书因原方志未付梓，刘辅廷受时任茂州知州杨迦怪之嘱，于道光十一年（1831）纂成。内容除首卷序、凡例外，分舆地、建置、祠祀、食货、职官、武备、选举、人物 8 志，后附杂记；每志分若干目。材料多采自清丁映奎纂修［乾隆］《茂州志》，并补乾隆以后事于各志之后。茂州古为冉夷之地，当地多有羌族等少数民族，故诸志中均有程度不等的羌族等民族的资料，尤以"舆地志·风俗"和"武备志·边防、武功、土司"等目为多。为研究清中叶以前茂州地区和羌族等少数民族社会历史之参考古籍。有道光十一年刻本。

27.《［道光］西昌县志略》

清代四川西昌地方志。西昌，今四川凉山彝族自治州首府西昌及凉山其他大部分地区。清书纶纂修。此书因作者任西昌知县，约于道光九年（1829）至十七年（1837）纂修而成。内容除首一卷载清乾隆五十九年（1794）令在"宁远府设炉改铸私钱事由"上谕一道外，上、下卷共分 31 目。因西昌地区多有彝族等民族，故诸目中均有有关彝族等民族的资料，尤以"土司"为多。民族社会历史记载虽很简略，但大体记载了当地彝族等土司世系、来源、封号、贡献、辖地等概况。为研究清中叶以前西昌地区和彝族等土司情况之参考古籍。仅有抄本，今藏四川西昌市图书馆、国家图书馆、四川省图书馆亦各存 1 部。有称此书为清徐连纂修、道光二年（1822）成书，当误。

28.《［道光］盐源县志》

清代四川盐源地方志。盐源，今四川盐源及木里地区。清陈震宇（1738—1845）纂修。作者因关心本地方志，于道光初年纂修成此书。内容首载作者之叙文，以下依次为建置、方域、山川、城池、寺观、田赋、铜制、盐制、学校、职官、武备、选举、风土、土习、仙释、忠义、名宦、节孝、流寓、土产、土司、里甲、夷俗，最后附载（佚名）《南徼杂志》、王濯亭《盐源杂咏》、陈应兰《盐源竹枝词》等。因盐源地区多有彝族、藏族、纳西族、普米族、傈僳族、苗族等民族，故诸目中均有不等程度的这些少数民族的资料，尤以"土司"、"夷俗"及所附之文为多。为研究清中期以前盐源地区和彝族、藏族、纳西族、普米族等民族社会历史之参考古籍。有同治十三年（1874）抄本，今藏盐源县档案馆。

29.《［道光］云南通志稿》

清代云南地方志。清阮元（1764—1849）、伊里布（1772—1843）等修，王崧（1752—1837）、李诚纂。因总纂王崧受云贵总督阮元之嘱，始纂于道光六年（1826），旋未竟业辞去，继任总纂李诚受阮元及继任云贵总督伊里布之嘱，于道光十五年（1835）重纂而成此书。内容分 13 门 68目：天文志（分野、气候、祥异等 4 卷）、地理志（舆图、疆域、山川、形势、风俗等 26 卷）、建置志（沿革、城池、官署、邮传、关哨、汛唐、津梁、水利等 24 卷）、食货志（户口、田赋、积贮、课程、经费、物产、盐法、矿场附钱法等 24 卷）、学校志（庙学、学额附贡例、书院义学等 9卷）、祠祀志（典祀、寺观等 11 卷）、武备志（兵制、戎事、边防等 9卷）、秩官志（封爵、管制题名、使命、名宦、忠烈、循吏、土司等 29卷）、选举志（征辟、进士、举人、武科、恩荫、难荫等 9 卷）、人物志（乡贤、卓行、忠义、宦绩、孝友、文学、烈女、寓贤、仙释等 26 卷）、南蛮志（群蛮、边裔、种人、贡献、方言等 19 卷）、艺文志（记载滇事之书、滇人著述之书、金石、杂著等 18 卷）、杂志（古迹附台榭胜迹、冢墓、轶事、异闻等 8 卷）。虽其门类多仍旧志，内容丰富，且各门互注，少有复出歧异之弊。云南地方志书，以此书为最善之本。因云南为多民族地区，诸门中均有程度不等的各少数民族资料，其中的"天文志"、"地理志"、"建置志"、"食货志"、"祠祀志"等门，为研究清中叶以前云南地区和民族社会历史科技之重要古籍。有道光十五年刻本及 1983 年复印本。云南省图书馆、湖北省图书馆另有《云南通志引证建置志》4 卷和《云南通志杂志存疑辨误》（2 卷），均系抄本。

30. 《〔道光〕云南志钞》

清代云南地方志。清王崧（1752—1837）编。道光六年（1826）作者任《云南通志》总纂，旋未竟业辞去，此书即其任总纂时编成。内容分 7 门：地理志（1 卷），建置志、盐法志、矿厂志（1 卷），封建志（2 卷），边裔志（2 卷），土司志（2 卷）。云南为多民族地区，诸门中均有程度不等的资料，尤以"边裔志"、"土司志"为多，虽其体例每事融会众书而述说，未注明出处，与清阮元和伊里布等修、李诚等纂〔道光〕《云南通志稿》征引详注出处不同，但仍可为研究清中叶以前云南地区和民族社会历史之参考古籍。有道光九年（1829）作者门人杜允中注刻本，收入作者《乐山集》中，传本甚稀，云南省图书馆藏有零本。此外尚有1990 年云南省图书馆影印本。

31. 《〔道光〕遵义府志》

贵州地方志。清郑珍（1806—1864）、莫友芝（1811—1872）纂辑。此书内容分星野、建置、疆域、山川、水道、古迹、金石、户口、赋税、农桑、兵防、职官、宦绩、土官、选举、人物、纪事、文艺、杂志、旧志、叙录等。材料丰富翔实，文字亦甚典雅。各卷均大量涉及苗族史事，尤以风俗、土官、纪事、杂记等篇载及苗族社会历史甚多。该书为研究贵州地方史和苗族社会历史的重要古籍，对研究苗族先民科技状况具有一定参考价值。有道光二十一年（1841）刻本、光绪十八年（1892）补刻本和 1937 年刘千俊补刻本。①

32. 《河州志》

甘肃临夏地区志。第一种，明嘉靖初年郡人吴祯编辑，知州刘卓校刊。现存为嘉靖四十二年（1563）重修本。北京大学图书馆、北京师范大学图书馆、大连图书馆均藏有刻本。分 8 门，共 34 目，前有郡志图、儒学图、河源图各 2 页。第二种，清康熙二十六年（1687）修本。分 2卷，共 7 门，58 目。无序目与纂修人姓名。国家图书馆藏有抄本。第三种，康熙四十六年（1707）刻本，知州王全臣修。共 6 卷，有 5 图，33目。"风俗"缺文。首有凡例、目录等。第四种，宣统元年（1909）官修本，为《河州续志》，又名《河州采访事迹》。知州张庭武修，杨清等纂。

①　编委会：《中国少数民族古籍集解》，云南教育出版社 2006 年版，第 84 页。

共 6 册，现存第一、三、四、五册稿本。甘肃省临夏回族自治州档案馆有存。河州即今甘肃省临夏回族自治州，为回族聚居地区。上述四种志书对回族事迹或多或少都有不同侧面记载，是研究甘肃、西北回族史的参考资料之一。

33.《峒溪纤志》

西南民族风俗志。清陆次云撰。作者字次云，浙江钱塘（今杭州）人。康熙初年以拔贡出任江苏江阴知县，后宦游西南各地。著有《湖儒杂记》（1 卷）、《八纮译史》（8 卷）、《北墅绪言》（5 卷）等。此书为其宦游西南时之见闻录，并考证群书所载之异同真伪。上卷为群言考证，中卷为"蛮僚"考证，下卷记滇中溪洞物产。另附志余 1 卷，记少数民族歌谣，仅见篇目，未见内容。为研究西南少数民族史的参考古籍。3 卷本有作者《陆次云杂著》、民国胡思敬《问影楼舆地丛书》、商务印书馆辑《丛书集成初编》等版本。1 卷本有清吴震方《说铃》、清马俊良《龙威秘书》、清王锡祺《小方壶斋舆地丛钞》等版本。①

34.《赤雅》

广西民族志。明末邝露（1604—1650）撰。作者字湛若，广东南海人，明时为中书舍人。1684 年奉命回广州，同年十二月，清军破广州时自杀。著有《峤雅》（1 卷）。崇祯七年（1634），作者因醉酒冲撞海南县官，被迫亡命广西，旋为寻找鬼门关和铜柱而走遍广西左右江流域，纵游于岑、蓝、侯、盘诸姓土司间，广泛接触到壮族、瑶族、侗族、苗族等风土人情，听闻许多民间掌故，还当过瑶族女将军䄅娘的书记。归后将其在广西见闻参阅有关志书写成此书。取南方（古称"赤"）诸民族习俗、传说等内容，加雅典之文字，故名。卷上写人事，记述广西少数民族风俗习惯，如土司世胄、形势、法制、兵法等；卷中记地理环境与名山大川等；卷下写动植物及各种土特产。某些民间传说，虽未传闻，但多数可信。为研究广西少数民族社会文化的重要古籍。有乾隆敕辑《四库全书》本、清鲍廷博《知不足斋丛书》本、清马俊良《龙威秘书》本、清葛元煦《啸园丛书》本、民国王文濡《说库》本等。

35.《南丹州蛮考》

南丹州壮族莫氏世谱及风俗考。元马端临撰。内容考证自宋至元活动

---

① 编委会：《中国少数民族古籍集解》，云南教育出版社 2006 年版，第 100 页。

于南丹州的壮族土官莫氏的来历、世系，特别是考证了当地的牛耕、物产、药材、药箭等史事，是研究南丹州壮族历史特别是科技史的权威文献。

36.《苗疆风俗考》

考述清中期湘西等地苗族等民族风俗之书。清严如熤撰。此书于嘉庆年间撰成，是《苗防备览》之一篇。内容主要考述嘉庆年间湖南西部凤凰、乾州、永绥三厅及与其接壤的贵州铜仁、松桃等民族之风尚习俗，涉及其支系、借贷、租佃、居住、语言、结绳、刻木、耕织、交易、狩猎、械斗、服饰、游乐、节日、饮食、信仰、巫术等，也考述当地及附近地区土家族、仡佬族、瑶族、汉族的许多习俗。为研究清代中期湘西苗族、土家族、仡佬族、瑶族等民族科技文化的重要参考。

37.《僮瑶传》

瑶族、壮族风俗志。清诸匡鼎撰。此书分三部分。首记瑶族风俗，如衣饰、住房、饮食、生育、瑶刀、战法、祭祀、乐器、族系等；次记壮族风俗，包括衣饰、居室、歌圩、婚俗、祭祀、饮食等；再记仡僚人（今侗族）的鸡卜、踩歌堂、鼓楼等，以及伶人（今仡佬族、毛南族）、水人（今水族）等习俗。该书是研究瑶族、壮族、侗族等民族的社会历史和有关科技文化的重要古籍。

38.《哀牢传》

记汉代哀牢人及其地区之书。东汉杨终撰。原书已佚。内容主要记述汉代今云南西部哀牢人及其地区之传说、世系、风土及物产等。为已知云南最古的一部方志，是研究汉代哀牢人及其地区之重要参考古籍。方国瑜主编《云南史料丛刊·哀牢传》和王叔武辑《云南古佚书钞·哀牢传》，均辑有佚文并附考说，可资参考。[①]

39.《桂林风土记》

广西风土志。唐莫休符撰。作者曾于光化年间以检校散骑常侍出任融州（今广西融水）刺史，余不详。此书今存有桂林、舜祠、双女珪、伏波庙、灵渠及鬶锡水等46条。为现存广西地方志书之最早者。为研究广西地理沿革、名胜古迹、山水掌故、名人传略、历史事件及民族关系的参考古籍。有清乾隆敕辑《四库全书》本、清曹溶《学海类编》本、商务

---

① 编委会：《中国少数民族古籍集解》，云南教育出版社 2006 年版，第 7 页。

印书馆辑《丛书集成初编》本等。另有清张位抄本、清黄丕烈序跋本，今藏国家图书馆。

40.《桂阳风俗记》

记清代湖南桂阳地区风俗之书。桂阳，汉唐旧郡名，治今彬州。清佚名撰。成书年代不详。内容记桂阳地区之风俗。桂阳地区有瑶族，故其中也记有瑶族的一些习俗，尤记其"赛盘瓠"为详。为研究清代湖南瑶族习俗之参考古籍。有《小方壶斋舆地丛钞》本。

41.《蒙古风俗鉴》

作者系近代蒙古族思想家和著名学者罗布桑却丹。成书于 1918 年。该书采用分类归纳的方法，分专题章节，较为详尽地记述了蒙古民族的风俗习惯及其沿革发展情况。这部著作涉及面广，内容丰富，论述了蒙古族的政治、经济、文化、宗教、军事、法律、道德、婚姻、地理、医学、动植物等多方面的问题，尤其比较真实地反映了近代蒙古社会的风土人情和社会状况，是研究蒙古族的"百科全书"。该书反映了大量蒙古族的科学思想及科技知识，包括蒙医院药学、生物、地理、数学、天文、农业方面的科技思想和知识，还记述了蒙古地区的资源和物产等内容，是一部研究蒙古族科技文化不可多得的古籍文献。

42.《博物志》

晋代杂著。西晋张华（232—300）撰。于西晋初年撰成此书。内容既有山川地理知识、历史人物传说，也有奇异草木虫鱼和飞禽走兽的描述，以及怪诞不经的神仙方技故事。其中也有一些涉及少数民族及其地区的记录，如南方民族的巢居、拔齿及对虎与狗的崇拜，北方民族的穴居、火葬以及各民族地区的多种风物等。为研究我国古代少数民族风物之参考古籍。版本颇多，较早的有明弘治十八年（1505）刻本，国家图书馆有藏；较好的有《秘书二十一种》本等。因年代久远，字句脱误甚多，近人范宁《博物志校证》（中华书局，1980 年），以《秘书二十一种》本为底本，参照他本互校，后附校勘记、佚文、历代书目著录及提要、前人刻本序跋等，可资参考。

43.《北户录》

岭南风物志书。北户，古谓"南荒之国"，借为岭南地区泛称。唐段公路撰。此书为作者宦游岭南时所撰，记载岭南地区物产、风土、人情及习俗等。其中征引西汉刘安《淮南万毕术》、东汉杨孚《南州异物志》、南朝宋沈怀远《南越志》诸书。其中引晋张华《博物志》数条，皆为今辑本所无。书中记载及岭南少数民族风俗习惯者有"鸡骨卜"、"鸡卵卜"、吃"团油饭"等条，亦为他书罕见。为研究唐代岭南少数民族社会历史的重要参考古籍。最早收于元末明初陶宗仪辑《说郛》（宛委山堂本）卷六十三及明文始堂抄本，又见清曹溶辑《学海类编·集余五》、清乾隆三十年（1765）敕辑《四库全书·地理类》、明末清初陆楫辑《古今说海·说选部偏记》等。

44. 《邓川州志》

清代杨柄锃修，清代侯允钦撰，清咸丰四年（1854）刊本。该书卷首绘有邓川文庙图、州署图、河工图，全书详细记载了白族生活的邓川地区的天文、地理、村户、风土、灾祥、建置、礼典、河防等内容，比较真实地反映了清代白族社会的风土人情和社会状况，是研究白族的珍贵史料。该书反映了大量白族的科学思想及科技知识，包括地理、数学、天文、农业方面的科技思想和知识，如记载了当地白族农时安排是"二月播种，三月收豆、四月收麦，五月插秧，六七月耕地，耕地必耕三遍，否则野草滋生，九十月收获并种豆，十一月种麦"。这一资料反映了当时白族的精耕细作制度，以及对当地生产力发展的促进作用。

45. 《［乾隆］卫藏图识》

清代西藏史地、民俗志。清马揭修，盛绳祖纂。作者生平不详。第一函分上、下卷：上卷记西藏至成都程站及图考；下卷记西藏各地之地图与程站，以及"番民种类图"，共18图，分9组，图后有释文。第二函也分上、下卷及藏语一卷：上卷记西藏之源流、疆域、封爵、朝贡、纪年等；下卷记山川、寺庙、物产等。藏语一卷为分类词汇，设天文、地理、时令、人物、身体、宫室、器用、饮食、衣服、释教、历史、方隅、花木、鸟兽、珍宝、香药、数目、人事18门类，各门类之下先列汉文词条，下列藏语对应词语之读音。该书对研究藏族科技文化有一定参考。有乾隆五十七年（1792）刻本、光绪十年（1884）铅印《小方壶斋舆地丛钞》本。

46. 《滇纪》

又称《滇记》。记明代云南史地之书。明陆氏（失名）撰。约成书于万历至崇祯年间。已佚。但明曹学佺《云南名胜志》、明末清初顾祖禹《读史方舆纪要》、清官修［乾隆］《清一统志》等均有引文，内容主要记明代云南的地理险要、旅程及与此有关的历史、名胜和风俗等。虽于古史间有传闻失实之处，仍可为研究古代云南民族地区地理史之参考古籍。王叔武《云南古佚书钞·滇纪》（云南人民出版社，1979 年）有考证并辑有佚文，可资参考。

47.《汉书西域传补注》

西北民族史地专著。清徐松（1781—1848）撰。作者多年居住于新疆，曾受伊犁将军松筠之命，参与《钦定新疆识略》一书的编纂，并为此长期深入天山南北实地考察，所集资料颇丰。作者针对《汉书·西域传》在长期辗转抄刻中文字脱断、讹衍颇多，以及以往为之作注者又因未亲临西域而使某些错误代代相因的状况，利用所集资料，对《汉书·西域传》进行全面补注。其中对西域山川、地理、史事、民族等方面的考证与补注尤为详尽。是研究古代新疆地区史和民族史的重要参考资料。有道光九年（1829）刻本、光绪二十九年（1903）《中华边防舆地丛书》石印本。

48.《松潘县志》

张典 1924 年纂修，凡 8 卷，又卷首，内为志序、志目、修纂姓氏、例言、图考；卷一为建置、疆域、关隘、城池、治署、里镇（附道路）、风俗、山川；卷二为古迹、田赋、户口、盐政、茶法、权政、仓廪、徭役、蜀政、学校（附典礼实业）、法团、兵制；卷三为边防；卷四为土司；卷五为坊表、坟墓、坛庙（附宗教）、官师；卷六为宦绩、选举、封荫、乡贤行谊、孝友、耆寿、烈女；卷七为忠节；卷八为文苑、物产、祥异外纪。对于松潘历代简史、疆域变革、人口民族等均有详细记载。其中卷四"土司"系根据前清嘉庆年间重修《四川通志》暨道、咸、同、光以来旧有成案编纂，综计全境土司 72，寨 745，番户 16955，男女丁口 42205，并将寨名、土司名称、土司土寨官职、世系、种类（72 土司中保俔种类 4，其余均为西番种类）、投诚之时间、当时所授职务、土司四界及道里、所辖番户丁口、认纳贡赋，与归某营管辖，逐一罗列；关于番民之驯顺与否、叛变与降服、土司名额、饷项与当地物产，均稽旧案，各附于每土司之后；而殿以番民习俗，至为详尽，是全书最精彩之部分，为他书所缺之记载。全书 20 余万言，为边地志乘中较为优良之作，而又是出于创修之作，尤为难能可贵。

49.《西藏志》①

陈观浔撰。约成书于 1925 年。西藏的志书，迄今流传者，通志类十余种，厅、县志类约 20 种。官修方志，最早见于清雍正《四川通志》中所载《西域》一卷。半个多世纪之后再修的嘉庆《四川通志》中，因史料大大地丰富了，便分门别类辟为六卷。而正式以《西藏志》为书名者，则是清乾隆《西藏志》，传为果亲王允礼所纂。今有乾隆年间的抄本，亦有乾隆五十七年（1792）关中承宣使者和宁刊的本子传世。此外，尚有清代前期康（熙）、雍（正）、乾（隆）之时杜昌丁撰的《藏行纪程》，焦应旗撰的《藏程纪略》，张海撰的《西藏记述》，王我师撰的《炉藏述异记》，萧腾麟撰的《西藏闻见录》，马揭、盛纯祖纂修的《卫藏图识》，佚名（官修）纂修的《卫藏通志》等。暨后还有松筠撰的《西招图略》，许光世、蔡晋成纂的《西藏新志》，黄沛翘撰的《西藏图考》，日本人山县初男编的《西藏通览》等。而民国以后，只有这部《西藏志》为正式成书的西藏方志，是诸种西藏方志中纂修较好的一种。全书不分卷，而依次分为"总论"、"卫藏疆域考（附表）"、"卫藏山川考"、"西藏名山考"、"支山名义考（附表）"、"西藏大川考"、"支水名义考（附表）"、"西藏湖池考"、"西藏海子考"、"西藏津梁考（附表）"、"西藏城廓考"、"西藏都邑考"、"西康定郡考（附表）"、"西藏寺庙考（附表）"、"西藏寺庙内部及礼拜考"、"西藏道路交通考（附表）"、"西藏关隘考"、"亚东关通商"、"西藏塘铺考（附表）"、"西藏种族及其沿革（附表）"、"西藏官制"、"西藏兵制"、"西藏人御敌之方法"、"汉军行军康藏应有之准备"、"西藏礼俗"、"西藏货币"、"西藏贸易"、"西藏度、量、衡"、"西藏矿产"和"西藏土宜考（附表）"等 31 部分。此书之纂修，搜罗了前此各种有关西藏的记述，包括正史所载、野史所录，以及其他方志、总志中所记或未记之资料，经过整理、删削、考订、编次而成。其中山川疆域，重点考证；风土民情，重于纪实；货贝物产，详加考证；兵制边防，有记有述。为现存研究西藏历史、地理、政治、经济、军事、文化、宗教、民俗等方面一部较好的典籍。

---

① 编委会：《中国少数民族古籍集解》，云南教育出版社 2006 年版，第 486 页。

第二节　笔记、游记等著作对
少数民族科技的记录

一　笔记、游记等个人著作中对少数民族科技的记录文献

个人著作是指中国古代的一些学者，把平时的所见所闻记载下来，经过积累和整理并以个人身份完成的著作。这类古籍文献中的大部分是作者身临其境、面临其事的著述，无论作者在文笔上表现出何等的感情色彩和政治倾向性，文献所涉及的大部分内容还是表现出相对的客观。不论是笔记还是个人游记，这部分文献大多都属于第一手材料，是最基本、也是最原始的信息，所以是比较准确可靠的。这部分文献所具备的这种准确性和客观性，是其他文献记录形式尤其是口传所不具备的，因此，这类文献对研究少数民族科技文化是弥足珍贵的。这些个人著作较之官修著作数量少，大多以笔记和游记形式留存，其中间接保留了许多少数民族的科技文化内容，是研究我国少数民族古代科学技术史和文化史的重要补充资料。

1. 《滇海虞衡志》

清代檀萃作。檀萃在云南为官数载，即便在被免官后，他仍然留在昆明云南五华书院讲学甚久。正是基于这样的情况，檀萃对云南各地都有所了解，也为他编撰《滇海虞衡志》提供了很大的便利。《滇海虞衡志》于嘉庆四年（1799）撰成，书中所记多为云南地方风物及物产，共分为13个篇目，内容涉及云南地理地质构造及四季气象特点、动植物分布区域、金石矿类采集及应用情况、民生日用手工业的发展、云南边疆少数民族概况。该书的研究内容共分为四大部分：一是自然资源方面。具体描绘云南山川地理地质风貌和气候气象特点，主要集中在"志岩洞第一""杂志第十二"，通过对这两部分的研究，可考证清代云南部分山体地质构造变化及自然气象演变；丰富的动植物种类及分布说解，主要集中在"志禽第六"、"志兽第七"、"志虫鱼第八"、"志花第九"、"志果第十"、"志草木第十一"，通过研究可了解云南不同生物系统的物种分布状况。二是边疆民族方面。全部集中在"志蛮第十三"，通过对这部分详细研究，可简要了解清代云南各少数民族源流分布状况与民族特色风俗。三是工矿物产品

类方面。研究"志金石第二"中云南矿产文献记载，考证清代云南金属矿藏历史分布及冶炼技术；研究"志香第三"，简要了解云南香料民间使用史。四是手工商业方面。通过对"志酒第四"、"志器第五"两部分的研究考证，还原清代中叶云南有关民生日用的生产生活实况。该书因其中不少涉及云南少数民族之风物，故为研究云南诸民族科技文化的重要参考。

2.《桂海虞衡志》

南宋范成大撰。此书成于淳熙二年（1175）。作者任广南西路静江（今广西桂林）知府兼广南西道安抚使时，对当地物产与少数民族进行实地调查并考诸史籍，离任时将所获资料进行整理而成本书。内容以广南西路（今广西及海南，广西简称"桂"，故名"桂海"）为中心，旁及西南蕃、特磨道、自杞、大理、交趾等地之土特产及民族社会习俗等情况。今存篇目为：志岩洞，记述桂林——阳朔风景区诸景点；志金石，记述矿藏与矿产；志香，记述各种香料；志酒，记广西名酒如瑞露酒、古辣酒、老酒等；志器，含黎弓、蛮弩、瑶人弩、峒刀、黎刀、铜鼓、芦笙、壮锦等器物；志禽；志兽；志虫鱼；志花；志果；志草木；杂志，含壮族"土俗字"及"卷伴"婚俗等；志蛮，含"羁縻州洞"、"僚"、"蛮"、"黎"（今黎族）、"疍"等少数民族的社会、生活、生产和习俗，具有珍贵的史料价值。对今广西左右江流域之壮族记载尤详，并首次记述当地封建领主社会经济结构情况。为研究宋代广南西路壮族、瑶族、黎族、侗族、仫佬族、毛南族等民族的科技文化史及西南民族关系史的重要参考古籍。有多种刻本与抄本传世，较重要的有元末明初陶宗仪辑《说郛》本（商务本）、明吴琯辑《古今逸史》本、清乾隆敕辑《四库全书》本、清鲍廷博辑《知不足斋丛书》本、民国商务印书馆辑《丛书集成初篇》本以及明钟人杰、张遂辰辑《唐宋丛书》本等。其中"志蛮"篇又以元马端临编《文献通考·四裔考》各门所征引为最详，近9000字，余皆略。《唐宋丛书》本、《古今说部丛书》本等则将"志蛮"、"杂志"、"志器"等篇摘出单作1卷，名为《桂海志蛮》、《桂海杂志》、《桂海志器》等，内容与原书大同小异。胡起望、覃光广《桂海虞衡志辑佚校注》（四川人民出版社，1986年）可资参考。①

① 编委会：《中国少数民族古籍集解》，云南教育出版社2006年版，第144页。

3. 《徐霞客游记》

明代徐宏祖所撰。该书以日记体详尽记录了作者旅行大部分行履所至之地域及观察所得。第一卷十七篇游名山记，记作者前期活动所至，时间大体从明万历四十一年（1613）至崇祯六年（1633），第二卷至十卷记叙作者后期活动之区域概况，如从1638年至1640年为止，徐霞客从贵州进入云南，考察并记载了云南的岩溶地貌、山川源流、洞壑火山及当地民族风俗等，并留下了《滇游日记》这样珍贵的地理地质资料。他在云南最大的发现是长江的正源是金沙江，他还对云南19个地方的温泉进行了考察和记述，记录了当地人民利用地热蒸汽挖取硫黄的过程，科学地记录并解释了火山喷发出来的红色浮石的产状、质地及成因等资料。这些记述至今仍旧有很高的科学利用价值。

该书不受行世地志影响，所记南北方之地况，皆属其亲身观察所得，而又以游记形式记录，开创了学术界，尤其是地理学术界考察自然之新方向。他在世界上首次提出了分水岭、流域面积学和作为世界上最早广泛而又系统的岩溶地疆考察，从而开创了中国近代地理学，所以后世学者把其与欧洲近代地理学的初建人洪堡和李载尔并列。

4. 《西事珥》

广西地方与民族风物志。明朝魏浚所著的一本笔记著作，内容庞杂，涉及山川地理、风土、时政、故事人物、物产、仙释神怪、民族策略等，从地理区划来看，以广西为主。其中有关山川地理的描写对今日西部大开发尤其是旅游的开发有着重要的参考价值，比如狄武襄夜夺昆仑关、智破侬智高，《鬼门关》中对鬼门关地理位置的交代，《象山》中对象山的外形、方位等的描绘，《立鱼岩》中对立鱼岩的外形、色彩的记述，无不让后人读罢产生无限的遐想，从而产生实地游览的强烈兴趣；仙释神怪则洋溢着浓郁的浪漫主义气息。《西事珥》对广西气候、民俗、物产等亦有大量记载，有关气候的描述，尽管夹杂着一些荒诞不经的传说，但从总体上能反映出南方多雨的特点。民俗方面粤右地区则表现出诸多不同之处，比如服饰上表现得比较落后，还没有完全脱离原始社会生活形态，出行则由于粤右地区山岭密布，大多是以步当车。物产方面异常丰厚，从《西事珥》记载可以看出，明时粤右尚存诸多珍稀动植物，比如大象、老虎、麝、木棉树、斑竹等，这些为后人进一步研究明代广西及其民族相关情况提供了弥足珍贵的第一手资料。有万历刻本、明抄本等。

5.《滇南杂志》

记云南杂事之书。清曹树翘撰。作者因客云南布政使梁敦怀幕时，于嘉庆十五年（1810）撰成此书。内容共8门：事略（2卷）、考据（2卷）、传记（2卷）、逸事（6卷）、遗文（2卷）、殊方（3卷）、土司（2卷）、种人（1卷），并有云南、金沙江及缅甸、越南图各一幅。收集掌故颇丰，记述亦甚具条理。材料大多采自云南方志及杂志等，唯未注出处，选材也缺乏考究，间有失实之处。云南为多民族地区，诸门中均有程度不等的各少数民族资料，尤以“土司”、“种人”为多。为研究清中叶以前云南地区地理形势和民族社会历史之参考古籍。有嘉庆十五年昆明五华山馆刊本、曹春林著书本、《申报馆丛书》本。清王锡祺《小方壶斋舆地丛钞》第七帙亦收有，但不全。

6.《滇南闻见录》

记清初云南杂事之书。清吴大勋撰。作者系乾隆举人，乾隆三十七年（1772）赴滇，历任寻甸知州、丽江知府，以及掌省垣五华书院。在滇凡十年，足迹过半。丛书系在滇之时录其见闻而成。内容上卷分天、地、人三部，下卷为物部，多琐记云南见闻。其中，人部、物部、地部，不少涉及云南各族及其地区之社会历史和风物。虽有失实不确以至无稽之谈，也有一事一地一时一物而概全面者，但仍可为研究清初云南地区和各族社会科技历史及风物之参考古籍。有乾隆四十七年（1782）刻本。云南大学历史系民族历史研究室《云南史料丛刊》第5辑（油印本）据副本亦收有。

7.《滇南新语》

记清初云南杂事之书，清张泓撰，作者号西潭，监生，乾隆六年（1741）赴滇，十余年间历任新兴（今玉溪）、剑川、鹤庆、路南等知州或知府及黑盐井提举。作者在滇期间以其见闻撰成此书。共60多条，每条有题。内容多为记云南各地琐碎之事。云南向为多民族地区，其中不少设计少数民族及其地区之风物，如“琵琶猪”、“生啖彘”、“夷异”、“口琴”、“溜渡”、“地震”、“挖河”、“汤池”、“毒溪”、“卖六月雪”、“玉龙雪”、“夜市”、“剑川运粮记”、“大头倮罗”、“蛊”等，故为研究清初云南地区和民族社会科技历史之参考古籍。收入作者《买铜轩集》，为卷六。有《艺海珠尘》本、《小方壶斋舆地丛钞》本、《古今游记丛钞》本、《丛书集成初编》本。

8. 《滇南杂记》

记清初云南杂事之书。清吴应枚撰。作者字颖庵，雍正十一年（1733）以提督云南学院至滇，足迹几遍各地。为在滇时周临各府考场撰成此书。今存 30 多条。内容主要记述当时云南岁时、习尚、山川、物产等。虽甚简略，且无条理，但其中多有涉及当地各民族之风物，为研究清初云南地区和民族风物之参考文献。有《小方壶斋舆地丛钞》本。

9. 《广阳杂记》

清初刘广阳之杂记。清刘献廷撰。作者以教学、著述、游历为事，仅于康熙二十六年（1687）曾一度至京参与《明史》和《大清一统志》的纂修。此书据所见所闻记述，成书于清初。内容多记明代及清初南方之杂事。每则无题，亦无体例，随意记之，其中有不少有关南方民族的材料。如：卷一记有云南彝族的占卜、婚姻习俗、发式与木刻，贵州安式苗（彝）族始祖为际际火（济火）、湖广瑶族婚前婚后的发式；卷二记有云南阿迷州（今开远）土官普明声（名声，彝族）反明的事宜；卷五记有台湾土著民族（高山族）的婚姻和服饰等，可为研究明代至清初南方民族之参考古籍。有《畿辅丛书》本、《功顺堂丛书》本、《清代笔记丛刊》本、《笔记小说大观》本、《国粹丛书》本、《丛书集成初编》本。

10. 《南村辍耕录》

元代笔记。元末明初陶宗仪撰。该书有许多少数民族资料，特别是各卷中均程度不等地载有蒙古族材料，其他如卷二"诏西番"、卷七"回回石头"、卷八"志苗"、卷十"越民考"、卷二十四"黄道婆"。该书关于元代回族民间医生和回族医馆神奇医术的记载，共 2 则，出自卷二十二。第一则曰："邻家儿患头疼，不可忍。有回回医官，用刀划开额上，取一小蟹，坚硬如石头。尚能活动，顷焉方死，疼亦遄止。"第二则记录了民间回族郎中医疗事迹。该书为研究元代少数民族社会历史之参考古籍。

11. 《广志绎》

明末地理笔记。原书六卷，《台州丛书甲集》本存五卷，王士性撰。作者自序于万历丁酉（1597）。内容包括：卷一方舆崖略，卷二两都，卷三江北四省，卷四江南诸省，卷五西南诸省，卷六原为四彝辑。该书记述各地山川名胜、关塞险要、物产民俗，尤其保存了大量西南少数民族的风土史料。内容大都是作者据亲身见闻所记，对研究明末南方少数民族科技文化具有一定的史料价值。

二　其他

1. 《同文物名类集》

满汉语文对照词典。清佚名撰。约成书于顺治、康熙年间。分类编排。上卷为天文、地理、山海、时令、宫室、佛神、人伦、匠艺身体、金银、数目、珠宝、饮食、颜色、颜料、绸缎、丝线、衣服等18类；下卷分兵器、器皿、音乐、文器、农具、五谷、菜蔬、果品、树木、花草、飞禽、走兽、马匹、牲畜14类。收词1600余条。每页由间线分为上、下两部分，上以汉文为词头，下以满文对照。满文旁注汉字标音，并于满文"字头"及"颤音"标注符号。顺治、康熙年间刻本。藏国家图书馆。

2. 《文海》

西夏文字书。著者不详。约于12世纪中叶成书。1909年在黑水城遗址（今属内蒙古自治区额济纳旗）出土，现藏俄罗斯。该书收录了一些西夏科技资料，如"青染料"、"红染料"、"陨石"、"秋"等西夏字条，是研究西夏语言文字、社会历史和民族科技十分重要的文献。

3. 《番汉合时掌中珠》

西夏文、汉文双解语汇集。西夏骨勒茂才编。成书于夏仁宗乾祐二十一年（1190）。共37页。至少有两种版本传世。序言表明编纂目的是便于番（党项）、汉两族相互学习对方语言。书中每一词语皆并列四项，中间两项分别是西夏文及其汉译文，右边以汉字为西夏文注音，左边的西夏字为汉字注音。词语共800余条，按天、地、人为三大类，再各分上、中、下三小类，即天体（型）上、天相中、天变下、地体（型）上、地相中、地用下、人体（型）上、人相中、人事下。其中人事下约占全书一半，包括亲属称谓、佛事活动、房屋建筑、日用器皿、衣物首饰、农事耕具、政府机构、诉讼程序、弹奏乐器、食馔、马具、婚姻等。是研究西夏语言、文字、科技文化、社会历史的重要文献，对解读西夏语起了重要作用。原书1909年出土于黑水城遗址（今属内蒙古自治区额济纳旗），今藏俄罗斯圣彼得堡东方学研究所。有民国罗氏《嘉草轩丛书》影抄本、1989年宁夏人民出版社影印本及1994年中国社会科学出版社李范文《宋代西北方音》中的抄录本。

4. 《纳西象形文字谱》

方国瑜撰，和志武参订。有图版 8 页，文字共 64 页，16 开精装，于 1981 年云南人民出版社影印出版。全书刊有丽江等地的纳西象形文字书影、纳西音标文字书影、东巴教神鬼牌以及有关象形文字和音标文字的摩崖拓片、木刻等照片 19 幅。该书是东巴经的缩影，其精美的图画式文字记载了纳西族古代社会生活的丰富内容，其中也记录了纳西族祖先原始的科学技术状况。因此，它也是探索纳西族科技史的典籍。

纳西象形文字是一种介于图画字和表意字之间的象形文字符号体系，其创造和客观实际有着密切的关系，纳西族先民在长期的社会实践中逐步认识了各种事物，并正确地理解和总结了各种事物的特征，从而创造出来反映客观实际的文字。方国瑜先生辑录出来的 1600 多个象形文字，生动地反映了古代纳西族先民生产活动和社会生活的各方面情况，也反映了他们具有的丰富原始科学知识，在这些象形文字中，有一半以上是关于天文、历法、气象、时令、地理、方位、数字、动植物、医院卫生、兵器、工具、生产技术等方面的字词，其字形结构基本上能反映出当时造字者的意图，对科学的理解和认识。因此，该书具有一定的科学史研究价值，是研究纳西族科学技术的重要文献之一。具体来说，该书可以探索纳西族以下几方面的科技知识：

（1）原始的天文历法知识。如纳西族已掌握了星、星座、二十八宿、日月蚀等天象，并能推算年、月、日、季节等时令。

（2）较完备的数字概念和计算能力。如在"数"方面，从个位到兆位以及无穷多的数都有具体文字表示，并可用简便合理的积累计数法表示不同的数字。

（3）基本的地理知识的方位概念，具有明确的东、西、南、北、中、左、右、前、后、上、下等方位和空间观念。

（4）具有较为丰富的动植物知识。如能准确识别各种飞禽、走兽、鱼虫、五谷、树木和花草，340 多个动植物象形文字，都分别画出了各自的显著特征，反映了他们对动植物尤为熟悉。

（5）掌握了原始手工业和农业生产的技能。在象形文字中有金、银、铜、铁、锡等金属名称，有数百种金属制的农牧业和手工业生产工具、兵器、度量衡器、乐器以及金银饰品等名称，从其字的形象看，均表明创造象形文字之时的纳西族在冶炼和金属制造工艺技术方面具有的水平。

（6）具有一定的医药、酿酒等知识和技能。①

5.《突厥语大辞典》

中国第一部用阿拉伯文注释的突厥语辞书。马赫穆德·喀什噶里编著。收突厥语词汇6862条，各卷分上、下分卷，卷下分门，门下按词根分类，用阿拉伯语解释。该书内容十分丰富，既有天文、地理、金石、草木、鸟兽等自然博物方面的内容，又有饮食、衣物、器具等社会生活方面的内容，并将有关当时的地理境域变迁、民族迁移、山川形势、都邑位置、道路远近，以及中亚各地的风土人情等，都分别列在有关条目的释文之下。这本词典不仅是世界第一部大型的突厥语词总汇，又是一部关于中世纪中国新疆和中亚地区的百科全书式的著作。书中有一幅作者绘的"圆形地图"，此图表示了作者当时所了解的世界，特别是对中亚和11世纪西域的重要城镇和突厥各部族的分布，都在图上有详细注记，它是一幅传世最早而又相当完备的中亚地图。此图见于抄本《突厥语词典》，现存土耳其伊斯坦布尔国立图书馆。②

6.《岩赛与仙药》

佤族叙事诗。流传于云南的沧源、耿马、西盟等地。全诗近200行，充满神奇和幻想色彩。内容梗概是：岩赛聪明善良，从小失去父母。他在山上放牛时，看到两条蟒蛇争斗。受伤的蟒蛇朝一棵树爬去，将一片树叶吐下肚去，伤口立即就好。岩赛发现了仙药，用仙药为乡亲们治病。在一个寨子里，岩赛用仙药救活一位美丽的姑娘，姑娘的爹妈把姑娘嫁给了他。从此夫妻恩爱，男耕女织，幸福融融。后来，仙药被老鼠偷去，贪婪的狗又把仙药吞下。此后，人间失去了仙药，疾病又在森林中传播，灾星就是老鼠。长诗真实地反映了佤族先民的生活状况：居住在深山莽林，自然灾害、森林瘟疫时时威胁着他们的生活，他们视可恶的老鼠为祸根，渴望得到一种万能灵药，以求治病。此诗颂扬了岩赛乐于助人、救死扶伤的高尚情操。李学宏口述、汪兴宝整理，发表在《山茶》1984年第3期。该诗对研究佤族的医药起源和认识有一定参考价值。

---

①　赵慧之：《纳西象形文字中科学知识初探》，见《第三届中国少数民族科技史国际学术讨论会文集》，社会科学文献出版社1998年版，第88—89页。

②　编委会：《中国少数民族古籍集解》，云南教育出版社2006年版，第445页。

7. 《玛纳斯》

柯尔克孜族英雄史诗。产生的最早年代约在 7—9 世纪。约 20 万行。叙述玛纳斯家族八代英雄的丰功伟绩，反映出柯族人民反抗外族统治、向往自由的民族精神。每一部独立成篇，互相又紧密相连。全诗人物近百个，个性鲜明。诗中出现的古老词汇、族名传说、迁徙路线、生产工具、服饰饮食等是研究柯族科技历史文化的珍贵资料。中国对此诗的收集工作从 20 世纪 50 年代开始，8 部均已整理完成。新疆人民出版社于 1984—1995 年已出版柯尔克孜文全本（8 部，共 18 册）。

8. 《牡帕密帕》

又称《勐呆密呆》。拉祜族创世史诗。主要流传在云南省澜沧、孟连、双江、勐海等地。史诗长 2200 余行，分为造天造地、造物造人和生活下去三部分。第一部分讲述神通广大、威力无比的天神厄莎既创造了天地日月星辰，又创造了山川河流和大地万物，却听不到人声。最后种葫芦育人，繁衍人类。第二部分讲述远古时期拉祜族在澜沧江流域原始氏族社会的生活情景。在蛇蟒荒洪时代，人们只能靠采集和狩猎生活。第三部分描写寻找肥田沃土，拉祜族先民从采集和狩猎向农业耕作转变的过程，同时也反映了由于民族战争所造成的历史性迁徙的情况。史诗涉及内容广泛，体现了拉祜族先民认识自然、改造自然、创造美好生活的愿望。通过神奇而富于幻想的描述，从中可以窥察到古代拉祜族先民的生产生活状况。史诗不仅是一部艺术性很高的文学作品，而且极具史料价值，是研究拉祜族远古科学技术历史的珍贵资料。

9. 《斯金金巴巴娜达明和金尼麦包》

珞巴族神话。流传于西藏东南部和广大的珞渝地区。神话说：最初，天是光光的，地是秃秃的，宇宙间什么也没有。后来天和地结了婚，生了许多孩子。太阳、月亮、树木花草、鸟兽鱼虫，都是大地母亲生的孩子。但是没有人类怎么行呢？过了一些时候，大地母亲的女儿斯金金巴巴娜达明和儿子金尼麦包降生了。长大后，姐弟俩相爱了，结为夫妻，繁衍子孙后代，才有了人类。起初，人们都光着身子，靠采集野果度日。在漫长的岁月里，逐渐学会了种庄稼，使用简单的生产工具，还学会了采集树皮野草来做身体的装饰品，他们成了农业的始祖神。神话标明珞巴族历史上存在过血缘婚家庭，反映了珞巴族母系氏族社会的现实。是研究珞巴族古代社会形态和生产力发展的重要参考资料。此神话由达牛东娘讲述，发表在谷德明编《中国少数民族神话选》（西北民族学院，1983）。另见毛星主编《中国少数民族文学》（湖南人民出版社，1983 年）、中央民族学院少数民族文艺研究所编《中国民族民间文学》（中央民族学院出版社，1987年）。

10.《太波噶列》

门巴族民间叙事长诗。流传于西藏门隅地区的门巴族中。全诗 450 多行，分为召唤、神牛、引牛、牧牛、四美歌、四饰歌、搭帐篷、搭灶、拴狗、挤奶、打酥油、迁徙、欢歌、颂歌 14 章。塑造了一位具有神话色彩的门巴族牧业始祖太波噶列的英雄形象，生动而形象地展现了牧业生产中驯牛放牧、搭帐篷、修炉灶、挤奶、打酥油、迁徙牧场等劳动过程，颂扬太波噶列不畏险阻、百折不挠、战胜自然、造福人民的英雄气概。长诗以歌舞表演形式在门巴族中广为传唱。长诗是早期门巴族人民生活的写照，是研究门巴族牧业发展的参考资料。于乃昌等收集、整理，收入 1979 年11 月西藏民族学院科研处编印的《门巴族民间文学资料》。毛星主编《中国少数民族文学》、《中国少数民族古籍举要》（天津古籍出版社，1990 年）有评介。

11.《运金运银》

苗族神话叙事诗。流传于贵州黔东苗族聚居区。一般将其与有关创世纪的叙事诗组合在一起称为古歌。田兵编选的《苗族古歌》（贵州人民出版社，1979 年）中的《运金运银》，长 1000 余行。分为"找金银"和"造船运金银"两部分。前一部分除对金银的来源作了丰富的想象外，还对金银的色泽、形状以及如何寻找金银、打捞金银等复杂细致而艰苦的工作作了详尽描述。后一部分记找到金银后要用船从水路运载回来，描写造船工匠的神奇智慧和精湛手艺及运送金银的场面。全诗以神话解释金银的来源以及如何将金银从东方运到西方的过程，显示出古代苗族祖先的聪明才智和乐观主义精神以及力排万难战神大自然的英雄气概。长诗有助于了解古代苗族社会、经济、生产、生活、习俗等情况。马学良、今旦译注《苗族史诗》（中国民间文艺出版社，1983 年）中的《运金运银》，长1130 行；张启庭、张荣光、张正玉、张启德延长，张明收集，燕宝整理译注的《苗族古歌》（贵州民族出版社，1993 年）中的《运金运银》，长达 2700 行。内容评介可参阅《苗族文学史》（贵州人民出版社，1981年）。李炳泽《苗族古歌中关于采冶金属的记述》可供参考。

12. 《过山榜》

亦名《评皇券牒》、《盘古黄圣牒》、《瑶人榜文》、《过山牒》、《过山照》等。是一部反映瑶族古代生活和社会历史发展的重要文献。无撰著者名，托名是古代封建皇帝敕颁。此书对于研究瑶族起源、古代生产技术、生产关系、婚姻丧葬、民族关系、迁徙历史有重要参考价值。主要流传于中国和东南亚的盘瑶之中，多为抄本，也有布帛本、木刻本。国内发现较早的本子为道光年间的抄本，现藏于中央民族大学图书馆。

13. 《植物名实图长编》和《植物名实图考》

《植物名实图长编》和《植物名实图考》，系中国清代植物学专著，吴其濬撰，1848 年由陆应穀刊行。《植物名实图考》国内有清道光二十八年（1848）山西太原初刻本，清光绪六年（1880）山西浚文书局重印本，1919 年山西官书局刻本，1919 年商务印书馆铅印本，万有文库本，1957年商务印书馆校勘本等版本，还有日本明治二十三年（1890）刻本。

《植物名实图考长编》22 卷，约 89 万字，收植物 838 种，系辑录古代植物文献编成。分为谷、蔬、山草、隰草、蔓草、芳草、水草、石草、毒草、果、木共 11 大类。类下分若干种。每种植物列为一条，辑录自古以来关于该种植物的记载和评论，偶加按语。内容包括形态、产地、药性、其他用途、栽培加工炮制方法，甚至传说、神话典故等。本书保存了许多古代的植物、本草文献，又经作者分类整理编纂成书，为后人研究提供了丰富的资料，是一部很有参考研究价值的植物学资料汇编。

《植物名实图考》全文约 71 万字，着重考核植物名实，对历来的同物异名或同名异物考订尤详，为研究中国植物种、属及固有名称的重要参考文献。全书 38 卷，分为谷、蔬、山草、阳草、石草、水草、蔓草、芳草、毒草、群芳、果、木 12 大类，收载植物 1714 种，比《本草纲目》多 519 种。有图 1800 余幅。所载每种植物，大多根据著者的亲自观察、访问择要记录，对植物形态特征、颜色、性味、气息、产地环境，用途皆有记载，尤重药用价值的记述。多数图谱系按照实物绘出，绘图之精美受到中外学术界推崇。书中记载植物遍及全国 19 个省。据统计产自边远的云南地区的植物达 390 余种，这在以前是很少见的。本书纠正了不少前人的错误，大量记录了我国各地丰饶的植物资源及民间开发利用情况。

14. 《藏文大藏经》

该书为佛教经论译文总集。分为《甘珠尔》、《丹珠尔》两大部。"甘珠尔"意为佛语藏文译典总集，亦即藏译的佛教经典、律藏，均为释迦牟尼亲说。"丹珠尔"意为论证佛语藏文译典总集，亦即藏译的佛教论藏。《甘珠尔》分为七类：戒律、般若、华严、大宝积、经典、涅槃、续部。《丹珠尔》共收论典3461种，包括经律的阐明和注疏、密教仪轨和五明杂著等，分为四类：赞颂类、咒释类、经释类、目录类。其中经释类又分为十小类：中观、经疏、瑜伽、小乘、本生、杂撰、因明、声明、医明、巧明、世论、西藏撰述及补遗等。《藏文大藏经》"十明学"中的"工巧明"，系"技术机关，阴阳历数"，即关于营造和弓马等技艺的学科，载录了大量古代藏族科技方面的典籍文献，是藏文科技古籍的主要构成部分。

　　15.《大理张胜温画卷》

　　亦称《张胜温画卷》、《大理国描工张胜温梵像卷》等。宋代大理国末期以佛教为主要题材的彩画。长约1636厘米，宽约30厘米，共134开，有像628个，为素笺本彩色施绘画。卷首有清乾隆帝的题跋、印章；每开几乎都有当时的题记，画后又有乾隆帝的鉴赏章等。大理国张胜温绘制。张胜温系大理国末期描工，其余不详。该画卷内容大体可分三段：前段绘大理国主段智兴及其男女扈从，中段绘诸菩萨天龙八部等像，后段绘天竺十六国王，以中段"南无释迦牟尼佛会"和"药师琉璃光佛会"为全卷主题，画中也夹杂不少当地流传的神话传说。如《张胜温画卷》中的利贞皇帝礼佛图，上有多种兵器的形象，包括枪、长矛、龙头剑等长兵器，南诏剑、腰刀等短兵器。这些兵器技术精良，一些兵器种类还是当地民族所独有。因有关大理国的记载极少，而传世完整绘画又仅此一幅，故不仅为研究以白族为主体的大理国绘画艺术的重要实物，也是研究大理国的宗教、服饰、发式、武器及典章制度等的重要实物。

　　16.《黔苗图说》

　　亦名《黔苗图记》。贵州民族画册，并附说明词。清陈浩撰文，李宗昉绘图。画册为彩绘图谱，共计82幅，每幅长25.5厘米，宽18.5厘米。画面以写生为主，形象地反映苗族、彝族、布依族、仡佬族、侗族、水族、壮族等民族的住房、田园、社会环境及人物、衣饰等。每图附说明，详细介绍各民族的生产、生活、生活习惯。系现存清代贵州少数民族最为完备的图文并茂的画册。今存中国社会科学院民族研究所，另有抄本、1859年英译本。

17.《证类本草》

全称《经史证类备急本草》。北宋药物学著作。北宋唐慎微撰。作者是著名医生，有丰富的药物学知识。据唐初《图经本草》和宋初《嘉祐补注神农本草》两书汇集增益，于元丰六年（1083）撰写而成。内载药物 1558 种，大多附图，并记药物的采集、炮制等法，兼录方剂 3000 多个。其中记药物产于云南者 20 多种，可为研究云南各少数民族药物使用情况的历史参考资料。

第四章

少数民族科技古籍文献遗存的价值

　　人类文化、民族文化具有多样性，我们不能用我们熟知的文化习惯、价值观念来评判少数民族传统文化的优劣，更不可能期望用某一种民族文化去取代另一种民族文化、用一种科学技术模式取代另一种科学技术模式。少数民族科学技术所蕴涵的文化可谓博大精深，各族人民几千年的文化是其灵魂，而科技理论是其表现形式，二者合而为一，相辅相成。

　　我国各族先民在历史上创造了多姿多彩的灿烂文化，其中包括独具特色的民族科技文化，形成的古籍文献遗产数量十分丰富，流传至今的民族科技古籍文献类型众多，这些珍贵的科技古籍文献全面而真实地记录了古代各民族科技的起源、发展和繁荣历程，内容还涉及各民族语言文字、社会历史、民族风俗、宗教信仰、文化交流等方方面面，对我们研究我国古代各民族的哲学思想、科学技术理论、语言文字特点、文化交流水平以及各民族先民的社会发展及生产生活状况均有很高的历史价值，对我们今天弘扬各民族科技文化，振兴我国民族科技事业，加快民族地区经济建设具有深远的现实意义。本章撷其精要，从哲学思想、科学技术、社会历史、语言文字等方面进行发微归纳，试图以管窥豹，展现我国少数民族科技古籍文献的深厚价值，以示发掘利用的重大意义。

第一节　学术研究价值

　　少数民族科技古籍文献是我国各族人民千百年科技文化的集成者，见证了民族传统科技文化的发展历程，具有不可替代的学术研究价值。

一 对研究民族科技理论的价值

每一个民族历史上都创造了自己的科技文化。反映各民族先民历史上创造的重要科技成果的科技古籍文献，数量丰富，内容深厚，全面系统地记录了古代我国各族人民在科技领域的发展历程与取得的光辉成就，足以为后人研究古代各民族传统科技文化，发展今天各民族的科技文化事业提供大量珍贵的第一手材料。以医学为例：

藏族医学历史悠久，是具有完整理论体系和丰富临床实践经验的传统医药学，对某些疾病有独特见解和疗效，在我国民族医学之林中独树一帜。现存最早的藏医著作《月王药诊》，共113章，内容包括人体生理功能和胚胎发育，人体各部位骨骼构造以及人体度量，疾病的病因和分类，疾病的诊断（包括望诊、舌诊及脉诊），疾病的寒热属性，身体有害穴位分布；五脏六腑病症；各科杂病，包括痢疾泄泻、消化不良、癌症、天花、炭疽、白喉、水肿、疮疡；用药剂型，包括粉剂、膏剂、汤剂、酥油剂、泻药、脂剂、甘露剂；各种治疗方法和技术，包括灌肠、正骨、针刺、火灸、穿刺、放血、器械外科治疗、穿刺等；还有诊断方法，如尿诊、脉诊等。《月王药诊》中藏族本地区及本民族的医药特色也是相当浓厚的。从疾病的种类来说，高原地区的病症如雪盲、炭疽、痛风、瘿瘤等疾病都有涉及，而书中所载的药物品种，也有许多是藏民族专用或常用的。全书共载药物多达780种，其中植物药440种，动物药为260种，而矿物药为80种。动物药占总药物量的33.3%，是游牧民族较突出的一个特点。植物药中，记载了藏医单独使用了上千年的药物如箭药兔耳草、短管兔耳草、雪莲花、榜嘎等，论及了西藏特产藏麻黄、藏黄连、螃蟹甲、喜马拉雅紫茉莉、飞鸢草、翼首草、船形乌头、乌奴龙胆等植物的药性及功效。值得一提的还有藏医的另外一部重要著作《蓝琉璃》，书中有许多与现代科学相吻合的理论。如在论述身体的构成时，认为身体构成主要有四因、五大种。五大种又分为粗细两种。这些微细的五大种不能被肉眼所见，只有瑜伽现量所见。这些细微的东西一瞬间聚合在一起，就孕育怀胎。这点与现代科学通过显微镜证实的细胞学理论完全相同。这些珍贵的医药文献是我们今天研究学习藏民族的独特医学理论体系：隆、赤巴、培根的三因素理论学说以及药物治疗效用和所属理论的可贵文献史料。

傣族传统医学理论独特，医药体系完善。在长期与各种疾病的斗争中，傣族先民总结积累了丰富的防病治病经验，并用本民族文字记载下来，即"档哈雅"——医学手稿。目前发掘出的《档哈雅》有近百个手抄本，内叙述有关治病的原理、处方的方法、调煎剂烤焙的制药方法等，并记载有数百则处方，全书所记录的药物知识和傣医传统医学理论十分丰富。如1980年，在西双版纳州景洪县猛罕曼列发现了一部老傣医波迪应的家传手抄医药秘本《档哈雅》，记录了各种疾病的名称、相应的治疗处方及用药方法，其中植物药用得最多，有600余种，书中所列方剂对麻风、疟疾及各种内科、外科、妇科等疾病尤有疗效。《戛牙三哈雅》共分5集，1—2集阐述了人体生理解剖；人体受精与胚胎的形成；人和自然的生存关系，人体《坎塔档细》即"四塔"、"五蕴"的平衡与盛衰；阐述了人体内32类体属及其细胞、脏腑1500种物质成分及其组织机构，寄生虫，人体生命的起源、循环、新陈代谢等。《档哈雅龙》系1323年帕雅龙真哈转抄的西双版纳傣文音译注释本。该书叙述了人体的肤色与血色；多种疾病变化的治疗原则；病因及处方；人和自然与致病的关系；论"四塔"相生相克与处方；药性与肤色；年龄与药方药味；阐述了近100种"风症"，介绍了原始宗教时期最早的复方"滚嘎先思"（价值万银方）、"雅叫哈顿"（五宝药散）、"雅叫帕中补"（亚洲宝丸）等数百个方。这些记载傣族传统医学理论知识、药物知识的医著对研究古代傣族传统医药学有着极其重要的文献查考利用价值。

彝族医学古朴博大，见解独到，为世人所瞩目。彝族先民历史上总结积累了大量彝族医药知识，虽然分布零散，但内容比较丰富。比如说，《宇宙人文论》在基础理论方面记载了天地清浊之气的形成、哎哺（阴阳乾坤）化生万物、天地人五行相互对应关系以及八方八卦的代表含义等；《西南彝志》论及有关气血经络理论，并把病因病机明确划分为风症、箭症、毒症、蛊症、尔症等十几类；发现于云南双柏县的《双柏彝医书》，传抄于民国五年，最初成书于明嘉靖四十五年（1566），比李时珍《本草纲目》还早12年。书中详细说明了伤、疮、痛、风、毒、产后、不通等76种疾病名称、疗法及275种动物药、植物药的具体疗效和使用方法，共开列药方243个，这些方剂都是彝族人民经过长期的实践验证而行之有效的。此外，在预防医学、流行病学和胚胎学方面，彝族医药都留存了大量文献史料与临床实例，它们对彝族医药理论体系的完善与研发都具有极大促进作用。

其他领域的科技古籍文献，都蕴藏着比较丰富的科学技术理论和宝贵资源，必将为我国民族科技的研发提供可贵的财富，也将对进一步丰富我国民族科技文化的多样性起到积极作用。

二 对研究少数民族科学技术发展史的价值

科学技术史是研究人类认识自然、改造自然的历史，是研究和认识人类文明史的重要基础。少数民族科技文明是各民族共同创造的宝贵文化遗产，其中的少数民族科技史是中华民族科技史的重要资源库，它翔实地记录了各民族科技发展史的轨迹，是研究各民族人民进行科技生产活动的重要史料，成为中华民族科技史的重要组成部分。发掘整理各少数民族科技古籍文献遗产，将对研究少数民族科学技术发展史具有重要的凭证价值和实证性意义。

少数民族科技史，是绽放在人类科技史苑中的一枝奇葩。我国少数民族所居地理环境差异很大，由于生存条件的影响，在科学技术的发展上出现相对的独立性和极大的不平衡性。在各民族毗邻地区，存在着地域性的共同传统，长期以来地域间的各种科技文化相互勾连而构成一个和谐区。因此，少数民族地区的科技文化并不是孤立的，它和汉文化有着广泛、密切的联系，且相互影响、共同促进。同时，各民族内部科技文化交互作用频繁，显示出一种神圣性和保守性，科学思想、技术方法往往形成一条民族链，甚至家庭链，难以向外弘扬。对自然现象的解释，科技规律的应用，也必然出现差别（包括经验知识），但是绝对的民族性科技是极少存在的。

就天文历法而言，不少民族有自己的体系和推算方法。西藏的天算经典《月光秘诀五行推算法》，竟把十二时辰与十二生肖联系起来；藏民称单位时间为"水时"，称滴漏为"水钟"，显然是文成公主进藏后，藏文化受汉文化影响所致。四川凉山彝族划分星群，亦有自己的特色，四象中除青龙、白虎与汉族取名一样外，朱雀则称孔雀，玄武称为男女，实际含义差不多。他们把二十八宿分为八宿两组和六宿两组，例如第二组（六宿）：豪猪（斗），牛枷档（牛），公犀牛（女），母犀牛（虚），犀牛吞咬（危）慧马（壁），显然大都以生活中所熟悉的工具、植物、动物命名，这与图腾崇拜有一定联系。

我们知道，少数民族几乎都有自己所崇拜的动植物，它在某种意义上是早期先民对自然界的一种模糊认识，该动物体现了大自然的某种"灵性"，最能代表该民族的意志。如傣族崇拜胶（龙）；唐代柳宗元被贬柳州时，曾作桐崛诗云："鹅毛御腊缝山蜀，鸡骨占年拜水神"，表现了当地壮民的图腾崇拜。在图腾崇拜中出现的各种造型优美、工艺考究的祭器，直接反映了少数民族的科学技术和工艺水平。少数民族的传统工艺，包括采矿、竹木器加工、建筑、冶铸、纺织、医术等，门类繁多，具有浓厚的民族色彩。在漫长的封建社会中，少数民族备受歧视，其科学文化难以得到延续和发扬光大。史料上记载了很多少数民族的贡品，流散于民间的工艺品，其价值珍贵，工艺独特，但遗憾的是，有些正在消失和渐渐淡化，尤其是传统的制作方法几无传人，值得尽快挖掘和抢救。如苗族的银饰，上雕花卉禽兽，栩栩如生，制作精细；侗族的鼓楼，造型别具一格，结构严谨，风姿绰约；壮族的壮锦，民族气息浓烈，古朴大方，绚丽多彩。它们反映了一种科学的性格美和自然界的和谐美，体现了淳朴的工艺类和合乎逻辑的比例美。这些工艺之花，倘若在传统上能保持民族的风情和特色，充分利用本地的自然资源，采用现代科学技术手段，加速开发，大有市场。我们不仅可以从中揣摩到古代少数民族的生活情境，提高民族自信心，而且可以繁荣民族经济，提高民族地区的科技水平，缩短地区间的科学技术和经济发展上的差距。

少数民族地区发掘出来的文物和古代遗址，是生动、丰富的实物资料，从中反映出来的信息，对科学文化有重要而直接的指导作用，反映了少数民族在不同历史阶段探索自然、改造自然所达到的水平。迄今为止，考古学家们在云南、贵州等少数民族地区已发现了多处新石器时代、旧石器时代的遗址。近年在新疆察吾乎沟出土的约公元前800年的墓葬群中，随葬品有金银器、纺轮、木器、箭、钵、釜等，种类极多；湖南芷江侗族自治县出土的西周凤形器、春秋时代的编钟等，证明少数民族科学思想萌芽早，经验技术探索期长，这些由不同民族用不同制作技巧而殊途同归的发明和发现，体现了祖国科学文化的有序性、关联性和统一性。特别是有自己的语言但无文字的少数民族，该地区的考古资料尤为重要，它对于研究少数民族的科技文化和工艺水平，考证民族的形成、发展和迁徙，以及当时的社会生产状况、物产、风俗习惯、气候变化等，具有宝贵的价值。

总之，科技史是以建立在科学成就和科学思想起源的各个发展阶段为目的的，它反映了某一时期的文明状态。少数民族科技史是祖国科技史的一个重要横断面，是一个现代文明正在进入、传统文明正在消失的边缘地区。研究少数民族科技史，有利于加强民族自豪感、加强民族团结、开展科学知识的宣传，建立起崇尚科学的良好环境，破除封建迷信观念。挖掘整理与研究民族科技古籍文献遗产，将会较全面、具体、深入地为民族科技发展史研究提供古籍文献资料方面的指南，并推动社会各界提高对少数民族科技文献遗产价值的认识。也正因为如此，通过对少数民族科技文化遗产的抢救、研究和整理以丰富中华科技史，是十分必要的。而且它本身也是少数民族科技史研究的一项填补空白之作。[①]

三 对研究少数民族宗教和民俗的价值

作为人类社会进步标志之一的宗教，是人类进入文明社会的重要途径，各个国家、各个民族都曾经历过宗教意识笼罩整个社会的历史时期，宗教意识曾经深入广泛地渗透到了其他文化形态包括医药文化之中，这种情况，在各少数民族的科技文化中也表现得相当突出，并成为少数民族科技文化的一个重要来源。

独特的自然环境决定了民族地区是一个各种文化相互碰撞的特殊区域，这些区域的少数民族宗教呈现出种类繁多、形式各异的多元化特点。如包括以藏族原生的苯教、纳西族的东巴教、彝族的毕摩教为代表的原始宗教，以藏传佛教、白族佛教和傣族小乘佛教在内的佛教，以及伊斯兰教和基督教等类型，它们在这一区域交汇共存，构成了世界宗教史上的一大奇观。可以说，在这多元宗教文化并存的土壤之下，各民族科技文化受其影响、渗透并借助宗教活动传播本民族科技知识，使科技文化与宗教出现相互依存的状况。如，少数民族因受不同的宗教文化背景的影响，对疾病的认识和理解呈现不同的文化内涵。其中有代表性的是藏医学、傣医学、纳西医学、彝医学以及壮医学等。比如，受藏传佛教文化影响较深，以"三因学说"为核心理论的藏医学；与古印度小乘佛教有着深厚渊源，以"四塔五蕴"为核心理论的傣医药以及大部分受巫术思想影响的少数民族

---

① 姚昆仑：《浅谈少数民族科技史的研究》，《中国民族》1991 年第 12 期。

医药所呈现的"医巫同源"的特征。通过对医药古籍文献的研究，我们可以了解佛教在少数民族社会历史发展中的传播影响，本民族宗教的产生、形成、特点，以及本民族宗教与外来宗教的融合等问题。

民俗是规范人们的行为、语言和心理的一种基本力量，同时也是民众习得、传承和积累文化创造成果的一种重要方式。民俗与民族科技有着极为密切的关系：民俗中蕴涵着丰富的民族科技知识，民族科技知识通过民俗这一形式进行传承。一方面，我国不少民族历史上生产和生活条件比较艰苦，游耕农猎，没有形成本民族的文字，无法对本民族的科技经验进行文字总结。在这种情况下，许多民族科技活动往往以民俗等形式表现出来。这些民俗成为民族科技一种特殊的记载和传录方式，代代相沿。另一方面，在民俗传承演化过程中，传统科技知识不断渗透影响，指导并推动着民俗演化发展，使民俗中逐渐蕴涵了许多科技知识和科技思想。如各民族留存下来的丰富医药古籍文献，包含着对疾病的认识、疾病预防、养生保健、常用疗法、常见疾病的治疗方法和药物以及民族医药发展历史等知识，通过研究这些珍贵的民族医药文化遗产，我们可以看到，各民族衣食住行、人生礼俗、岁时节令风俗以及疾病的诸多俗信与禁忌等民俗都与医药密切相关，因而我们不仅可从中发掘出具有潜在价值的传统医药知识、药物资源和具有民族特色的诊疗技法等，也可大力弘扬各民族民俗文化，二者相得益彰，这已是不争的事实。可见通过民族科学技术古籍文献去探究民族民俗学的发展规律，对民族的民俗学发展必将起到积极推动作用。

四　对研究民族语言文字流变发展情况的价值

人类的科技活动，一直伴随着人类的生产、生活实践，起源较早，历史久远，而民族语言和文字，却是人类历史发展到一定阶段的产物。因此目前留存的大量科技古籍文献，对研究民族语言文字的流变和发展有着极其重要的价值。少数民族使用文字的时间很早，如彝族，大约在汉代就创制了彝文；藏文是在公元 7 世纪参照印度梵文设计创制的；傣文目前尚难以确定其准确创制时间，但据考证至少有七八百年的历史，大约是在公元 13—14 世纪随着小乘佛教在傣族地区流行的；纳西东巴文是在云南丽江纳西族地区流行的象形文字，记录的是纳西语的西部方言，根据东巴经的说法，东巴文字是由东巴教祖"丁巴什罗"创造出来的，有专家认为，东巴文的产生不晚于 11 世纪；而历史上壮族民间模仿汉字创制壮族文字（俗称"土字"或"土俗字"，现在称为"方块壮字"），据有关文献分析也有 1000 多年的历史。

此外，少数民族在不同时代、不同地区使用过多种形制的文字。如彝文、藏文、东巴文、哥巴文、四种地方性变体傣文（通用于西双版纳州的叫西双版纳傣文或傣仂文，通用于德宏州的叫德宏傣文或傣那文，通用于红河州金平县的叫金平傣文或傣端文，通用于德宏州瑞丽县的叫傣绷文，四种方言文字在形体上差别很大）、白文、方块壮字、水书等。这些具有悠久历史、不同文种的少数民族文字，都不同程度地记录了各个时期的科技知识，积累了不少古籍文献资料。

再者，世界各种文字类型，包括象形、表意和表音三种类型在少数民族科技古籍文献中都能找到。如彝语属汉藏语系藏缅语族彝语支，很多专家认为彝文是音节文字，有的则认为是表意文字，也有的专家认为，彝文是远古彝族先民自己创造的象形文字，经历了不可逾越的"实物文字"，写形写意的"图画文字"，再到"象形文字"阶段，象形文字又演变为既可表意、又可表音的音节文字。藏文是一种"音节—音素"文字，在记录藏语的一个词时，只有"基字"是表示音节的，其他的"前加字"、"上加字"、"下加字"、"后加字"和"再后加字"只代表不带元音的辅音音素。傣语属汉藏语系壮侗语族壮傣语支，傣文是记录傣族语言的文字，这种文字来自印度字母在中南半岛的某种变体，它除沿用印度字母的一些基本拼写规则外，又规定辅音字母可以直接充当韵尾，因此它可以认为是与藏文制度相仿的一种"音节—音素"文字。纳西东巴文是处在图画记事和表意文字中间发展阶段的象形文字符号系统，是人类文字从图画向符号过渡阶段，在象形符号中已具有了表形、表意、指事、假借等文字特征，已和最原始的图画文字有显著区别。东巴文是人类记录语言的初始性文字，是"文字的活化石"，通过其字源和字意，可以了解纳西族原始社会的不少情况。同时，它在文字发展史上有着极其重要的地位，展现了文字远古阶段的面貌。壮族有自己的语言，属汉藏语系壮侗语族壮傣语支。其历史上产生的方块壮字是从汉字衍化而成的，是唐、宋时期利用汉字形声及偏旁，模仿汉字"六书"中的一些方法构造而成的。通常一个方块壮字由两个汉字组成，所用汉字有繁体字，也有民间流行的简体字。壮文在中国文字学中占有重要地位，它的造字规律和借用汉字的方式反映了整个中华民族对汉字的共同认识，其中对音读和训读的处理方法可以加深我们对整个汉字系统文字的理解。

各民族在历史上创制本民族文字以来，就用本民族文字撰写了包括科技内容在内的大量古籍，因而现今留存于世的众多丰富的民族科技古籍文献，反映了各民族不同时期文字的原始面貌，具有很高的文字研究参考价值。比如彝医典籍《聂苏诺期》在开篇即介绍了彝族文字的起源。书中提到，彝族文字的起源最早可追溯到公元前 350 年的羌族先民，后经唐代云南马龙人纳垢西后裔阿町整理规范，曾经成为一种超方言的音缀文字，使彝族人民医治疾病的医药经验得以记载流传下来。又如发掘于四川凉山彝族自治州甘洛县的《造药治病书》，共有 6000 个彝文字，所收载的疾病名、药物名等都用彝文记录。尤其值得一提的是《献药经》中关于胎儿在母体中发育的生动描述："一月如秋水，二月像尖草叶，三月似青蛙……"由于这段文字具有原始朴素的医学观，被美国学者肯尼思·卡兹纳选入其著作《世界的语言》一书中，作为彝族语言文字的样品。藏文医药典籍以藏族挂图"曼汤"为例。在每一幅"曼汤"上，都有说明文字，这些文字采用不同的字体，包括楷书、行书甚至草书写成。而我们知道，现行的藏文是吐蕃时期改进制定的，在上千年的历史发展过程中，古藏文不论在书法方面或是语法方面，都有变化。[①] 这就为后人研究古藏文乃至汉文的发展演变提供了可靠的依据。由此可见，大量的藏文、彝文、傣文、东巴文等少数民族文字科技古籍文献中保存了数量众多的、各民族在不同时期创制和使用的不同种类的文字，特点鲜明，原生性强，参考研究价值极大。

少数民族文字科技古籍文献中的这些丰富的文字资料，为深入研究少数民族文字的起源、构成、含义、音韵、应用等方面的问题提供了翔实的第一手参考凭证材料。用少数民族文字记载的各民族科技古籍文献，完全可以印证和补充文字学家对少数民族文字发展历史的记录。

语言是一种文化现象，语言系统也是一个文化系统。一个民族的语言特征与这个民族的文化特征常常具有一种内在的联系。不同语言的古籍文献，显示出由这些语言特点所制约和构筑的特殊文化模式，共同体现出中华民族文化结构的多样性。少数民族底蕴深厚的口碑文化，千百年来是以

---

① 蔡景峰：《中国藏医学》，科学出版社 1995 年版，第 169 页。

各民族语言为载体传承的，这其中就包含了丰富多彩的民族科技文化。在民族地区生活的三十余种少数民族，各个民族都有自己本民族的语言，甚至一些民族的语言不止一种，如彝族语，就有着不少方言和土语，还有一些语言甚至目前人们还对其了解不多，而口碑科技古籍文献则可弥补各少数民族语言资料的缺乏。

美国语言学家萨丕尔说过，语言是文化的载体，它不能脱离文化而存在。不同的民族在自己的语言社会化进程中形成了独特的科技文化知识。而后来的科技知识继承者都是通过本民族的语言训练获得知识传承，所以各民族科技的差别还在于根植的民族语言环境不同。作为人类社会唯一的遗传密码，语言是人类社会生活的活化石。无论是哪一个世代、哪一个民族的语言，其珍贵价值都是毋庸置疑的。如果一个民族逐渐丧失了本民族的语言，那么以语言为载体的科技传统文化也将随之迅速消亡，带给这个民族的将是不可弥补的损失，该民族千百年来积累的宝贵财富将受到致命的威胁。可以说，语言是民族传统科技积累的载体和临床实践的媒介，同时也是一种治疗工具，是塑造人格、影响情绪及行为的巨大文化力量。

少数民族地区是我国民族语言文化"富矿区"，有着丰富的各种民族语言资料，这一优势是我国其他地区所不能望其项背的。近年来，随着经济、教育、媒介等多种因素的作用，许多少数民族语言受到不同程度的影响，年轻一代甚至不会说自己本民族的语言了，许多语言已属于"濒危语言"。最新研究显示，在有着中国母系氏族社会传统的摩梭人中，大于60岁的摩梭人能够流利地用自己的语言交流，而小于20岁的年轻人要么摩梭语发音"变味"，要么就根本不会讲，越来越多的年轻人放弃了对原有民族语言的传承。因其语言没有文字，文化传承靠口耳相传，摩梭语即将成为中国正在消失的语言之一。中国56个民族共使用130种语言，其中使用人口在一万人以下的语言占了一半，有的更少。多年来不少语言学者一直呼吁保护和挽救这些"濒危语言"，然而消失之势仍在继续。联合国教科文组织在2009年2月将东北地区、陕晋黄河中游地区、西南边境地区列为中国濒危语言最集中的地区。云南省社会科学院楚雄彝族文化研究所副研究员朱琚元说，抢救濒危的民族语言文字可以更充分地利用前人的智慧和成果。该所经过对彝族文化经典《毕摩经》的收集、整理和编译，医学研究人员直接或间接利用该典籍医药部分，经过现代临床研究推出养颜、治疗咽炎、心血管疾病等的初具品牌的特效民族医药，从而让社会更广泛、更深入地了解、认识少数民族的文字及其深厚的文化。发掘整理和利用少数民族科技古籍文献遗产，无疑是对各民族语言文字这一珍贵的民族文化遗产所进行的重要保护举措。

五　对研究少数民族社会历史发展情况的价值

从历史研究上看，民族不论大小，都有其独特的科技经验和知识，然而由于相关古籍资料的缺乏，使得有人认为许多少数民族特别是人口在5000人以下的少数民族历史上没有形成本民族科技史。研究民族科技古籍文献，一方面可以丰富民族传统科技历史文化。此外，通过对民族科技古籍文献的整理研究，也为搞清许多历史上的疑点、难点或错误的认识提供了原始依据，从而提高民族自尊心，促进民族团结，以利当前社会的和谐。

例如在过去相当长的一段时期里，外界对少数民族的印象是只尚鬼巫而无医药。如汉文古籍《云南通志》称黑倮倮（彝族）"病无医药，用'必磨'倮族巫师翻书扣算病者生年及获病日期，注有牛羊猪鸡等畜，即照所注记祝之"。元李京《云南志略》亦云"有疾不识医药，惟用男巫，号曰大奚婆，以鸡骨占验吉凶，酋长左右，须臾不可离，事无巨细，皆决之"，明《滇略·夷略》说"爨夷……病无医药，用巫禳之"，清师范《滇系·夷属》谓"爨变……病无医药，用夷巫禳之"。事实上，认为彝族"病无医药"是对彝族历史的一种误解。巫医合流是彝族乃至其他大多数少数民族社会发展初期的一个共同现象，它与其他医药一样经历了与巫术合流，并与巫术艰苦斗争最终形成独立的医药体系的过程。考察毕摩医药书《献药经》、《造药治病解毒书》、《医算书》等可以发现，毕摩作为彝族社会的知识分子，担负了许多职责，医病治病、积累和传播医药知识是其中的职责之一。一般资深的毕摩在教授生徒毕摩的过程中，要传授有关医、药知识；许多毕摩在为病人做仪式的时候也运用不少医药手段。如《献药经》虽为毕摩的宗教经典，其中却记载了很多医学理论，内容已涉及内科、妇科、儿科、外科、伤科、胚胎、采药、药物加工炮制和大量疾病名称等，书中所列药物的功效和主治则杂有宗教色彩，反映了彝族医药知识通过宗教经文传播的情况。同时彝族以药治病的朴素唯物观能渗透到宗教仪式活动中，也说明了彝族医药在整个彝族社会历史发展中的重要作用。

发掘整理少数民族科技古籍文献，对改变一些人所认为的少数民族无科技文化的成见将会大有裨益，同时对于各少数社会历史特别是民族科技发展史的正确认识具有极大的参证作用。

六　对研究少数民族思维发展史的价值

少数民族古典哲学思想在充分吸纳汉文化的基础上，形成了具有本民族特点的朴素辩证法哲学思想。体现在彝族医药学理论中，它把古代朴素的唯物主义和辩证法思想作为说理工具，以解释人体的生理病理等方面，形成了以"清浊二气和气路学说"为核心的彝医基础理论，既体现丰富的中医学哲学原理，又有古代彝医对于哲学观的独到见解。比如《宇宙人文论》说："青青之气上升，青天产生了，赤浊之气下降，赤地就形成了。"清浊二气相交，又产生了哎哺，"千千的事物，万万的根子产生于清浊"，它揭示了客观世界的物质性和物质世界运动进化的绝对性，形成了彝族先哲朴素的唯物论和辩证法思想以及彝医辨证的总纲，从而折射出彝医天人合一的哲学观。《西南彝志》说："天的五行是金木水火土，人的五行是心肝脾肺肾……"此内容阐明了宇宙万物的产生、变化与发展规律，以及万物之间的内在联系，阐明了人体生命规律的本质，构成了古代彝医的天人相应观。古代彝医还把八卦、五行与方位、天干、地支、颜色、季节、人体脏腑组织相配属，用来说明人体脏腑组织的属性、生理功能、病理变化及相互联系，以根据病情定时治疗或配穴治疗，或推算人辰流注的部位和时间，提供针灸禁忌参考。《启谷署》认为"心火足，则胃得其养"，乃火生土的五行治疗观点。《土鲁窦吉（宇宙生化）"论人的血和气"》记载："人死气血断，气出于七窍，阴阳两根本，就生于脐底。清气三条路：第一条气路，生于心脏内；第二条气路，生于肝肺内；第三条气路，发源于中焦。浊气三条路，末一条气路，起始于尾根，通过头顶上，直达于鼻下，第二条气路，经过臂膀上，直生脑髓中；为首的一条，起始于中焦，通过血管内，直达于头顶。不停地运行，气运血上升，头顶的火旺，水不经火处，金又不克木，五行相结合，结合于脐底，动动摇摇的，生死的根源，从古直到今，有详细记载，有原始根源，永世流传着。"① 彝医理论还体现了脏腑辨证及其他辨证观点。如彝医典籍《启谷署》所说"心火上炎之咽痛舌疮,心阴亏虚之烦躁失眠"就体现了心脏辨证。又如"胃痛,分为虚寒胃痛、客寒胃痛、肝胃气郁、食积气滞等症候"体现了六腑的辨证,等等。彝医对许多病症病因的认识,皆以毒邪立论,体现了鲜明而独特的辨证观点。如《齐苏书》说"水肿及胸腹腔积液乃水湿毒,痢疾乃湿热毒";《启谷署》说"水火烫伤乃火热毒邪,冻伤乃寒毒,顽癣乃风邪湿毒"。总之,纵观彝族医药古籍文献所记载的"清浊二气,天人相应,八卦、五行与脏腑的配属,人体气路,病因与疾病"等医学理论,无不反映了彝族医药学是经历了实践—认识、再实践—再认识,由感性到理性、由理性到实践的积累过程,是朴素唯物论和自然辩证法思想基础上产生的唯物论的认识论。

傣医以朴素的唯物论和自发的辩证法思想为指导,从四塔之间的关系来认识疾病,即用风、火、水、土四种元素解释人体的生长发育、生理构成与病理变化,并针对四种元素失衡引起的疾病对症下药,以此来指导临床实践。如傣文医理典籍《该牙桑嘎雅》和《康塔档戏塔都档哈》中论证了傣医诊治中的辩证思想。书中说:"四塔有形,四种合成体形,从生到死,相互制约,互不离缘。世界万物既可以以它而生,又可以以它为灭。既是生命要素,又是致病因子。"即认为土、水、火、风四塔既相互依存共居于人体之中,同时又互相排斥、争斗,结果必然会有偏盛的情况出现。如果相互协调,人体就健康,反之就要发生疾病。如火盛即发烧,水盛即浮肿,风盛即颤抖,土盛则冰冷,诊断时就根据何种症状来采取不同的验方。同时,这两部医典还论证了人体中的四塔和整个自然界的四塔是相联系的,自然界中四塔的相互关系对人体也有影响。不同的季节里,四塔的相互关系不相同。人体受其影响,不同的季节里易患不同的病。② 这些论述都体现了傣医理论中天人统一的哲学观,值得我们参考研究。

---

① 王子国:《土鲁窦吉》,贵州民族出版社 1998 年版,第 96—99 页。
② 秦家华:《贝叶文化概论》,见《贝叶文化论集》,云南大学出版社 2004 年版,第 24 页。

第二节　社会利用价值

科学技术是第一生产力，科学技术研究（特别是技术研究与应用研究）与经济、生产建设活动密切相关。科学技术与经济、生产活动的这种必然关系，使作为其内容承载着的科技古籍文献本身也必然具有经济、生产价值。中国古代科技古籍文献以实用科技内容为主，这就更加强了其对经济、生产活动有关的价值指向。通过研究而解决经济、生产活动中的相关问题，中国古代科技古籍文献的这种经济、生产价值得到了较好的发挥。[①] 如：各省在建设文化大省的过程中，都以丰富的民族科技古籍文献为资源，进行深入发掘利用，特别是在发展旅游业中，各民族的古代科技遗存是极其重要的依据；在研发少数民族医药（藏医药、傣医药、蒙医药、回医药、维医药等）产品过程中，各级机构就利用了少数民族历史上遗留的大量古籍文献，使民族传统疗法、医学知识、用药经验和相关产品大放异彩；在少数民族地区的基本建设中，如架桥、筑路、建房、开矿等，也要参考古代工程、地震、地质方面的史料；在发展少数民族地区的农业生产中，要参考各民族农业生产经验，掌握其传统技术情况，并为制订少数民族地区的农业发展规划提供有益参考。

我国少数民族科技古籍文献遗产是各族先民智慧的结晶，发掘利用这一文化财富，是对少数民族文化的认同与尊重，对了解民族地区科技发展情况，开发利用各族人民的优秀科学技术遗产，发展民族经济，加快改变民族地区的贫困落后状况将起到重要作用。

一　民族科技古籍文献有助于提高各民族的文化认同感

科学技术是文化的组成部分，科技古籍文献也由此属于人类文化遗存的范畴，能发挥重要的文化价值。民族科技文化是在民族形成与发展的过程中形成和发展起来的，它不仅是民族的外在标识，同时对民族的形成与

[①] 丁海斌：《中国古代科技档案遗存及其科技文化价值研究》，科学出版社 2011 年版，第 40 页。

发展，对民族社会的生产生活发挥着重要的、不可或缺的作用。

在不同的民族社会中，族群间的相互联系除了地域接近外，就是靠共同传承的民族文化来达到群体间的认同、凝聚和整合。民族科技文化作为各民族文化的一个组成部分，可以在民族的现实条件下，为民族个体提供一种心理与认知模式，以实现族群的凝聚和同化功能。当前，群体认同、民族认同、社会认同是和谐社会建设的核心和目标，而文化认同则是实现社会和谐的重要基础。事实上，自19世纪以来，我国的传统文化破坏太多了。而民族科技的命运更加坎坷，科技古籍文献大量丢失，科技文化资源破坏严重，民族科技人才不断减少，民族科技文化的发展岌岌可危，迫切需要社会的重视与振兴。而解决民族传统科技文化问题，归根结底是要提高人们对民族科技的认识，也就是对少数民族的传统科技有一个基本的认识和尊重。

每一种民族科技文化都深深植根于该民族的文化土壤并与本地特有的宗教、民俗、哲学、物候、天文等内容息息相关，其理论规范、技术手段、思维方式、道德伦理等内容都蕴涵着该民族的文化特征。民族科技作为中国各民族优秀传统文化的瑰宝，是我国国家文化软实力的重要体现。发展民族科技不仅是一个重要的学术问题，而且是一个尊重民族感情、增进民族团结、保护民族自尊、传承民族文化的政治问题。当今时代，文化越来越成为民族凝聚力和创造力的重要源泉，越来越成为综合国力竞争的重要因素。民族科技本质上属于科学技术范畴，但具有较多的人文因素，是少数民族在历史上创造的优秀传统文化。它对天文地理等自然现象的观察和跟踪，对人与自然的关系及趋利避害的整合，对自然界存在的一切事物（包括人、植物、动物、矿物）的认识和利用以及对生产生活的创造和发明，均有丰富的经验和独到的方法，凝聚着中华民族的智慧，蕴涵着丰富的人文科学和哲学思想。深入发掘各民族科技古籍文献，充分发挥其文化价值，对于增强我国各民族的凝聚力和自信心，促进各民族共同团结奋斗、共同繁荣发展，提高我国际影响力具有深远意义。

加拿大档案学者特里·库克曾提出这样的观点，他认为在普通公民看来，档案不仅要涉及政府的职责和保护公民的个人权益，而且更多的还应该为他们提供根源感、身份感和集体记忆。少数民族科技古籍文献是在社会实践活动中直接产生和形成的，它真实记录了各族人民认识自然的历史原貌，是各民族集体记忆的一个重要组成部分。由于它积淀了博大精深的科技文化，因而在保护各民族的文化特性，保证本民族文化的可持续发展，促进社会认同，确保民族凝聚、稳定和繁荣等方面具有重要的现实意义。

可见，发掘利用民族科技古籍文献，发展民族科技事业，不仅是一个科学技术的问题，而且是一个政治问题和民族问题，是一个如何对待传统文化的态度问题。早在 1992 年，联合国教科文组织就发起了世界记忆工程，旨在实施联合国教科文组织宪章中规定的保护和保管世界文化遗产的任务。该工程有四个目标：一是保护，采用最适当的手段保护具有世界意义的文献遗产，并鼓励对具有国家和地区意义的文献遗产的保护；二是利用，使文献遗产得到最大限度的、不受歧视的平等；三是产品的销售，开发以文化遗产为基础的各种产品并广泛推销（盈利所得的资金也用于文献遗产的保护）；四是认识，提高世界各国对其文献遗产、特别是对具有世界意义的文献遗产的认识。①

世界记忆工程中关注的文献遗产，具体讲就是手稿、图书馆和档案馆保存的任何介质的珍贵文件以及口述历史的记录等。它所确立的四个目标，对我们今天发掘利用少数民族科技古籍文献资源、促进和谐社会建设有着很大的借鉴作用。自 2004 年起，联合国教科文组织开始在全世界各地预筛选 10 种能显著或可持续提高人类生活质量，同时把文化因素融入社会、环境和经济发展的文化实践活动，最终至少将一种纳入"和谐名录"。2005 年，在杭州举办的"第三届全球化论坛"上，我国苗药被评为联合国"2005 年最佳促进可持续性发展文化实践奖"，而苗药是全球唯一被选中获奖的民族医药文化。看来，提出把民族科技工作当作我国的重要文化战略来发展，对传统文化的继承、各民族的安定团结及政治稳定特别是当前和谐社会的构建都将起到很大的推动作用。

二　民族科技古籍文献是民族科技文化创造力的源泉

民族科技文化是民族科技的基础和源泉，要大力开展民族科技文化建设，提高民族科技文化素质，培植民族科技文化底蕴，提高发展民族科技的原创力。因此，要深掘民族科技古籍文献这一重要的文化遗产的内涵，而古籍文献则是提供民族科技文化创造力的根本。

---

① 《世界记忆工程》（http：//www. saac. gov. cn. 2009 - 1）。

　　文化创造是一个持续不断的发展过程，在这个过程中古籍文献是不可缺少的依据和工具。因此，古籍文献的真正魅力并不仅仅表现在真实地记录历史面貌和延续文化传统上，更重要的是它能为文化的发展提供动力和源泉。各民族的古籍文献积累越丰富，创造力也就越强。

　　中国科协主席周光召说："我国要想自立于世界民族之林，就必须要有自己的原创力，不断提出创新的思维，创新的产品，创新的管理方法，创新的体制和机制等。"① 看来，民族科技文化的创造必须建立在对本民族科技文化资源的有效整合基础上进行。持续而厚实的民族科技古籍文献遗产的积累，应是民族科技文化创造的源泉，也是原始性创新的潜力和后劲。它既不能依赖西方的科学技术，也不能通过其他科学技术理论进行建设，只有靠各个少数民族自己历史上的科技创造和经验的积累，并珍视这些在千百年实践中产生和形成的珍贵遗产，对其进行科学的管理和开发利用才能实现。这是民族科技文化创造的基础和条件。历史上各少数民族先民创造出的博大精深的科技文化，蕴涵了大量科学技术精华，不仅是我国优秀传统文化的瑰宝，也是中国乃至世界科学的重要组成部分，我们应该"向历史问宝"。

　　我们应该看到，要实现我国民族科技的全面振兴，必须在我国各民族悠久而厚重的科技历史文化基础上生根，而其中最重要的是要激活民族科技文化的资源，使之获得社会应有的认知和尊重，激发民族的科技文化原创力。少数民族科技古籍文献是各民族科技历史文化的积淀，它最真实可靠地反映着各民族各个时期的科技文化，揭示当时科技发展特别是科技文化演进的轨迹，并且也昭示着科技文化发展的趋势，是我们在振兴民族科技文化过程中必须重视的文化资源。

三　民族科技古籍文献为民族科技产品的研发提供原始依据

　　民族科技古籍文献记录各民族千百年的科技工艺，其资源丰富，品种繁多，经验独特，诸如医药炮制、建筑、制陶、制革、酿酒、织染、金工、造纸、印刷等，为目前民族科技产品的研发提供了大量的经验成果和可靠的研发依据。

_____

　　①　《民族文化与档案》（http：//rhzds. blog. hexun. com/4188813_ d. html. 2006 - 6 - 16）。

　　民族传统科技工艺是历史时代的产物，由于少数民族地区复杂的地理环境和相对闭塞的交通状况，加之少数民族十分尊重本民族传统习俗的共同心理特征，致使许多特殊的民族工艺被保留下来，没有因外来文明的冲击而全部消失。这是一份难得的"活化石"遗产。因此，应加强传统工艺的科技开发研究，使之适应社会发展的潮流。民间传统工艺与现代文明间的反差，有可能使之成为科技发展历程中的活资料和活展品。以彝族、白族为例。彝族有的用药经验与中医的用药经验相同或相似，有的则是彝民族的特殊用药经验。如四川凉山彝医用"不史"（天麻）泡酒内服治中风偏瘫，与中医用天麻的经验相同。《献药经》中记载用"俄里节"（野猪胆）治疗哮喘（顺气理肺、化痰消喘），则未见于汉族医药书籍，是彝医独特的传统用法；《彝医植物药》中记载用"木库"（滇木姜子）治胃炎、胃溃疡等引起的上腹部疼痛，也是彝医独特经验方等。因此，在选取彝药的研究对象时，有关专家选取了彝医独特的经验用药，充分体现出彝药的优越性，以此为研发新药的依据，使之具有广阔的市场开发前景和经济发展潜力。其中最有代表性的是近代彝族名医曲焕章创制的"百宝丹"，是医药界公认治疗创伤和消炎止血的良药，现已发展成享有国际声誉的"云南白药"。白族在建筑、雕刻、装饰方面的工艺超群。其住宅、佛塔等建筑技艺精湛，巧夺天工，在造型、结构、布局、装饰、工艺上具有浓烈的民族特色和地方特点，成为国内外游客关注的景点。大理剑川木器厂制造的木雕家具和木雕工艺品远销日本、印度尼西亚、马来西亚、新加坡、泰国、马里、比利时、西德、法国、美国、加拿大等国。

四　民族科技古籍文献成为教育民众的生动教材

　　民族科技的教育，从历史上最早出现的口耳相授、代代相传的师带徒雏萌阶段一直发展到现代的规模化教育，其形式包括了师承授受、学校教育、家传其业、读书自学等。无论是哪一个阶段的哪一种形式，其教、学内容都离不开世代流传的民族科技古籍文献，这从一个方面也说明了，民族科技古籍文献不仅有权威性而且有现实的实用性。

　　民族科技古籍文献是民族优秀传统文化的重要载体，本身蕴涵了大量天文学、农学、医学、药学、数学、地理学、手工技术等各方面的知识内容，是实施教育的重要知识来源；其中涉及的大量独特科技技艺技能可用于传授，这也构成教育活动的重要内容和方面；民族科技古籍文献遗产中有不计其数的口碑古籍文献，它们靠传人口耳相传，代代相承，传人向传承人传授本民族有关传统医药知识技能的过程，就是学习活动的过程。可见，民族科技古籍文献具有重要的教育价值。

古籍文献工作者及有关专家学者通过对各民族科技古籍文献这一民族文化遗产的研究，可以发掘、整理、弘扬那些珍贵的，但却鲜为人知、未被重视的民族文化遗产，让这些人类文化的优秀成果为社会所知，为人类社会所享。民族科技古籍文献遗产的价值是多方面的，通过多角度、多层面地对它们所蕴涵的价值进行探究，开发其价值，展示其魅力，赋予其应有的学术地位和科学尊严，才能使社会充分认识到这些民族科技文化遗产的宝贵和重要，继而教育民众，特别是本民族的年轻人，让他们对本民族先民创造的科技文化遗产的内容、作用、价值、地位、重要性等有全面而正确的认识，让他们熟悉本民族文化，热爱本民族文化，并能够运用和创新本民族文化，成为本民族科技文化的继承人。这样，民族传统科技文化的保护、传承、管理和开发才能落到实处，民族科技文化的精髓才能得以传扬。

民族科技古籍文献作为民族科技的知识载体，不仅是前人智慧的结晶、古代科学技术文明的成果，而且是一种可以持续开发的宝贵文化资源，蕴藏着极其巨大的文化能量。而民族科技教育和科研作为民族科技知识传承的重要方式和手段，必然离不开对这一资源的应用和开发。

例如，藏医教育历史悠久，早在 17 世纪初就已形成了正规的医学教育机构——曼巴扎仓。在这所藏医最早的医药学院里，主要让学僧记诵和研究的藏医经典著作有《四部医典》、《晶珠本草》、《诊药二元要诀》、《四部医典蓝琉璃》等。直到现在的藏医教育，无论是民间师传、寺院教育还是学院教育，藏医的教学内容仍然是以《四部医典》和《蓝琉璃》为主，以此形成了以《四部医典》为核心的医学理论教育体系。在此体系下，今天的藏医教育日趋壮大：在 1983 年，西藏自治区创办了第一所藏医学校；1985 年，在西藏大学设立了藏医系。1989 年 9 月，在藏医系的基础上正式成立了西藏藏医学院，学院里设有大学部、中专部，成为培养藏医各类人才的基地，它是目前我国有独立设置的两所民族医药高等院校之一。另外，中央民族大学设藏医系，成都中医药大学、甘肃中医学院、云南中医学院均有藏医专业。这些藏医院校广泛使用藏文医典为教材，在发掘藏医药史料和培养藏医专业人才方面作出了重要贡献。藏族医药相关学科还被列为国家中医药管理局重点建设学科，藏医高等教育编著了本民族文字的教材，我国第一套藏医药本科规划教材已出版了 25 门。

可以说，民族科技古籍文献推动了民族科技教育的发展，在民族科技教育体系中占据了重要地位；同时依托这一体系，民族科技文献资源实现了有效的传播和弘扬，又促进了更多科技古籍文献的产生形成。

五 民族科技古籍文献的开发推动了地方经济发展

民族科技古籍文献作为我国优秀的传统文化遗产之一，其特殊性表现在不仅是我国优秀的文化资源，而且是我国具有潜力的经济资源。无论从民族科技古籍文献，还是从口碑古籍文献中，都可能发现许多行之有效的技艺，把它们开发出来，投入市场，不仅保护了民族遗产，还可为社会创造出可观的经济效益。

民族地区的许多传统科技文化，从生产到产品风格都保留了原始古朴、自然拙真的特色，对这些科学技术的发掘研究，可以充实民族民俗博物馆的藏品和展示，满足人们对人类历史足迹的探求欲，满足人们对科技多方面的了解。这种研究与开发，将提高民族地区科技水平，推动工业、农业、旅游业的发展，振兴繁荣少数民族地区的经济文化，从而也促进民族传统科技的发掘、保护和利用。如纺织技术，现代化工业早已采用程控设备，而在少数民族地区原始腰机、踞织机或木架斜织机仍举目可见；西南少数民族至今保持着手工造纸的传统，贵州制竹纸、草纸和树皮纸的原料处理工艺与东汉时代的造纸法完全相同，瑶族一些地区还使用一种据说是从明代流传下产的精巧抄眼帘。制陶工艺也是如此，考古挖掘表明在金石并用时期以后，由于轮制陶器的大量出现，手工制陶早已绝迹，但在西南佤族、傣族某些地区仍可见到手捏、泥圈叠筑或泥条盘筑原始手制陶。直至 20 世纪中期，贵州的一些少数民族习惯于无窑烧陶，西双版纳的傣族还保留着一种古老的慢轮制陶工艺。现存的传统工艺中许多能够展示古代技术演进的实际经过，这对于国内外学者复原古代科技的原貌和解决某些历史上遗留的难题有不可低估的科学价值。倘若能够多将这些典型的民族工艺搜集并整理出来，并在少数民族地区的旅游点开设传统工艺的博物馆，让身着民族服装的姑娘们进行现场表演，邀请参观者亲自动手操作，不但可以增加民族旅游事业的人文景观内容，也可吸引更多的国际学人来民族地区进行科技考察，同时增加经济收入。总之，民族传统工艺的研究只有在为现实服务、与少数民族地区经济开发相结合才会焕发生命力，产生良好的社会效益。[①]

民族科技古籍文献资源所蕴涵的经济价值，一旦被有效发掘和利用，将会带动民族科技产业链的发展，对加快少数民族群众脱贫致富有着积极的经济意义。例如，"云南白药"、"排毒养颜胶囊"就是在古彝文医药典籍文献记载的古方药整理研究中开发出来的，产值都有十几亿元，且疗效确切，目前已具产业化，在国内外都有销量。其他民族医药如藏药、傣药、壮药等，都不乏同类的例证。

少数民族科技古籍文献的研究利用价值是多方面的，其潜在的经济价值不仅体现在民族科技产业上，还可维系到诸如文化产业、旅游产业等相关产业的发展，为促进当地经济提供新契机。

综上所述，发掘利用这一珍贵的民族历史文化遗产，对弘扬民族文化，发掘民族传统科技、技艺，加快民族地区的经济、文化建设，均有重要的学术价值和现实意义。

[①] 杨玉：《关于少数民族传统工艺研究的若干问题》，《广西民族研究》1993 年第 1 期。

第五章

少数民族科技古籍文献的保护与开发利用

中国少数民族科技古籍文献载录了各民族古代先民丰富的实践经验、技术工艺、制作方法、技术产品等，不仅是中华文明和文化的源头之一，而且在现实的经济和文化中，仍有极高的开发和利用价值，值得继承和发扬。

第一节　少数民族科技古籍文献的保存现状

一　收集整理现状

少数民族科技古籍文献的收集整理工作历来有之，不同时代的政府和个人都在民族科技文献收集整理和研究中做出了贡献。他们深入少数民族聚居区，调查少数民族的社会历史与民俗风情，获得了人文、自然、科技、语言、宗教、文字等方面丰富的少数民族资料，并将收集到的大批少数民族典籍和资料进行整理、收藏、传抄和运用，许多珍贵的科技类典籍资料也因此留存下来。也正因为如此，我们今天才有幸得以了解千百年来各民族历史上绚丽多彩的科技智慧，并在今天乃至未来的科技发展和生产生活中将其运用。

新中国成立以后，少数民族科技文化受到了各级政府和学术界的高度关注，民族科技古籍的收集、整理、研究工作取得了前所未有的成果。根据李迪教授的研究，仅 1977—1987 年，民族科技史研究就发表了数百篇论文，还陆续出版了一些专著，并已形成了一支专业研究队伍，有的选题被纳入各级研究计划中，在少数地方也建立了研究机构。1987 年，内蒙古师范大学在呼和浩特市召开了首届全国少数民族科技史学术讨论会。次年，在广西民族学院（现广西民族大学）举办了第二次学术会议，会上正式成立了中国少数民族科技史学会（现更名为中国科技史学会少数民族科技史专业委员会）。此次大会还就民族科技史学科的属性问题达成了统一认识：认为少数民族科技史具有三重属性，即民族性、科学性和历史性。此后，又在延边、昆明、南宁、西昌、银川、北京（开幕式在北京，闭幕式在成都）等地先后召开了七次中国少数民族科技史会议（其中后四次是国际会议），并出版了多本会议论文集。至今，中国少数民族科技史的研究已有了一定规模的研究机构和队伍，并取得了相当丰硕的成果，如内蒙古师范大学组织出版了七辑《中国少数民族科技史研究》，少数民族科技史学会前理事长李迪先生组织出版了 12 卷《中国少数民族科技史丛书》，等等。到目前为止，专门研究少数民族科技史的机构可能还没有，在中国中医研究院医史文献研究所内有民族医史组，具有专门性质。内蒙古师范大学科学史研究所把少数民族科技史作为重点方向之一进行研究。宁夏大学近来成立了科技史研究所，以研究西夏科技史为主。中国科学院自然科学史研究所、中国社会科学院民族研究所和经济研究所、广西民族医药研究所、内蒙古医学院、内蒙古蒙医学院、西藏大学、拉萨藏医院、广西民族大学等单位都有比较固定的研究。[①]

与此同时，少数民族科技古籍文献的调查研究工作得到进一步深入，涉及西夏科技、纳西族东巴经中的科技、水书中的科技、纳日人的原始医药和哈萨克族古代医学、门巴族珞巴族的传统科技、西南少数民族科学技术史、农学、数学、化学和生物学、天文历法学、地学航运与生物学等领域，成果丰硕。例如，从 1987 年起的多年里，李迪教授主编了《中国少数民族科技史研究》、《中国少数民族科技史丛书》、《蒙古族科技史论文集》等，内容涉及多年来诸多学者整理研究的天文历法、建筑、纺织、农业、医学、地学水利航运、化学化工、数学、机械与物理、金属等方面的成果。其他学者也相继整理出版了民族科技论著：《彝族星占学》（卢央著，云南人民出版社，1989 年）；《中国蒙古族科学技术史简编》（李汶忠编著，科学出版社，1990 年）；《彝族医药史》（李耕冬、贺廷超著，

① 韦丹芳：《中国民族地区科技史研究生课程建设的思考——以内蒙古师范大学和广西民族大学为例》，《广西民族大学学报》（自然科学版）2009 年第 3 期。

四川民族出版社，1990年）；《北流型铜鼓探秘》（姚舜安、万辅彬、蒋廷瑜编著，广西人民出版社，1990年）；《藏族历代名医略传》（藏文、强巴赤列撰，民族出版社，1990年）；《天文原理》（蒙文，斯登等校注，内蒙古科学技术出版社，1990年）；《中国古代铜鼓科学研究》（万辅彬等著，广西民族出版社，1992年）；《西藏传统医学概述》（蔡景峰编著，中国藏学出版社，1992年）；《云南民族建筑研究》（斯心直著，云南教育出版社，1992年）；《朦胧的理性之光——西南少数民族科学技术研究》（廖伯琴著，云南教育出版社，1992年）；《康熙几暇格物编译注》（李迪译注，上海古籍出版社，1993年）；《古今彝历考》（罗家修著，四川民族出版社，1993年）；《回回天文学史研究》（陈久金著，广西科学技术出版社，1996年）；《蒙医药史概略》（蒙文，金巴图、哈斯格日勒著，内蒙古科学技术出版社，1996），等等。1996年，在中国科学院大力支持下，自然科学史所和传统工艺研究会启动了《中国传统工艺全集》的编撰工作，由路甬祥院长亲自担任主编，目的是在传统工艺立法保护之前，先把已知的优秀传统工艺和研究成果用文字和图片的形式记录下来，为日后的抢救保护提供科学依据。这套书共14卷，包括器械制作、陶瓷、雕塑、织染、金工、漆艺、造纸、印刷、酿造、中药炮制等，大体覆盖了传统工艺的主要类别。

可见，多年来大量的少数民族科技古籍文献被整理翻译出版，极大地扩展了少数民族科技研究资料的来源，为许多历史问题的深入研究提供了珍贵的文史资料，为各少数民族科技文化的振兴夯实了基础。同时，随着少数民族科技工作的展开以及古籍文献史料的进一步收集整理翻译，有关少数民族科技问题的学术研究和实践运用都将会登上一个新的台阶。

经过多年的努力奋斗，我国少数民族科技古籍文献研究工作取得了斐然成绩，然而，我们还应该清醒地认识到，我国尚有大量科技古籍文献仍散落民间，亟待收集、整理和开发。目前民族科技古籍的收集整理存在的问题主要体现在：一是收集民族科技古籍文献的意识淡薄；二是民族科技文献古籍的收集工作有待于进一步加强；三是对所收集到的民族科技古籍文献缺乏系统的分类整理。

具体来说，首先，由于民族科技古籍文献收集整理意识淡薄，重视不足，许多民族科技古籍文献的命运让人堪忧。民族科技文化的发展自新中国成立以来得到了各级人民政府的重视，从民族科技的理论研究、民族科技文化的开发等方面得到了大力发展及相关政策上的扶持，近年来发展迅速，但对于民族科技古籍文献的收集与管理方面意识淡薄，没有相应的政策对其进行收集、保存与继承发扬，各级机构也没有足够的资金建设专门的民族科技文献古籍文献室，各级图书馆、档案馆在结合特色馆藏建设，有意识征集有关科技古籍文献方面也有待加强。据云南省少数民族古籍办统计所知，作为全球少有的少数民族古籍资源丰富的地区，云南省尚有7万余册民族文字文献古籍、2万余种口碑古籍亟待抢救整理，而这些民族古籍正以每年上千册（卷）的速度流失，其中包括为数众多的科技古籍。由于重视不够，少数民族科技文献古籍的收集整理已成为一项"过了此山无鸟叫"的抢救工程，形势令人担忧。在许多民族聚居区，地理环境相对封闭，经济条件相对落后，且分散着众多珍贵的科技古籍文献，如果我们还不重视加强对这些地区科技古籍文献的发掘、记录和整理力度，那么整个中国民族科技文化遗产的损失将无法估计。

其次，少数民族科技古籍文献由于分布较多较广，收集整理难度较大，有关工作还需加强。许多宝贵的民族科技古籍文献还未进行及时的发掘就已被损毁。例如彝族有一种风俗习惯，即老人过世后，要焚烧随身所有的文献经文以作陪葬，这样就造成珍贵彝族科技古籍文献的大量消失，让人叹息。比如，世代生活在云南省新平县平甸乡的李自强的父亲是位远近闻名的彝族毕摩，家中存有上百册彝族古籍。数年前毕摩去世，家中的全部古籍成了天书，无人能懂，家人只好将古书堆放在屋檐下，久而久之，这些古书不是损坏就是遗失、散失殆尽。同样是这个村的村民张朝顺，父亲也是位有影响的毕摩，存有藏书六十余部，全是彝族古籍，然而毕摩去世后，古书成了毕摩的随葬品全部被烧毁。云南个旧市保和镇李仲芳毕摩收藏有一部《彝药书》，具有较高的医药研究和实用价值，但毕摩去世时被作为随葬品烧毁。类似事件，在我国其他地区或民族中仍时有发生。此外，经费的不足更增加了民族科技古籍文献的收（征）集难度。如云南省少数民族古籍办公室自成立以来，在少数民族古籍收集整理及保存方面已经做了大量的工作。在其古文献资料室中，保存有历年从全省各地收集到的各类民族古籍文献近三万余册，虽尚未整理归类，但已分别用书签标明了采集日期、资料作者或收藏者姓名、文献种类等简要内容。在所收集的这些古籍文献之中，不乏科技类古籍，但由于该机构没有专门的科技人员，加之经费不足，至今尚未发掘整理，详细内容还不得而知。古籍办有关负责人向外界介绍了几册彝族古籍，这些古籍都已泛黄，一面写着彝族文字，一面为图画的古籍有 24 卷，有 200 多年的历史，十分珍贵。这些古籍每卷需要花费 3000 元才收集得到。如果要翻译这些有 70 多万字的古籍至少要几年时间，花费几十万元。① 由此看来，要收（征）集、整理目前数以万计的民族科技古籍文献，在花费上是不可想象的，从人员到资金，各地的文化部门都是无力承担的，应该靠社会各界合力来完成。

最后，由于民族地区的科技种类繁多，各民族科技发展水平参差不齐，受民族文化和当地经济条件的制约，各民族科技古籍文献还缺乏系统的分类整理。少数民族地区有关机构及个人收藏的大量民族科技手抄本、手稿本、刻本等的整理情况，基本上还处于原始材料收存保管状态，许多科技古籍文献的整理只是流于表面，具体内容还尚未进行深入研究分类。由于在科技古籍文献遗产的收集整理保管后没有进行细致的分类与汇总，更没有相应的信息检索体系，因而古籍文献管理也缺乏系统，给古籍文献的整理研究及汇总、使用带来了极大的不便。

二　抢救保护现状

由于专项抢救经费的缺乏，人力、物力、财力资源的严重不足，我国少数民族科技古籍文献遗产的抢救保护现状不容乐观，主要表现在：一是民族科技文献古籍的流失非常严重；二是对已抢救的民族科技古籍文献保护不善。

（一）少数民族科技古籍文献流失严重

具体来说体现在以下几个主要方面：一是精通民族科技古籍文献的人才流失严重。一个少数民族老人的去世，或许意味着一座收藏丰富的民族古籍文献馆的逝去。少数民族地区的科技从业者主要是民间知识分子、民间医生、民间手工艺者和与宗教活动有关的人员（毕摩、和尚、喇嘛、东巴、巫师、祭司等）。随着现代化的发展，这类人员数量已大

---

① 王长山：《云南少数民族古籍状况堪忧》（http://www.mzb.com.cn/html/Home/report/10947 - 1. htm）。

幅减少，目前在世的已年过古稀，且后继乏人，随着岁月的流逝，许多精通本民族科技文化知识的人才逐渐离开人世，他们的离去使掌握科技古籍文献的人才越来越少，相关古籍编译人员寥寥无几，人亡技绝直接导致了许多科技古籍被征收后，因缺乏编译人才而成为无人能懂的"天书"，而大部分以口碑形式流传的科技古籍更是随时面临"人逝籍灭"的危险。

　　二是人为和自然因素导致民族科技古籍文献原件流失。由于历史原因以及缺乏相应的政策和有效的法律措施，民族科技古籍文献未能及时进行全面系统的收集、整理和保护，导致大量珍贵的少数民族科技古籍文献流失严重。在一些地区，由于受当地民风民俗和其他因素影响，有的科技古籍文献被陪葬，不计其数的科技古籍文献被当做封建迷信产物付之一炬。加之少数民族科技文化得不到重视，致使许多民族科技古籍文献流散于民间，甚至流失海外。如傣族生活的西双版纳、德宏等地与泰国、缅甸、老挝接壤，边民相互通婚、通商、通医，有很多科技古籍文献就流失到缅甸、老挝等东南亚地区，难以找回，有的甚至流失到了美国等海外，至今无人知道其具体下落。又如历史上东巴经古籍文献也遭受过流失浩劫，大量的珍贵文献为外国学者、传教士、探险家购买收藏。美国的约瑟夫·洛克于1921年2月起在滇西北等地区收集东巴经典，历时28年，共购买到38000多册东巴经典，或馈赠，或出售给一些图书馆、博物馆、研究机构和个人等进行收藏，其中包括有纳西族丰富科技内容的东巴经也随之散失。据初步统计，收藏于国外有关图书馆、博物馆、研究机构及个人手中的东巴经有10000余册，遍及美国、德国、法国、意大利、荷兰、奥地利、澳大利亚、加拿大、西班牙、俄国和英国。据云南省民委副主任木桢介绍说，云南民族博物馆、云南省古籍办等单位也在积极收集散存于民间的少数民族古籍，但由于面临经费不足的困境，没有专项的古籍抢救资金，古籍的抢救工作进展缓慢。与此同时，国外或沿海经济发达地区的一些商人或不法分子却看到了少数民族古籍文献的商业价值，悄悄深入民间购买民族古籍文献到沿海地区或国外出卖，有的瑶族古籍被泰国人买走了，有的东巴经书也被人偷到广州市场出卖了……此外，另据中国医药企业竞争力课题组组长李磊透露，目前日本许多医药机构纷纷派专业人员到我国少数民族地区收集验方、偏方，希望以极其低廉的成本换取较大的经济利益。对此，有关方面应予以警惕。这样的"生物海盗"① 事件在少数民族生活的地区时有发生，包括藏族、苗族等不少少数民族的珍贵科技古籍文献遗产就已被掠取出境，流失到日本、美国、英国等国，为国外相关机构收藏研究和利用。

三是少数民族口碑科技古籍文献遗产的自然流失也非常突出。随着近年来中国社会现代化进程各农村城市化步伐的加快，文化环境遭到破坏和传统文化衰落的情形日益加剧，与传统农业文明相适应的中国民族民间文化面临冲击，急剧消亡。据了解，现今各少数民族 30 岁以下的青壮年和少年儿童，绝大多数已不会说本民族的语言，不穿戴本民族服饰，不懂得本民族的历史。更为严重的是，随着时间的推移，了解本民族来源、历史演变、文化、科技等情况的老人越来越少。照此下去，不要多长时间，多则 30 年，少则 10 年，各少数民族的语言、神话、仪式、习惯以及音乐、舞蹈、口头传说等将会从社会上消逝。② 与此同时，随着现代科学技术的不断渗入，少数民族传统科技的发展日渐衰萎，众多技艺已失传或接近失传，一些少数民族靠口耳相传的许多科技知识甚至将面临失传的危险。因此，大力发掘利用各少数民族口碑科技古籍文献史料是非常必要的，是一项带有抢救性的工作！这项工作仍需加强。一方面，由于少数民族口碑科技古籍文献的收集整理涉及面广，政策性强，时间紧、任务重、难度大，而且需要大量的人、财、物作保证。同时，当前从事古籍保护的人员越来越少，收集保护整理工作举步维艰。因此，仅依靠古籍部门是难以办到和办好的，大量散存与民族民间的口碑科技古籍文献的发掘整理工作还尚未落到实处。一些机构由于经费所限，对已收集的口碑古籍文献未能进行有效的技术保护而导致其自然损耗；或因没有经费而无法整理出版。另一方面，许多掌握少数民族传统科技知识的人员缺乏保存意识，加之他们大都年事已高，有些尚未有接班人进行学习传承，因此流传于世的口碑古籍也随着他们的相继离去而消失。

---

① 在 2006 年的政协讨论会上，国家中医药管理局副局长于文明在谈到我国中医药发展时，使用了一个让同行们也十分吃惊的词——"生物海盗行为"。于文明表示，在知识产权领域，国际规则建立在国家法律基础之上，但我国由于缺少保护传统知识的专门法律，在相关国际谈判中处于被动局面。中医药被其他国家申请专利的情况也屡有发生，这意味着我国的传统医药知识面临"生物海盗行为"的威胁。所以，建立并完善适合中医药发展的保护与利用制度十分紧迫。

② 陈子丹：《民族档案史料编纂学概要》，云南大学出版社 2009 年版，第 30 页。

（二）收集到的民族科技古籍的命运不容乐观

调查中发现，少数民族科技古籍的保护和管理条件亟待改善。从云南省少数民族古籍整理出版规划办公室了解的数据显示，全省已抢救的30000 余册古籍中，有三分之一以上古籍亟待修复整理。特别是少数民族古籍保护单位，基本没有一家具备恒温测湿等监控条件，大多把古籍存放在办公室的木柜中，甚至许多成卷的各民族古籍就摆放在地上，防湿、放虫、防火、防盗能力极为薄弱，都没有具备收藏文物古籍的条件和要求。文化部、国家档案局、联合国教科文组织有关官员视察丽江东巴文化研究院的古籍保护情况后说："所收藏的古籍是最珍贵的，但保管条件是最差的！"看来，如不从管理上下功夫，随着时间的推移，这些竭力抢救的珍贵科技古籍文献的损毁也在所难免。

少数民族科技古籍文献作为一笔珍贵的财富，其中许多文献处于濒危状态，有些地区的大部分古籍文献在历次劫难中损失惨重，幸存下来的文献因年代久远而自然损坏和因保管不善而残损等情况也非常突出。如果不加以抢救保护，这些珍贵的古籍文献势必将失传，这将是我国科技文化的重大损失。因此，积极开展少数民族科技古籍文献的保护工作，为其创造良好的保存条件，修复与复制文献资料，使其处于完好的状态，将对弘扬优秀民族科技文化、促进各民族科技文化发展与交流有着深远的现实意义。

第二节　少数民族科技古籍文献的保护

少数民族科技古籍文献数量庞大，许多文献处于濒危状态，有些地区的大部分科技文献在历次的劫难中损失惨重，幸存下来的文献因年代久远而自然损坏和因保管不善而残损等情况也非常突出。可见，抢救和保护少数民族科技古籍文献资源刻不容缓。

为抢救、保护我国珍贵古籍，继承和弘扬优秀传统文化，推动社会主义先进文化与和谐社会建设，我国政府相继出台了一系列法规、政策，主要包括《中华人民共和国文物保护法》、《国务院关于加强文化遗产保护的通知》（国发［2005］42 号）、《国家"十一五"时期文化发展规划纲要》（中办发［2006］24 号），国务院在 2007 年就进一步加强古籍保护工作提出了《国务院办公厅关于进一步加强古籍保护工作的意见》（国办发［2007］6 号）。同时，国家还出台了相关的保护政策和措施，如从 2002 年起，"中华再造善本工程"和"中华古籍特藏保护计划"相继实施。这些古籍保护法规的出台，充分体现了国家对古籍保护工作的高度重视，更突出了古籍保护工作的迫切性和重要性。

少数民族科技古籍文献的抢救保护，在于更好地使用古籍文献资料，使之长期保存和流传，成为可持续开发利用的宝贵资源，真正运用于学术研究和社会科技发展。因此，要根据少数民族科技古籍载体成分和存世状况，采取安全有效的措施，克服和限制损坏少数民族科技古籍的各种不利因素，保证少数民族科技古籍的搜集、集中，维护少数民族科技古籍文献的完整、准确、系统、安全，从而使少数民族科技古籍文献得到有效的使用、开发和流传。

加强少数民族科技古籍文献的保护，首先要加强保护理念，不仅要具有紧迫感、使命感和全局意识，而且还要有现代意识，能够充分利用现代化手段对民族科技古籍文献进行科学保护。其次要处理好民族科技古籍文献的管理体制问题。目前，少数民族地区的民族科技古籍文献收藏机构众多，具有分布散、易流失的特点。这种收藏布局显然不利于民族科技古籍文献的统一规划和民族古籍事业的长久发展。因此，应该改变现有的管理体制，使民族科技古籍文献集中收藏在一定的收藏机构。在这样的机构中，可以保障民族科技古籍文献有温湿度适宜的保存环境，具有一整套科学管理方法和理论，以及采用先进科学技术进行保护的措施等。再次要采取有效措施对民族科技古籍文献进行保护。具体来说有以下几个方面。

一　专门人才队伍的培养

就少数民族科技古籍文献研究现状和任务来看，目前的研究还存在一些问题有待解决，但其中一个急需要解决的突出问题就是培养专门从事少数民族科技古籍文献的研究人员。对于其研究人员的素质，按李迪教授的见解，应具备四个条件：一是至少掌握一门学科的专门知识；二是要精通一种少数民族语言文字，包括藏文、蒙文、彝文、傣文、东巴文等；三是要精通一门外语，特别是英、俄、德、日、阿拉伯、波斯、印地等文；四是要有科技史修养。可见，拥有一支热爱古籍整理研究工作并掌握专门知识和现代化技术手段的专业队伍，是实现民族科技古籍文献整理研究的有力保证。在现代社会条件下，民族科技古籍文献工作者，不但要有献身于本民族科技古籍整理研究事业的精神，要有过硬的专业知识以及积极肯干的工作热情，还要具备掌握应用现代化技术的一些基本知识和实际操作能力，在珍贵的民族科技古籍整理研究中善用创新思维肯干、会干、巧干。为此，我们要通过各种有效途径培养新型科技古籍专门人才充实古籍队伍，同时要使现有的专业人员通过各种形式的培训，不断更新知识，及时掌握古籍整理研究的新思路、新技术，切实提高少数民族科技古籍文献整理研究的能力。

二　少数民族科技古籍文献的规范化管理

少数民族科技古籍文献规范化管理的实施，首要环节就是要进行编目和登记。科技古籍文献的管理工作既包括科学保护也包括合理使用的任务。为了实现这一目的，在对少数民族科技古籍文献实施具体管理保护过程中，可以使用编目、索引、文摘等二次资料管理、查询的方法进行保管。首先，建立健全少数民族古籍文献管理使用的规章制度，使各个工作环节和每一个工作人员，以及所有的服务对象都有章可循，做到有条不紊、井然有序，获得最大的工作效益。其次，对少数民族科技古籍文献进行分类、登记，即对科技古籍文献进行清册登记，对藏品的收入、借出等进行详细登记。切忌账册错乱，对藏品底数要做到胸中有数，对古籍文献资料要清楚明了。还要通过一些方法，对本地区的科技古籍文献进行分类登记，如：按民族类别分类登记，按文献性质分类登记，按文献流传地区分类登记，按文献形成或出版时间分类登记等。最后，编制少数民族科技古籍文献藏品目录，一般情况下把目录分为书本式目录和卡片式目录两种，目录的具体著录格式和著录内容，可根据藏品情况和用途进行设计。在分类登记的基础上进行编目，按分类列目的方式编排目录和索引。要在分类登记的基础上编制目录卡片，以每册古籍或每件文献为单位进行编制。

除加强各地区少数民族科技古籍文献的保管与登记工作外，改善其保存条件也很重要。目前受自然和人为因素的影响，许多科技古籍文献的载体都已受到不同程度的损毁。大量纸质科技古籍文献遗产，由于年代久远，保管不善，发霉、受潮、粘连、虫蛀等现象极为普遍。各级图书馆、档案室（馆）、各地科研机构、民委、古籍办等单位由于硬件设施薄弱、机构设置不明确、专项经费不足等问题，许多收集到的纸质古籍文献由于没有相应的防霉、防潮等专业的硬件设施，得不到妥善保管而出现了不同程度的损毁，一些纸质的科技古籍文献已残损，并因受潮而出现粘连的现象。散存于民间的纸质科技古籍文献，由于保管意识薄弱，保存条件恶劣，基本没有什么保护手段和技术，损坏情况就更严重了。而一些刻写于石质、木质和金属质载体材料上的科技古籍文献，由于大多存于自然之中，长期遭受风雨侵蚀，大部分已老化，文字风蚀剥落现象极为普遍。一些碑刻泐蚀残缺严重，无法辨读，一些珍贵的碑刻陆续被毁，仅存拓片，一些现已湮灭无存。

因此，对于已经收集入藏的科技古籍文献来说，要重视库房的防潮、防火、防光、防盗、防震、防污染等条件，提高库房建造质量，使之结构合理、设施齐全、设备先进。同时，还要控制库房和陈列室的温度和湿度，防止库房内的霉菌和害虫等微生物的滋生和繁殖，使纸质古籍文献受到污损和破坏，危害到古籍文献的长期保存和使用。

三 少数民族科技古籍文献的保护

（一）保护技术

古籍文献的抢救保护工作自古有之，不同时代有着不同的抢救目的和不同的方法。就少数民族科技古籍的内容及其范围来说，一般采用的保护技术有两种，一是延缓型保护，二是再生型保护。延缓型保护是指在不改变原件载体的情况下，对残损的古籍文献进行修复、加固以及改善保存环境等延长原件寿命的保护过程。这里包括对古籍文献进行修补；对已经发黄变脆的民族古籍文献进行脱酸处理；控制保存环境的温湿度，设法减少室内外热湿源对保存环境的影响，以及防止并消除有害生物、微生物、气体、灰尘等措施。具体地说，对少数民族科技古籍文献的载体和记载内容进行综合性保护，将收集到的纸质古籍文献进行裱糊装修，并对那些破损的纸书或文献残篇，以其他纸张予以衬托后，用糨糊粘贴，使古籍文献的原件延长使用寿命，以达到抢救保护的目的。对收集到的非纸质古籍文献，采用修复等工艺技术使之尽量恢复原来的面貌。如对那些印刻文字的陶器、金属器物等的破碎部位予以粘接和修补，使之复原。还要对长期在野外风雨侵蚀的石刻等古籍文献载体，采用转移、防护等手段加以保护。此外，在古籍文献记载内容的保护方面，可以对零星散乱的古籍文献整理，采用辑录、汇编等手段，予以集中保存；对那些铸刻在金石等器物上的古籍文献则采用拓片、临摹等手段，将其记载内容予以保存。[①] 延缓性保护古籍文献可以延长民族古籍文献的使用寿命，是保存和保护民族科技古籍文献行之有效的方法之一。

当然，延缓性保护的方法只是延缓古籍文献的衰老速度，并不能从根本上解决古籍文献的永久性保存问题，因此就需要有另一种保护措施，那就是古籍文献的再生性保护。再生性保护是指通过现代的技术手段将纸张载体上的古籍文献内容复制或转移到其他载体上，以此实现对古籍文献的长期保护和有效利用的目的。随着科学技术的飞速发展，现代计算机、电子、通信、复印、复制、声像、光学、视听等技术以及图书的各种保护技术极大地促进了古籍文献的抢救、保护及开发利用工作。如今，计算机数据库强大的网络功能已成为现代化信息服务的主体。这些都为民族科技古籍文献的抢救整理以及保护开发提供了坚实的基础。例如，北京民族文化宫中国民族图书馆与西北民族大学联合申请的《民族文字古籍文献数字化保护技术应用研究》项目得到科技部的批准后已正式启动。该项目通过信息处理手段，研究民族文字古籍文献的保护技术，包括：分析民族文字古籍文献的分布、收藏和保护情况，提出民族文字古籍文献数字化保护方案；对蒙古文、藏文、维吾尔文、彝文等古籍文献采用图像扫描、数码照相等信息技术进行数字加工，并采用 SGML、XML 等标记语言对其进行描述，搭建数据库，建立民族文字古籍文献数字化保护技术网络平台，使我国珍贵的民族文化宝藏在世界范围内实现信息共享。为抢救濒临消失的民族古籍文献，2003 年由全国百余名专家共同参加的中国少数民族调查活动正式开展。同时，中国民间文化遗产抢救工程也正式启动，该项工程已被列入国家哲学社会科学重点实施项目，抢救工程历时 10 年。这无疑将对少数民族科技古籍文献的保护和开发起到积极的促进和推动作用。内蒙古大学图书馆在建立蒙古学特色数据库的基础上已开始着手进行蒙古文

[①] 朱崇先：《彝文古籍整理与研究》，民族出版社 2008 年版，第 360—361 页。

古籍文献的电子版制作，将馆藏的蒙古文古籍文献中的孤本、善本和古画等珍贵资料以数字化处理，通过扫描、照相技术转成数字影像，储存到计算机中，为读者提供网上服务。这些系统的研制和开发，都为民族地区的科技古籍文献的再生性保护提供了技术基础和模式。

民族科技古籍文献手抄本居多，载体形式多样特别，易损坏消失，延缓性保护的效果不明显，所以还要利用一切现代化手段收集、抢救、保护、整理民族科技古籍文献，对馆藏的民族科技古籍文献进行有效管理，以便保存、保护好这些珍贵的民族文化遗产，为研究人员提供文献信息，并通过实现对民族科技古籍文献的数字化建设，达到民族科技古籍文献资源的共知、共建、共享的目的，更好地发挥民族科技古籍文献的作用。目前民族古籍文献常用的主要录入途径和方式主要有：

用全文录入法制作古籍文献数字化的全文版。以文本方式将古籍文献存入光盘或存储器，在全文检索系统的支持下，录入的内容可以实行逐字、词检索。这种方式适用于有古文字信息处理平台支持的民族古籍和文书档案。20 世纪 90 年代初，先后陆续推出了蒙、藏、维、哈、朝、彝、壮以及柯尔克孜、锡伯等少数民族文字的字处理系统。新疆、青海、甘肃、西藏、四川、吉林延边等地的专家学者也在国家的扶持下，开发了多种民族文字的字处理技术，其中主要是对现行使用的民族文字的开发，也有对古文字的系统的开发。民族科技古籍文献的全文录入，可以充分使用这些已开发的文字处理系统，采用直接录入法。

用图像扫描技术制作古籍数字化图像版。扫描技术广泛运用于图像处理、文字识别、图形识别等文字、数据录入和信息识别领域。利用扫描技术将古籍文献以图像方式存入光盘或计算机存储器，这样可以保存古籍的原貌。其制作过程是利用扫描仪将古籍和文书、档案整理逐页扫描，每一页制作一个图像文件，图像文件的存储、处理、压缩、转换等通过扫描软件实现。由于科技古籍文献中载录有大量的图形、图像、表格，如地图、医药图、工程图、天文历法图表、工艺图等，这些图形、图像阐述了详细、具体的科技内容，其蕴涵的科技价值不言而喻。基于此，这种方法在科技古籍文献数字化中得到了广泛的运用。同时，扫描法还适用于暂时没开发文字处理系统的民族古籍，如纳西族的东巴文象形文字。

多媒体技术对视频、音频的处理。前两种方式的处理对象主要是纸质文献，而民族古籍文献除了纸质文献之外，还有其他文献载体种类。纸质文献是既定的东西，纸上的文字或图、表，一旦写成，就此固定下来，是一种静态的东西。民族科技古籍文献除了大量文传文献外，还包括大量的口碑古籍文献，主要靠民间医生、工匠、民间艺人、宗教人员进行口头传承，有的以讲解为主，有的以现场表现为主，配以特定的器具、物件等，有的还有一定的仪式程序等，整个过程是一个动态的过程。因此，需要对声、像的全面记录，尽可能如实地反映其原貌。以往对口碑古籍文献的记录，最早的方式是笔头记录，一人口述，一人记录，用文字的方式将口传的内容记录下来，并对场景作文字描述。后来采用录音、照相、录像等视听技术通过模拟信号进行记录，能够比较真实地记载声音和图像。这些方式都容易出现信息遗失的现象。而多媒体技术将文本、图形、图像、音频和视频等信息集成为一个系统并具有交互性，能较为清晰、完整地保存实际场景画面，实现其实际场景数字化。①

（二）保护措施

1. 民族科技古籍文献的立法保护

立法性保护指的是国家或地方政府通过立法的方式对民族民间科技文化资源进行保护。党的十六大提出"要扶持对重要文化遗产和优秀民间艺术的保护工作"，文化部于 2003 年年初启动了"中国民族民间文化保护工程"的试点工作，并草拟了《中华人民共和国民族民间传统文化保护法》，把此项工作提到法规的高度，2004 年由文化部、财政部、国家民委等实施的"中国民族民间文化保护工程"正式启动……这些都是我们做好民族民间科技文化保护和传承工作的最有力支持，也是做好这项工作的根本保证。对少数民族地区传统文化的立法性保护，各省已出台相应的保护政策。如云南省于 1999 年颁布实施的《云南省民族民间传统文化保护条例》，是我国民族传统文化立法性保护的一个开端。在这份保护条例里，明确了民族民间传统文化保护的范围。其中涉及科技文化的有"代表性的民族民间文学、诗歌、戏剧曲艺、音乐、舞蹈、绘画、雕塑等"；"集中反映各民族生产、生活习俗的民居、服饰、器皿、用具等"；"具有民族民间传统文化特色的代表性建筑、设施、标识和特定的自然场所"；"具有学术、史料、艺术价值的手稿、经卷、典籍、文献、谱、碑、楹

---

① 朱崇先：《中国少数民族古典文献学》，民族出版社 2005 年版，第 306—309 页。

联以及口传文化等";"民族民间传统工艺传承人及其所掌握的知识和技艺";"民族民间传统工艺制作艺术和工艺美术珍品";"其他需要保护的民族民间传统文化"等。该条例还明确了民族民间传统文化保护工作，实行"保护为主、抢救第一、政府主导、社会参与"的方针；明确了各级人民政府应当加强对本行政区域内民族民间传统文化保护工作的领导，并且将其纳入本地区国民经济和社会发展的中长期规划和年度计划，以及县级以上人民政府的文化行政部门主管本行政区域内民族民间传统文化保护工作的职责。值得一提的是，该条例对民族民间传统文化的保护与抢救作出了具体的规定，例如：

第九条　县级以上人民政府的文化行政部门应当会同民族事务等部门组织对本地区的民族民间传统文化进行普查、收集、整理与研究。鼓励民族和文化艺术研究机构，其他学术团体、单位和个人从事民族民间传统文化的考察、收集、整理与研究。保护研究成果，提倡资源共享。鼓励开展民族民间传统文化的交流与合作。

第十条　对于即将消失的有重要价值的民族民间传统文化，县级以上的、人民政府的文化行政和其他有关部门应当及时组织抢救。从事民族民间传统文化考察与研究，应当注重对原生形态民族民间传统文化项目的保护与抢救，并且做到准确、科学。

第十一条　各级人民政府应当重视对民族民间传统文化研究人才的培养，发挥各级文化艺术馆在征集、收藏、研究、展示本地区的民族民间传统文化中的作用。

第十二条　对于收集到的重要的民族民间传统文化资料，有关单位应当进行必要的整理、归档，根据需要选编出版。重要的民族民间传统文化资料、实物，应当采用电子音像等先进技术长期保存。

第十三条　私人和集体收藏的民族民间传统文化的资料和实物等，其所有权受法律保护。征集属于私人或者集体所有的民族民间传统文化资料和实物时，应当以自愿为原则，合理作价，并且由征集部门发给证书。鼓励拥有民族民间传统文化资料、实物的单位和个人将资料、实物捐赠给国家的收藏、研究机构，受赠单位应当根据具体情况给予奖励，并且发给证书。

第十四条　境外团体和公民到本省行政区域内进行民族民间传统文化的学术性考察与研究，必须报经省级文化行政或者民族事务等有关业务主管部门审核，由省级外事行政主管部门批准。对于限制摄影、录音、录像的民族民间传统文化资料和实物，未经县级以上人民政府的文化行政部门批准和资料、实物所有者同意，不得摄影、录音、录像。

2004年苏州市人民政府通过了《苏州市民族民间传统文化保护办法》。2005年广西壮族自治区人民政府通过了《广西壮族自治区民族民间传统文化保护条例》规定，对于"记录民族民间传统文化的文献资料"、"民族民间传统生产、制作工艺和其他技艺"及"集中反映民族民间传统文化的代表性建筑、设施、标识、服饰、器物、工艺制品"等进行保护。2006年长阳土家族自治县颁布了《长阳土家族自治县民族民间传统文化保护条例》，对其涉及的科技文化做出了相应的保护规定："渔猎、农耕等生产中的传统习俗和礼仪"，"西兰卡普、刺绣、雕刻等传统工艺和制作工艺"，以及"与上述传统文化表现形式相关的代表性原始资料、实物、场所"等。立法保护能起到纲举目张的作用，不仅系统全面，而且能规范政府社会民间的行为，使其有法可依，避免各种随意的做法。由于法律具有权威性和稳定性，才能使保护成为必需的和长期的行为。这对教育广大群众自觉保护民间传统科技文化起到了积极的作用。

2. 民族科技古籍文献的馆式保护

少数民族科技古籍文献散存于民间及个人的情况十分普遍，其原件缺少条件进行妥善保存，流失和损坏情况较严重，其内容也很难得到有效的开发利用，状况堪忧。因此，对于散存的科技古籍文献来说，进行集中统一保管势在必行。只有这样，才能较好地解决保存条件的问题，才能确保大量散存科技古籍文献的安全与完整，也才能使其价值得到充分利用和发挥。目前，国内民族传统科技的保护以图书馆、博物馆、档案馆为主。在民族地区收藏少数民族古籍文献、档案、文物为主的图书馆、博物馆和档案馆里，保存着卷帙浩繁的民族科技古籍文献。这些科技古籍文献有许多历史悠久，内涵丰富，价值珍贵，并且很多是原始的第一手史料，内容是原汁原味的，即从材料到手工艺技法、色彩、造型、图案等都是传统的，有的甚至是历史上曾经有过，现在已经消失了的。因此，可以说图书馆、博物馆是民族传统科技文化及传统手工艺的主要保护者。如西南民族大学博物馆、四川大学博物馆、四川省博物馆收藏的漆器，已囊括了凉山彝族传统漆器的主要种类、器形和纹饰图案，从一个方面对彝族传统漆艺文化进行了有效的保护。又如贵州省黔东南、黔南两州的博物馆收藏有大量少数民族服饰，无疑对当地的民族服饰文化起到了有效的保护作用。

3. 民族科技古籍文献的档案式保护

我国的民族科技古籍文献除了一类是历史上有民族文字的民族，他们有科技文献，有科技理论的梳理和科技知识体系的形成及表述，有代表性的科技经典著作外，另一类是历史上无文字的民族，他们的传统科技文化散存在民间，是一种不以旁人是否认可为转移的客观存在。在近30年的发掘整理实践中，证明了它们是一种具有生命力的、特殊的非物质文化遗产，这些口承科技文化和文传科技文化在历史价值上是等同的，应该积极保护。此外，对于非物质文化遗产进行档案式保护的重要性，文化部副部长周和平在2006年5月25日的新闻发布会上指出：文化部正在会同有关部门制订有关非物质文化遗产名录的管理办法，这个办法包括制定保护规划、建立保护档案，采取多种形式把这些档案建立起来，用文字、图像、多媒体等多种手段来完善有关档案。同时要收集实物进行保存和展示，鼓励各地建设民俗博物馆、非物质文化遗产方面的博物馆和资料文献的收集中心。这就说明，为民族口碑科技古籍文献建立档案式保护，各级档案部门已责无旁贷，这是我们发掘、整理和利用民族科技文化的必要环节和重要形式。

4. 民族科技文化遗产的传承人保护

文化遗产是和人的活动息息相关的，是靠人传承下来的，如果民间艺术和技艺的艺人日益减少，遗产就要断绝了。譬如被称为"东方的荷马史诗"的藏族史诗《格萨尔王》，随着一批西藏艺人的相继辞世，已经到了差不多人亡歌息的地步。由于民族科技多数缺乏文字记载，主要依靠口口相传，技艺使用往往依据个人经验进行，具有很强的随意性，所以民族科技保护中的传承人因素最重要。在这个方面，有关机构可以为某一专项建立传承档案。

就民族科技文化的传承来说，建立传承人档案迫在眉睫，其内容可以包括以下几点：①传承人信息：姓名、性别、年龄、民族、文化程度、工作单位、职务、身份证号码、使用方言、讲述地点、讲述环境；②收集者信息：姓名、性别、年龄、民族、文化程度、工作单位、职务、身份证号码；③民族科技信息：科学技术分科及其分布、使用工具、工艺技法和实施过程的基本内容、搜集时间、与科技有关的民族人文知识、自然知识等背景资料；④传承计划：在未来的十年中，将采取何种方式确保对上述科技信息进行有效的活态传承，等等。这些档案的建立和保存将为未来科学技术的研究和决策提供极大方便。

近年来，我国政府和有关部门认识到了为非物质文化遗产建立传承人档案的重要性。2005 年，中国民协宣布在全国启动"中国民间文化传承人调查、认证和命名"项目。如同日本的"人间国宝"，经过专家严格的评议与审批，对列入传承人名录者建立档案，传承人档案以文字、图片和音像方式存录其全部资料。各地区民族科技文化的传承人名录可采用我国文物法中"多级保护"的制度，除国家一级的杰出传承人，还要确定省级、市级、县级传承人，调动各级文化事业机构来全面和整体地保护民族科技文化生态。这就意味着，我国民族科技文化遗产传承人档案的建立除了国家级之外，还应该覆盖省区级、县市级乃至乡镇级，让更多的传承人获得保护。

5. 民族科技文化的传习所式保护

少数民族科技文化传承人的培养，是对各民族传统科技文化传承的纵向传播方式，其意义重大。在具体做法上，可以借鉴云南丽江和大理的一些方式，即开办民族科技传习所，让传统技艺被更多的人学习掌握。为保护东巴文化艺人，丽江曾举办过"纳西古乐传习所"。而在云南大理白族村镇，为了让白族的传统技艺得到沿袭和保留，也同样开办了"白族民间工艺传习所"，将技艺精湛的民间老艺人召集起来，并挑选有能力、感兴趣的村民对其进行传授。独具特色的民族传统科技古籍文献，是各少数民族集体智慧的结晶，是具有历史价值和现实意义的宝贵资料，各民族地区也可以通过开办"民族工艺传习所"的形式，以当地民族总结的科技典籍和口碑文献为教材，邀请一些掌握着本民族传统科技知识和技艺的民间医师、工匠等知识分子，对一些符合要求的民众进行口传身授，以便于各民族有更多的年轻人能继承本民族这一古老的自然科学，这对我们很好地继承和发扬民族科技文化和优秀科学技术具有重要的意义。

6. 民族科技文化的区域式保护

少数民族的科学技术，有着鲜明的区域特征。建设具有民族特色的科技文化村，也是一条行之有效的保护途径。首先，建设民族科技文化村，对少数民族地区经济发展具有重要意义。由于民族科技文化本身潜在着旅游开发价值，一些民间传统科技还有向旅游工艺品转化的趋势，通过旅游的介入，可将民间传统科技更好地向外界推广和展示。其次，建设民族科技文化村对保存民族文化具有不可忽视的意义。民族科技文化村的建立，可以引导和鼓励当地的手艺人继续从事传统的技艺，这无疑在客观上对民族传统文化的保护和传承具有积极作用。再次，建设民族手工艺村对民族文化氛围和人文精神的提升、对民族认同意识和族群文化的建构亦具有不可低估的作用。

第三节　少数民族科技古籍文献遗存的开发利用

古籍文献作为一个民族的集体记忆，是在各族先民的社会实践活动中直接产生和形成的，它真实地记录着本民族的历史原貌，是原汁原味的民族文化记忆载体，民族的精神和文化在其中得到最真实、最全面的体现。可以说，民族科技古籍文献积淀着各民族的丰富科技文化要素，是我们展示民族科技文化真实面貌、传承民族科技文化精髓的重要遗产，在保持和发扬民族传统科技文化特色方面具有不可替代的作用。

一　少数民族科技古籍文献的编研

古籍文献编研是通过各种手段编纂、浓缩和加工提炼古籍文献资料，是积极、主动、系统地开发古籍文献信息资源的主要方法之一，是对古籍文献信息资源进行高层次和深度开发的有效方式。古籍文献编研工作的基础是文化生产，编研活动的过程便是文化产品的生产过程，古籍文献编研的成果是可以传播的文化成果。古籍文献是一种静态文化，我们要使它成为活态文化，编研就是其中最重要的方式之一。

少数民族科技古籍文献中蕴藏着丰富的科技文化资料，它们是民族传统科技发展的可续资源，各民族地区应树立紧迫意识，积极组织专业人员对其进行整理编目，并把这项工作视为民族科技振兴的首要工作和重要环节持续、深入地进行下去。目前各地对少数民族科技古籍文献的编研工作已取得了一大批成果。例如，《文明中国的彝族十月历》、《中国文明源头新探：道家与彝族虎宇宙观》、《西藏灾情档案》、《西藏地震史资料》、《羌族地区近代经济资料汇辑》、《新疆维吾尔自治区地震资料汇编》、《新疆维吾尔自治区农林牧业自然灾害档案资料选编》、《贵州苗族林业契约文书汇编：1936—1950》、《贵州矿产资料辑录》、《云南矿产历史资料汇编》、《广西自然灾害史料》、《广西气候史料》、《中国少数民族地理资料选辑》，等等。总结来说，其形式上主要有以下几种编研方法：

1. 全文刊录少数民族科技古籍文献

这种方法是将历代所产生的少数民族古籍文献史料的全文收录于一部文献中公布出版。全集、全文数据库就是这种编研方式的典型。运用这种方法，我们可以编研"少数民族科技古籍文献资料库"或"少数民族科技古籍文献典藏全书"等。

2. 辑录少数民族科技古籍文献

辑录的方式是指对少数民族古籍文献史料进行筛选和编辑，仅刊录部分史料内容。如《哀牢山彝族医药》、《傣族传统医药方剂》、《德宏傣药验方集》、《仡佬族单验方集》等。

3. 译注少数民族文字的古籍文献

这一方式是将用少数民族文字形成的古籍文献进行整理、翻译、注释之后出版的一种编研成果。如傣文的《古傣医验方译释》、《历法星卜要略》、《数算知识全书》；藏文的《四部医典》、《月王药诊》、《晶珠本草》；彝文的《启谷署》、《双柏彝医书》、《历算书》、《看天书》等。

4. 引录或结合其他三种方法对少数民族科技古籍文献进行编研

这一方式是综合多种相关古籍文献史料、采用多种方法汇编出来的，其成果自成体系，基本看不出古籍原件的原貌。比如《中国彝族民间医药验方研究》、《侗医吴定元——〈草木春秋〉书稿整理研究》，等等。

少数民族科技古籍文献的编研，除了要立足于各少数民族科技古籍文献的整理编目和编制联合目录这一基础性工作，还要对所收集的各少数民族科技古籍文献进行整理编目，必须按照国际标准《古籍著录规则》，并结合本民族文字书写规则进行著录，然后编制古籍文献目录以及古籍文献内容提要，为读者提供更多的方便。对于口碑文献的编研，云南省第一次对 26 个民族口传文化遗产以目录学方法进行了编目，整理出版了云南少数民族口传文化遗产的集大成者——《云南民族口传非物质文化遗产总目提要》，为我国抢救保护和发掘整理少数民族科技口碑古籍文献提供了不可多得的范例。

当然，图书馆、档案馆、博物馆等机构不仅要汇编反映各民族科技古籍史料原始面貌的一次文献产品，为科技研究和各方面工作提供依据、参考，同时要通过传世文献与馆藏文献相结合、传世文献与地下出土之新材料相结合、自然科学与社会科学的研究方法相结合的要求，从社会的实际需求出发，对这些珍贵的古籍文献遗产进行筛选、提炼、综合和归纳加工，编研出具有一定系统性、指导性的二次、三次文献产品。

二 民族科技古籍文献信息资源平台的建设

民族科技古籍文献的科学化管理，将走上信息化道路，它通过提供一个方便、快捷、可靠的信息获取途径，来发掘利用民族科技古籍文献遗产的信息资源，促进民族科技古籍文献信息资源的共享，从而将固化的古籍文献信息变成鲜活的信息资源，使之成为社会的直接生产要素。

要做好民族科技古籍文献遗产信息资源开发工作，就要从规范民族科技古籍文献归档、接收与管理工作做起，要有序推进民族科技古籍文献的数字化进程，科学整合各民族科技古籍文献信息资源，促进民族古籍文献科技信息资源总量增加、质量提高、结构优化；同时，要加强多形式多层次共享平台建设，创新服务机制，全面提升民族古籍文献科技信息资源开发利用水平和公共服务能力，促进民族科技古籍文献遗产信息资源的共享和再利用。为此，可以从以下几个方面加强对少数民族科技古籍文献遗产信息资源平台的构建。

第一，将民族科技文化遗产资源纳入各省区民族历史文化资源指南库。比如在 1999 年出版的《云南历史人文资源研究》一书中，将云南丰富的民族历史文化资源具体分为：云南社会政治制度资源、云南社会经济形态资源、云南宗教文化资源、云南道德文化资源、云南民俗文化资源、云南节日文化资源、云南历史名人资源等 20 类来进行研究，其中还没有包括"云南科技文化资源"在内。① 其后在 1999 年出版了《云南民族文

---

① 该书将云南丰富的民族历史文化资源具体分为：云南社会政治制度资源、云南社会经济形态资源、云南宗教文化资源、云南道德文化资源、云南民俗文化资源、云南节日文化资源、云南历史名人资源、云南历史名城资源、云南文物古迹资源、云南风景旅游资源、云南服饰文化资源、云南饮食文化资源、云南民居文化资源、云南交通文化资源、云南民族歌谣资源、云南民族音乐资源、云南民族舞蹈资源、云南民族戏剧资源、云南名特产品资源、云南图书文献资源等 20 类。见宋光淑《云南民族研究文献资源与其特色文献数据库建设》，《云南师范大学学报》 2001 年第 3 期。

化大观丛书》，① 这一历史文化信息资源指南库的建立，无疑为各省区历史文化的发掘利用提供了宝贵的思路和可行的做法，是我们进一步针对各民族宝贵的文化遗产开发信息资源指南库，储存大量原始信息，引导用户正确、快捷、有效的利用这些信息资源。当然，"历史文化信息资源指南库"的建立是一个动态的过程，它需要随着各民族优秀文化资源的深入发掘而不断丰富其内容。长期以来，各族人民历史上形成的科技古籍文献遗产（内容包括天文、地理、医药、纺织、水利、环保、人口、动植物、建筑、冶金等方面）并没有引起相应的重视，也没有将其作为一种重要的文化资源进行全面深入的调研、挖掘和利用，民族科技文化遗产的特色和价值随着近几年研究的深入才逐渐走入公众视野，为人们所关注。当前，随着我国民族科技事业的发展，发掘利用各民族传统科技资源的重要性和必要性日渐凸显，因此将包括民族科技在内的民族科技文化资源纳入各省区少数民族历史文化资源信息库，顺应时代需要，切实为民族地区科技事业和经济建设提供信息指导服务，是当下我们建设民族科技信息平台面临的首要问题。

第二，利用少数民族文字输入系统，实现民族科技信息数字化。少数民族科技古籍文献数量众多，价值珍贵，原生性强，具有很高的科技理论研究和社会经济利用价值。现今少数民族地区许多图书馆、档案馆都收集珍藏有藏文、彝文、傣文、东巴文、白文、壮文、苗文、瑶文和水书等少数民族文字科技古籍文献遗产，这些古籍文献大多处于手工管理阶段，文献系统尚未开发出单一或多民族的数字化管理系统软件；在现有文献管理软件中，也没能开发出少数民族文字文献的管理功能，这就极大地限制了少数民族文字科技古籍文献遗产的利用效率与范围。如何将少数民族科技古籍文献遗产的信息输入电脑，对少数民族科技档案信息资源的发掘利用尤为重要。少数民族在历史上产生的文字很多，目前一些高校、研究所和计算机中心等机构已针对少数民族文字开发出了数字化系统，在少数民族文字处理技术及应用系统方面已经取得了重要成果。例如藏文早在 1986年就已开发出藏文数字化技术。彝文，有北大方正和西南民院合作开发的彝文系统书版软件；西南民院自行开发的 VCDOS 汉彝文双语平台和 SP-DOS 汉彝文版汉字操作系统，后又推出了 Win95 彝文文字平台；由云南

① 云南民族事务委员会编：《云南民族文化大观丛书》，云南民族出版社 1999 年版。

省民语委和云大计算中心合作开发的云南规范彝文排版系统。傣文，有北大方正开发的傣文电子出版系统；潍坊华光开发的傣文电子排版系统。现今这些研究开发机构开发出的部分少数民族文字键盘输入系统，如藏文、彝文、傣文、壮文、苗文等少数民族文字键盘输入法已开始使用，为实现少数民族科技古籍文献资源信息数字化提供了重要的技术支持条件。此外文化部门还可通过扫描仪、数码相机、摄像头等现代化设备进行少数民族医药古籍文献的信息输入，从而建立少数民族科技信息全文浏览库，以实现少数民族科技古籍文献信息资源利用的标准化、系统化、科学化和现代化。

第三，建立民族科技古籍文献数据库。数据库是对大量的规范化数据进行组织管理的技术，它的运用可以极大地提高海量信息资源的优化和组织管理能力。当前，随着社会信息化的高速发展，民族科技古籍文献的检索、查阅、传递、再现都离不开数据库。

民族科技古籍文献资源是各省区文化资源的重要组成部分，要实现民族科技古籍文献资源的数字化，首先要对少数民族科技古籍文献书目进行普查，按照确定的著录标准和著录格式进行登记，然后是书卡核对。其次要建立民族专题科技古籍文献资源保障体系。民族科技籍文献数据库的种类，可分为民族科技古籍文献目录数据库、民族科技古籍文献专题数据库和民族科技古籍文献多媒体数据库。按形式再细分为书面文献、口碑文献、铭刻、图画、照片、录像等。按照数据库的结构，又可分为目录型、目录提要型、全文型三种。其中，目录型民族科技古籍文献数据库，对文献收集齐全，简明扼要，能最大限度地提供文献的查找途径，对于查找那些长期无人使用的古籍文献很有助益，是宣传报道民族科技古籍文献全貌的最佳方式之一，也是数据库建设必不可少的方式之一。而目录提要型民族科技古籍文献数据库，则应该把那些具有一定研究利用价值的民族科技古籍文献、某一专题的全部民族科技古籍文献以及那些具有研究级的民族科技古籍文献进行收载，以便用户加深对文献的理解和深度检索。当然，如果要直接反映古籍文献的内容特征，则要建设全文型民族科技古籍文献数据库。通过全文数据库，可以把那些具有较高研究利用价值，并且价值珍贵、濒危、重点的民族科技古籍文献、图片资料、音像档案进行妥善保存。

总之，无论是目录型、目录提要型还是全文型数据库，应该按照少数民族科技古籍文献的多样性和特殊性，将三种数据库有机地结合起来，分层次、分轻重、分类别地揭示民族科技古籍文献的全部内容，实现信息资源的共建共享。

第四，实现少数民族科技古籍文献信息资源的网络化。随着社会利用需求的不断扩大，民族科技古籍文献要实现有效利用，发挥其更大的社会效益和经济效益，并使之成为国家和社会的一项重要资源和财富，传统的人工处理和信息传递方式已经不能适应客观形势发展的要求。我们要紧紧抓住网站这个新型媒体，依靠计算机网络实现少数民族科技古籍信息资源的网络传播，从而有效地减少古籍原件提供利用频次、延长古籍原件使用寿命，节省大量的成本。如以各省图书馆、博物馆、档案局为中心建立信息发散点，通过通信设备和线路，将不同地理位置具有独立处理功能的多个计算机系统连接起来，运用功能完善的网络软件按照网络协议进行数据通信，实现资源共享，进一步扩大古籍文献信息资源的利用范围。可见，在信息时代把科技古籍文献编研成果进行网络传输是一种必然的选择，也是时代发展所需。

三　民族科技古籍文献资源的开发利用

目前相关机构和个人发掘整理出的大量少数民族科技古籍文献遗产，为世人展示了其所蕴藏的珍贵资源及其价值。经过整理研究，许多民族传统科技资源，如物质资源、科技文化资源、民族传统技术工艺，包括医药卫生、饮食、服装、建筑、生活用品、交通工具及生活方式等，都能够进行推广利用。

1. 科技古籍文献的开发与利用

少数民族科技古籍文献的开发与利用，主要是指少数民族科技古籍文献的收集、整理和翻译，是少数民族科技古籍文献开发与利用的第一步，或者叫开发利用的前期工作。

收集。收集工作需要从两个方面来着眼。一是少数民族科技古籍文献的内容构成，通常情况下，少数民族科技古籍文献分为散记在各类古籍文献的章节部分和专门著述两种。前一种要把科技内容分门别类辑录出来，辑录时必须注明出处。后一种虽为专著，但在流传过程中也有许多抄录版本，要把这些版本收集在一起，并注明不同版本的来源。

第二个着眼点是少数民族科技古籍文献的载体构成，它包括常规载体少数科技古籍文献的收集和非常规载体少数民族科技古籍文献的收集。根据国家标准局于1985年公布的国家标准定义，"文献是记录有知识的一切载体"。也就是说，文献的收集和整理的范围，包括所有以文字、图像、声音、符号、视频等若干手段记录下来的一切知识及其载体。最常见的文献载体类型是纸质文献、民族文献的特殊载体（如贝叶）等。就少数民族科技古籍文献收集而言，需收集少数民族科技专著和手抄本、民族志、地方志、民族书、通史、野史和笔记小说、科技文献中有关的少数民族科技内容。

纸质及常规少数民族科技古籍文献的收集工作需要民族地方政府的大力支持、各级图书馆的配合和专业人才的参与。在政府支持下，开展普查、征收等工作，是民族科技古籍文献的一大来源。民族地方图书馆开展订购、交流、接受捐献、访查线索等工作，对古籍文献及其信息获取有重大价值。收集人员要能做到掌握民族语言、熟悉当地情况和把握民族科技古籍文献源，有计划地收集古籍文献。

非常规载体古籍文献是指除纸质及民族常见文献载体外，如声、像、金石等其他记录有知识的一切载体。非常规少数民族科技古籍文献的收集是少数民族科技古籍文献收集中需要高度重视的问题。过去很多从事文献有关工作的人员，都忽略了录像、照片、实物、声频和视频等文献，与纸质文献同样都是文献收集整理的对象。由于少数民族科技古籍常规文献存世数量较少，且存在严重的亡佚、流传错漏、持有人秘而不传以及收集开展较晚、工作少计划、经费人员短缺等情况，造成了收集工作中的一些困难和较多缺憾。并且随着民族传统文化的变迁和现代化的迅速推广，为数不多的传统名老民族科技人员逝世、后继无人情况日益严重，如不重视并及时开展非常规少数民族科技古籍文献的收集，少数民族科技将更多地成为"研究者构想的影像"，而不是它本身。

在少数民族非常规科技古籍文献的收集上，要特别重视老民族科技人员、地方人士等活文献和遗址、工具等实物文献的价值，要高度重视口述文献和碑刻、拓片等历史非常规文献。采用录音、录像、专访、座谈会、跟师等多种手段，并结合人类学和民族学的调查记录方法，尽量做到存真存实。与常规科技古籍文献的收集一样，非常规文献的收集同样需要政府大力支持、各级图书馆的配合和专业人才的参与，所侧重的是，非常规文献更需重视查寻线索、密切联系文献源和及时采集。①

　　整理。少数民族科技古籍文献的整理包括考订著者、成书年代和校勘三个方面。考订少数民族科技古籍文献的著者，首先必须知道该科技古籍文献出自哪一个少数民族之手，然后再根据其世系考订具体著者。知道该科技古籍文献的著者后，将著者的世系结合内容史实对照，考订成书的大体年代。少数民族科技古籍文献的整理，务求不能失真，不能改变原来的面目，包括原著或前人编的文集书名、书内的每一个标题，书中的每一个字。校勘是整理少数民族科技古籍文献不可缺少的工作。文字校勘主要是错别字和字句的增脱，必须严格区分错别字和假借字、转注字、古今结构不同的字。少数民族科技古籍文献在传抄过程中，可能有抄重或抄脱的字句，或删或补，务必加上符号。在内容方面，各种不同的版本，内容有详略。在整理时，必须多用几家的版本进行校勘，进行删重补漏更误。校勘底本的原书原文不能改动，勘误、增删或跋疏应该有出处，应该持之有据。

　　翻译。翻译少数民族科技古籍文献，是通过汉文媒介，使不懂少数民族文字的科技工作者读得懂，认得准确，可信、可用。因此，翻译必须达到信、达、雅。翻译过程中应该做到：翻译整理校勘本，必须原文、勘误、增删或跋疏同时翻译；翻译必须规范，文句既要准确，不失原意，又要符合汉语语法，除人名、地名及物名等实译外，切忌音、意混杂，直译意译掺用，既不符合少数民族语语法，又不符合汉语语法，人名、地名及物名所用汉字应该前后统一，以免造成混乱；书名或标题，可意译，可音译。意译不能离题万里，改变其本意。音译可适当加注和略加诠释；不能硬译和编造，译不出的文句以原文或音译存之，并作说明；要充分肯定前人翻译的成果，不能盲目否定，更不能在否定的同时，又攘为己用。总之，整理翻译少数民族科技古籍文献，是一门综合性极强的学问，不但要精通少数民族语言文字，对汉文要有相当高的水平，而且要具备一定的版本学、校勘学、翻译学及历史学、民族学、哲学等学科的知识，还要有一定的各门类的科学技术知识，整理翻译处理的科技古籍文献才能经得起实践的考验，才能派得上用场。

---

① 龚谨、李昕：《论少数民族医药文献收集整理的举措与目标》，《中国民族民间医药杂志》2009 年第 1 期。

2. 科技古籍文献中理论、经验、技术和方法的开发利用

整理翻译少数民族科技古籍文献的目的，就是要提供给科研工作者和企业研究、使用。具体来说有以下几个方面：

农业方面，有荞、麦、水稻等农作物种植的经验、技术和方法的开发利用。从抛荒到轮作的经验、技术和方法的开发利用；水土保持的经验、技术和方法的开发利用；土壤改造的经验、技术和方法的开发利用；肥料制作的经验、技术和方法的开发利用；选种育苗的经验、技术和方法的开发利用；农田水利灌溉设施修建的经验、技术和方法的开发利用，等等。

工业方面，有矿产资源分布的资料可供开发利用。其中包括找矿的经验、技术和方法的开发利用，冶炼的经验、技术和方法的开发利用等；有民族传统手工业技艺的开发利用，传统美食的制作加工工艺的开发利用，等等。

工程技术方面，有各少数民族丰富多彩的建筑经验、技术和方法的开发利用。既可以为民族古建筑的修缮提供依据蓝本，也可在现代建筑设计中做参考借鉴。

医药方面，有制药的经验、技术和方法的开发利用，验方、秘方的开发利用，诊疗经验、技术和方法的开发利用，药理、病理、治疗理论的开发利用，等等。①

3. 产品的开发利用

少数民族科技古籍文献记载的许多有开发利用价值的产品，有的早已失传，有的现在仍在开发利用，造福于人类。以医药古籍文献为例：在医药卫生方面，各民族都有自己的传统，有的民族医药如藏医、蒙医、维医、壮医、彝医等都相当发达，苗、瑶、满、回等医药也有较高水平，大部分民族医药古籍文献都已进行了发掘整理研究。这些整理出来的医药史料内容很丰富，其中包括许多有效的单方、验方和秘方。这些民族医药资源已成为各地发展医药工业产业的文化资源依托。目前在人类医药科技发展的历史进程中，从天然植物中探索、开发和创新药物一直是药物研发中的重点。近年来一些医药学专家深入挖掘承载于民族医药古籍文献中的资源，取得了可喜的成就，如治疗疟疾的奎宁、青蒿素，治疗癌症的紫杉

① 王子尧、王富慧：《彝族科技典籍的开发与利用》，《贵州省哲学社会科学》1998年第4期。

醇、喜树碱、美登木素，防治高血压的萝芙木碱、千金藤碱等，无一不是从民族古籍载录的天然药用植物中发现和研究开发成功的。在这个过程中，民族医药古籍文献资源无疑是天然药物研究的摇篮。例如仅从纳西族用药中就开发出了大量的新药，有消炎止痛、收敛止血、止咳平喘用的岩白菜（岩白菜素片）；消炎清热解毒、散结消肿用的竹红菌（竹红菌软膏）；补中益气、止咳平喘、止痢用的红毛阳参；清热解毒、止咳、止血生肌用的沙七；益气安神、养血调经用的雪莲花；清热解毒、散淤止痛用的蛇眼草；用牙皂、细辛、香草研制成通窍鼻渊散；治疗癫病新药青阳参制剂等。还有利用丽江山慈菇、云南红豆杉、喜树、美登木、三尖杉、威麦宁和青阳参、大叶钩藤、地血香和滇黄精等，研究开发天然抗癌和抗艾滋病新药等。

以往在整理研究少数民族科技古籍文献和开发利用其信息资源方面，所取得的成就是令人鼓舞的。但是，对于少数民族科技古籍文献内涵的深入研究，其信息资源的进一步开发、提高、推广，则需加大力度。如何更好地利用民族科技古籍文献资源实现民族科技创新，总的来说，主要思路就是要发挥民族科技古籍文献载录资源的特色和优势，以民族科技基础理论及文献整理研究为基础，在民族科技理论为指导下，依据传统技术经验和实践运用研究成果，运用现代科学技术和方法，开展民族科技产品开发研究，着力提高创新能力。比如云南大理学院李树楠教授依据白族医药古籍文献对蟑螂的药用记载，研究开发了外用药"康复新"以及主治心血管病的"心脉龙"和治疗肝病的"肝龙胶囊"。这些研究成果不仅引起了人们对白族药的兴趣，还开拓了科学家对昆虫药研究的思路。实践证明，由于民族科技古籍文献载录有较独特的科学技艺经验和方法，其价值除本民族外，绝大多数尚未被科学研究和开发利用，这就为民族科技研究及运用提供了优异的条件，为科技创新提供了广阔的领域。看来，从民族科技古籍文献载录的信息资源中实现民族科技创新，是切实可行、易见成效的，是一条不能忽视的重要途径。

参考文献

［1］夏光辅：《云南科学技术史稿》，云南科技出版社 1992 年版。

［2］廖伯琴：《朦胧的理性之光——西南少数民族科学技术研究》，云南教育出版社 1992 年版。

［3］陈久金：《中国少数民族天文学史》，中国科学技术出版社 2008 年版。

［4］李晓芩、朱霞：《科学和技艺的历程——云南民族科技》，云南教育出版社 2000 年版。

［5］张公瑾：《民族古文献概览》，民族出版社 1997 年版。

［6］朱崇先：《彝文古籍整理与研究》，民族出版社 2008 年版。

［7］陈士奎、蔡景峰：《中国传统医药概览》，中国中医药出版社 1997 年版。

［8］李耕冬、贺廷超：《彝族医药史》，四川民族出版社 1990 年版。

［9］丁海斌：《中国古代科技档案遗存及其科技文化价值研究》，科学出版社 2011 年版。

［10］段金录、张锡禄：《大理历代名碑》，云南民族出版社 2000 年版。

［11］华林：《傣族历史档案研究》，民族出版社 2000 年版。

［12］《中国少数民族古籍集解》编委会：《中国少数民族古籍集解》，云南教育出版社 2006 年版。

［13］张公瑾、陈久金：《傣历研究》，见《中国天文学史文集》第二集，科学出版社 1981 年版。

［14］张公瑾：《傣族文化研究》，云南民族出版社 1998 年版。

［15］李维宝：《云南省志》，云南人民出版社 1995 年版。

［16］《傣族简史》编写组：《傣族简史》，云南人民出版社 1986 年版。

［17］陈海玉：《西南少数民族医药古籍文献的发掘利用研究》，民族出版社 2011 年版。

［18］沈峥：《云南少数民族古籍保护研究》，民族出版社 2012 年版。

［19］王亚南：《口承文化论》，云南教育出版社 1997 年版。

[20] 林超民：《西南古籍研究》，云南大学出版社 2005 年版。

[21] 何丽：《中国少数民族古籍管理研究》，辽宁民族出版社 2005 年版。

[22] 贾春光、吴肃民、关照宏：《民族古籍研究》，民族出版社 1987 年版。

[23] 李杰：《中国少数民族文献探研》，民族出版社 2002 年版。

[24] 李迪：《中国少数民族科技史研究》，内蒙古人民出版社 1991 年版。

[25] 陈久金、卢央、刘尧汉：《彝族天文学史》，云南人民出版社 1984 年版。

[26] 亚西：《西部大开发中的西藏传统民族手工艺》，《中国藏学》2003 年第 2 期。

[27] 黄静华：《西部大开发中少数民族民间文化资源的保护与开发》，《思想战线》2003 年第 3 期。

[28] 张建世：《西南少数民族传统工艺文化资源的保护》，《西南师范大学学报》2004 年第 3 期。

[29] 张之纯：《绘就彩霞驻云岭——云南民族民间手工艺产业的开发研究》，《民族工作》1999 年第 1 期。

[30] 范波：《略论我国民族古文献的体系及意义》，《贵州民族研究》2002 年第 1 期。

[31] 罗江文：《谈云南少数民族记事木刻的文化内涵》，《曲靖师范学院院报》2006 年第 1 期。

[32] 杨毅、王蓉：《我国部分少数民族的实物记事》，《档案学通讯》2000 年第 3 期。

[33] 吴国升：《略说〈华阳国志〉对西南少数民族的记载》，《四川教育学院学报》2001 年第 9 期。

[34] 徐丽华：《云南藏文古籍概述》，《中国藏学》2002 年第 2 期。

[35] 陈子丹：《云南金石文献研究述评》，《思想战线》1997 年第 3 期。

[36] 拉巴次旦：《浅谈口头传承形式所延续的藏族文化》，《中国藏学》2005 年第 4 期。

[37] 吕桂珍：《民族文献研究述评》，《西藏民族学院院报》2000 年第 3 期。

[38] 彝族古文献与传统医药开发国际学术研讨会组委会：《彝族古文献与传统医药开发国际学术研讨会论文集》，云南民族出版社 2002 年版。

[39] 中国科学技术史学会少数民族科技史研究会、延边科学技术大学：《第二届中国少数民族科技史国际学术讨论会论文集》，社会科学文献出版社 1996 年版。

[40] 中国科学技术史学会少数民族科技史研究会、云南农业大学：《第三届中国少数民族科技史国际学术讨论会论文集》，云南科技出版社 1998 年版。